GESCHWEISSTE ALUMINIUMKONSTRUKTIONEN

Kosteas · Steidl · Strippelmann

Prof. Dr.-Ing. Dr. sc. tech. h.c. (ETH) Otto Steinhardt gewidmet

GESCHWEISSTE ALUMINIUM KONSTRUKTIONEN

Herausgegeben von

Prof. Dr.-Ing. Dimitris Kosteas
Versuchsanstalt Stahl, Holz und Steine
Universität Karlsruhe (TH)

unter Mitarbeit von

Ing.-grad. Gerhard Steidl
Versuchsanstalt Stahl, Holz und Steine
Universität Karlsruhe (TH)

und

Ing.-grad. Wolf-Dieter Strippelmann
Schweißtechnische Lehr- und Versuchs-
anstalt Mannheim

Vieweg

CIP-Kurztitelaufnahme der Deutschen Bibliothek

Geschweißte Aluminiumkonstruktionen / hrsg. von Dimitris Kosteas. Unter Mitarb. von Gerhard Steidl u. Wolf-Dieter Strippelmann. - Braunschweig: Vieweg 1978.
ISBN-13: 978-3-528-08659-6 e-ISBN-13: 978-3-322-84085-1
DOI: 10.1007/978-3-322-84085-1

NE: Kosteas, Dimitris [Hrsg.]; Steidl, Gerhard [Mitarb.]

Softcover reprint of the hardcover 1st edition 1978
Satz: Vieweg, Braunschweig

ISBN-13: 978-3-528-08659-6

Inhalt

Vorwort 9

1 Einleitung 11

2 Werkstoffe 19

2.1 Aufbau 19
2.1.1 Gitteraufbau unlegiert 20
2.1.2 Gitteraufbau legiert 21

2.2 Legierungen für den konstruktiven Ingenieurbau 25
2.2.1 Regellegierungen für den konstruktiven Ingenieurbau 26

2.3 Herstellung 28
2.3.1 Gewalzte Halbzeuge, Bleche 31
2.3.2 Strangpreßprofile 32

2.4 Physikalische Eigenschaften 35

2.5 Korrosionsverhalten 35
Gleichmäßiger Oberflächenangriff 37
Lochfraß 37
Interkristalline Korrosion 37
Spannungsrißkorrosion, Korrosionsermüdung 38
Schichtkorrosion 38
Kontaktkorrosion 38

3 Fertigung 39

3.1 Werkstatteinrichtungen 39
3.1.1 Allgemeine Forderungen an die Werkstatt 39
3.1.2 Maschinen und Werkzeuge für die Vorbereitung der Werkstücke zum Schweißen 40
3.1.3 Schweißwerkstatt 41

3.2 Schweißverfahren 43
3.2.1 Eignung der wichtigsten Schmelzschweißverfahren 43
3.2.2 Gasschweißen 44
3.2.3 Lichtbogenhandschweißen 50
3.2.4 Wolfram-Schutzgasschweißen 52
3.2.5 Metall-Schutzgasschweißen 61
3.2.6 Preßschweißen 73
3.2.7 Widerstandspreßschweißen 73

3.3 Schweißzusätze 77

3.4 Vor- und Nachbehandlung der Werkstücke zum Schweißen 78
3.4.1 Vorbehandlung 78
3.4.2 Nachbehandlung 79

4 Eigenschaften und Verhalten von Schweißverbindungen 80

4.1 Festigkeit bei vorwiegend ruhender Belastung 81
Stumpfnaht-Verbindungen 81
Kehlnaht-Verbindungen 85

4.2 Festigkeit bei schwingender Beanspruchung 85

4.3 Einfluß von Imperfektionen 94
4.3.1 Risse 95
4.3.2 Mangelhaftes Durchschweißen 95
4.3.3 Bindefehler 96
4.3.4 Porosität 97
4.3.5 Einschlüsse 98
4.3.6 Nahtüberwölbung 99
4.3.7 Exzentrizität 100
4.3.8 Metallurgisch bedingte Störstellen 101

4.4 Einfluß von Korrosion 102

4.5 Einfluß von Temperatur 103
Höhere Temperaturen 104
Tiefe Temperaturen 104

4.6 Kerbschlagzähigkeit 104

4.7 Bruchverhalten 106

5 Werkstoffprüfung 109

5.1 Mechanisch-technologische Werkstoffprüfung 109
5.1.1 Festigkeitsprüfung 109
Kraft-Verlängerungs-Diagramm 110
Zugfestigkeit R_m 111
Formdehngrenzen 111
Bruchdehnung 111
Quereinschnürung 112
Elastizitätsmodul 113
Zugversuche quer zu Aluminium-Schweißverbindungen 113
5.1.2 Prüfung des plastischen Verformungsvermögens 115
5.1.3 Härteprüfung 116
Brinellprüfung 117

5.2 Korrosionsprüfungen 119
5.2.1 Naturversuch 120
5.2.2 Chemische Korrosionsuntersuchungen ohne zusätzliche mechanische Beanspruchung DIN 50905 (Teil 1 bis 4) 120
5.2.3 Korrosionsprüfung von Leichtmetallen mit zusätzlicher mechanischer Beanspruchung DIN 50908 121

5.3 Metallographische Prüfverfahren 121
Makroskopische Arbeitsverfahren 122

5.4 Zerstörungsfreie Prüfverfahren 125
5.4.1 Durchstrahlungsprüfung 126
5.4.2 Ultraschallprüfung 128
5.4.3 Farbeindringverfahren 129

5.5 Verwechslungsprüfungen 130

5.6 Gütesicherung 131

6 Berechnung und Gestaltung 133

6.1 Berechnungsgrundlagen 134
6.1.1 Festigkeit, Werkstoffkennwerte 134
6.1.2 Sicherheit und zulässige Beanspruchungen 134

6.2 Berechnung bei vorwiegend ruhender Belastung nach E DIN 4113 T2 . . 136
6.2.1 Werkstoffe 137
6.2.2 Lastannahmen 139
6.2.3 Berechnungsgrundsätze 139

6.2.4 Bemessungsnachweise 140
6.2.5 Allgemeiner Spannungsnachweis 141
6.2.6 Kombination von Schweißnähten mit anderen Verbindungsmitteln 144
6.2.7 Stabilitätsnachweise 144

6.3 Tragfähigkeit von geschweißten Bauteilen 157
6.3.1 Anschlüsse und Stöße 157
6.3.2 Tragfähigkeit von Druckstäben mit Längs- und Quernähten 162

6.4 Berechnungsbeispiele 170
6.4.1 Geschweißter Fachwerkknoten 170
6.4.2 T-Profil mit Längsnaht 176
6.4.3 T-Profil mit Quernaht 179
6.4.4 Rohrstütze mit Quernaht an der Einspannstelle 182
6.4.5 Kastenträger mit schwingender Belastung 186
6.4.6 Biegesteifer Anschluß mit Kehlnähten 194

6.5 Berechnung bei wiederholter Belastung 195
6.5.1 Lastannahmen und Sicherheiten für Schienenfahrzeuge 197
6.5.2 ASCE Proceedings 3341 197
6.5.3 British Standard CP 118; 1969 198

6.6 Grundsätze der Gestaltung 200

7 Anhang 203

Zusammenstellung der wichtigsten Normen 203

Literaturverzeichnis 209

Sachwortverzeichnis 214

Vorwort

Dieses Buch wurde mit der Absicht geschrieben, Eigenschaften, Kennwerte, Formeln und Prinzipien bei Konstruktion und Berechnung von geschweißten Aluminium-Konstruktionen zusammenzustellen. Es ist bestimmt als Arbeits- und Entscheidungshilfe für den Ingenieur in der Praxis, aber auch als Lehrbuch für Studenten des konstruktiven Ingenieurbaus.

Obwohl heute Aluminium nach Stahl das am meisten verwendete Metall ist, tragen Ausbildungspläne und -möglichkeiten diesem Zustand nur unzureichend Rechnung. Andererseits erscheint demnächst die Neufassung der DIN 4113 T1 und T2 „Aluminiumkonstruktionen unter vorwiegend ruhender Belastung – Konstruktion und Berechnung". Der Schwerpunkt dieses Buches liegt dementsprechend in der Beschreibung des Tragverhaltens geschweißter Aluminiumbauteile sowie der Erläuterung und Ergänzung entsprechender Richtlinien zur Bemessung und Gestaltung.

Es wird keine enzyklopädische Darstellung sämtlicher Daten über Aluminium vorgenommen. Hierzu gibt es sehr gute Nachschlagwerke mit einer Fülle von Informationen über spezielle Gebiete. Es wird vielmehr versucht, den Erfordernissen der Lehre und der Anwendung in der Praxis in übersichtlicher Weise zu entsprechen, wobei insbesondere Konstruktionen des Bauwesens betrachtet werden. Die beschriebenen Eigenschaften, die Ausführung und das Verhalten der geschweißten Verbindungen, verschiedene Bemessungsregeln können jedoch im Prinzip für Konstruktionen des Verkehrswesens sowie des Behälter- und Apparatebaus übernommen werden.

Kapitel 1 stellt eine kurze Einleitung zum Thema der geschweißten Aluminiumkonstruktionen dar. Eine Beschreibung des Werkstoffes Aluminium, seines Gefügeaufbaus, seiner Legierungen und des Halbzeugs für den konstruktiven Ingenieurbau sowie wichtige physikalische Eigenschaften sind im Kapitel 2 (G. Steidl) behandelt. Die Fertigung von geschweißten Aluminiumkonstruktionen mit ausführlichen Angaben zu der Werkstatteinrichtung, den Schweißverfahren, Schweißparametern, Arbeitsregeln beim Schweißen sowie Vor- und Nachbehandlungen von Schweißverbindungen folgt in Kapitel 3 (W.D. Strippelmann), wobei hier Erfahrungen aus der Ausbildungspraxis an einer Schweißtechnischen Lehr- und Versuchsanstalt miteingeflossen sind. Der wichtige Bereich der Gütesicherung geschweißter Bauteile bedarf immer als Hilfsmittel der Werkstoffprüfung. Erfahrungen aus der Praxis bei einer sog. anerkannten Prüfanstalt wurden bei Zusammenstellung und Bewertung der mechanisch-technologischen Prüfverfahren sowie der metallographischen und zerstörungsfreien Prüfungen unter Kapitel 5 (G. Steidl) berücksichtigt.

Die Eigenschaften und das Verhalten von geschweißten Aluminiumverbindungen werden unter Kapitel 4 (D. Kosteas) behandelt. Für das betriebssichere Bemessen von Aluminiumkonstruktionen ist die Veränderung des Werkstoffverhaltens unter Schweißbedingungen von Bedeutung. Imperfektionen bei Schweißverbindungen der Praxis und ihr quantitativer Einfluß auf die Festigkeit werden aus einer umfassenden Literaturauswertung erläutert. Im Zuge der technischen Entwicklung wird hier auch ein erster Versuch unternommen, das Festigkeitsverhalten auch unter schwingender Beanspruchung in Abhängigkeit vom Werkstoff und der konstruktiven Gestaltung (Schweißnahtform) ausführlicher zu beschreiben. Besonders im Leichtmetallbau mit optimal dimensionierten tragenden Querschnitten und damit relativ hohen Nennspannungen der Ermüdungsbelastungen ist das Erfassen der Betriebsfestigkeit sehr wichtig. Erläuterungen zur DIN 4113 mit ausführlichen Rechenschemata zu den Festigkeitsnachweisen, Diagrammen zur Tragfähigkeit geschweißter Verbindungen und Bauteile, z.B. Druckstäbe, folgen im Kapitel 6 (D. Kosteas), wobei wiederum der wiederholten Belastung besondere Bedeutung geschenkt wird und verschiedene einschlägige Richtlinien aufgeführt werden.

Bei der Zusammenstellung der Daten zu diesen beiden Kapiteln wurden Erfahrungen eines Vorlesungszyklus' im Leichtmetallbau für Bauingenieure an der Universität Karlsruhe sowie aus der Mitarbeit in den Fachnormausschüssen zur DIN 4113 mitberücksichtigt. Wir bedauern, auf den Abdruck der DIN 4113 T2 „Geschweißte Aluminium-Konstruktionen" verzichten zu müssen, da dieser Teil bis heute noch nicht in endgültiger Fassung vorlag. Änderungen wären bei einer redaktionellen Revision nicht auszuschließen; diese würden jedoch die Gültigkeit der hier dargestellten Prinzipien und Festigkeitsnachweise keineswegs einschränken. Besonders den Erfordernissen der Lehre entsprechend sind die detaillierten Rechnungsbeispiele im Hauptabschnitt 6.4 als Anwendungsfälle zu DIN 4113 T2 zu verstehen. Entsprechend den einzelnen Kapiteln des Buches, folgt in Kapitel 7 ein Literaturverzeichnis, aus dem der interessierte Leser weitere Literatur, insbesondere für die Belange des konstruktiven Ingenieurbaus entnehmen kann.

Wir hoffen mit diesem Buch einen Beitrag in der Lehre und bei der Anwendung von Aluminiumkonstruktionen liefern zu können; wobei auch der Versuch unternommen wurde, neben anerkannten Regeln auch einige Tendenzen künftiger Entwicklung aufzuzeigen. Die Verfasser danken allen Kollegen und Mitarbeitern, die zum Entstehen dieses Werkes beigetragen haben. Dem Vieweg-Verlag sprechen wir unseren besonderen Dank aus für die freundliche Beratung und den sorgfältigen Druck.

Karlsruhe, Juli 1978 — Der Herausgeber

1 Einleitung

Aluminiumkonstruktionen – Allgemeines

Erzeugung und Verbrauch von Aluminium sind in den letzten beiden Jahrzehnten durch eine expansive Entwicklung gekennzeichnet. Das Bauwesen konnte hinter dem Verkehrswesen (Fahrzeugbau) und knapp hinter der Elektroindustrie mit Zuwachsraten um 10 % im Aluminiumverbrauch den dritten Platz einnehmen. Aluminiumwerkstoffe haben sich in zahlreichen Bereichen des täglichen Lebens etabliert, wesentliche technische Fortschritte wurden durch Konstruktionen in Aluminium erst möglich. Das ist auf verschiedene günstige Eigenschaften dieses Werkstoffs zurückzuführen, wie

- geringes spezifisches Gewicht
- relativ hohe Festigkeitseigenschaften
- gute Verarbeitbarkeit infolge großen plastischen Verformungsvermögens
- gute Schweißeignung
- gute Korrosionsbeständigkeit gegen viele Medien
- dekorative Wirkung der Oberfläche
- unmagnetisches Verhalten

Allerdings sind bei der Berechnung, Konstruktion und Fertigung werkstoffspezifische Eigenheiten zu berücksichtigen.

Der planende, konstruierende und das Bauwerk ausführende Ingenieur muß Kenntnisse über diese werkstofflichen Besonderheiten besitzen, um optimale Konstruktionen verwirklichen zu können. Die schweißtechnische Verarbeitung steht dabei im Mittelpunkt, da einerseits meist nur durch die schweißtechnischen Fügeverfahren wirtschaftliche Konstruktionen möglich sind und andererseits durch das Schweißen das Tragverhalten dieser Bauteile wesentlich beeinflußt werden kann. Fortschritte bei der Automatisierung und Rationalisierung des Schweißens sowie der Verbesserung der mechanischen Eigenschaften der Schweißverbindung erlauben erst die enormen Verbrauchssteigerungen. Selbstaushärtende Aluminiumlegierungen höherer Festigkeit, geeignete Wahl von Schweißzusatzwerkstoffen um dem Festigkeitsabfall in der Schweißzone entgegenzuwirken sowie Verfahren die ein störungsfreies Schweißen gewährleisten zählen zu den Hauptanstrengungen der letzten Jahre.

Der Kenntnisstand über die schweißtechnische Verarbeitung der häufig im konstruktiven Ingenieurbau angewendeten ferritischen Stähle sowie die Tragfähigkeit derartiger geschweißter Bauteile ist sehr hoch entwickelt. Eine entsprechend intensive Ausbildung auf allen Ebenen der technischen Schulung und die technischen Vorschriften und Normen haben zudem zu einer breiten Streuung dieser Kenntnisse geführt. Bei den Aluminiumlegierungen ist die optimale technische Verarbeitung und die Tragfähigkeit geschweißter Verbindungen in aller Ausführlichkeit noch nicht geklärt.

Eine Übertragung der Erkenntnisse, die bei den geschweißten stählernen Tragwerken gewonnen wurden, ist auch bei Berücksichtigung der unterschiedlichen physikalischen Eigenschaften, nur in sehr eingeschränktem Umfang möglich. So müssen z.B. von den werkstoffbedingten schweißtechnischen Eigenheiten der Aluminiumlegierungen ausgehend, spezielle schweißtechnische Fertigungsverfahren, aber auch Berechnungsmethoden Anwendung finden. Normvorschriften als Konstruktions- und Bemessungsgrundlage für den Ingenieur in der Praxis gehören ebenso hierzu wie die systematische Ausbildung von Konstrukteuren und qualifizierten Arbeitern in den verschiedenen Bildungseinrichtungen.

Es muß vielleicht noch erwähnt werden, daß die internationale Entwicklung der Aluminiumindustrie künftig im besonderen Maß von den wirtschaftlichen und gesellschaftspolitischen Änderungen beeinflußt wird, wie diese durch neue Begriffe wie Energieerzeugung, Rohstoffgewinnung und Umweltschutz geprägt werden. In diesem Zusammenhang dürfte Aluminium, dem auf unserer Erde meistverbreiteten Metall, eine besondere Bedeutung zukommen.

Einige Beispiele aus der Baupraxis sollen verdeutlichen, daß bei speziellen Wettbewerbsbedingungen, z.B. bei Forderungen wie wenig lohnintensive Konstruktion, leichtes Transportgewicht, schnelle und einfache Montage, leichte Widerlager, geringer Unterhaltsaufwand, antimagnetische Eigenschaften usw. die Wirtschaftlichkeit von Bauteilen aus Aluminium in zunehmendem Maße gewährleistet erscheint.

Die besonderen Vorteile der Wärmereflektion, der Dauerhaftigkeit gegen aggressive Umweltbedingungen haben zusammen mit der leichten Verarbeitung und der ästhetisch befriedigenden Oberfläche schon früh zu einer verbreiteten Anwendung auf dem Gebiet der Architektur geführt. Aluminiumdächer aus profilierten Blechen, ein- oder zweischalig mit entsprechender Isolierung, Wandverkleidungen, Aluminiumfenster, Fassadenelemente als Blech, Verbundplatte oder Gußelement, die praktisch jeder bauphysikalischen Anforderung entsprechen, Tore, Geländerkonstruktionen, Treppen u.v.a. sind einige bekannte Beispiele. Diese Konstruktionen werden allerdings meist durch mechanische Verbindungsverfahren hergestellt.

Dagegen werden Konstruktionen aus dem Gebiet des Bauingenieurwesens, die praktisch immer als tragende Bauteile zum Einsatz kommen, sehr häufig geschweißt. Durch die Möglichkeiten einer fast beliebigen Querschnittsgestaltung durch Strangpressen können Besonderheiten des Schweißens berücksichtigt werden. So führte z.B. die Verwendung von großformatigen Sonderprofilen für Fußgängerbücken und

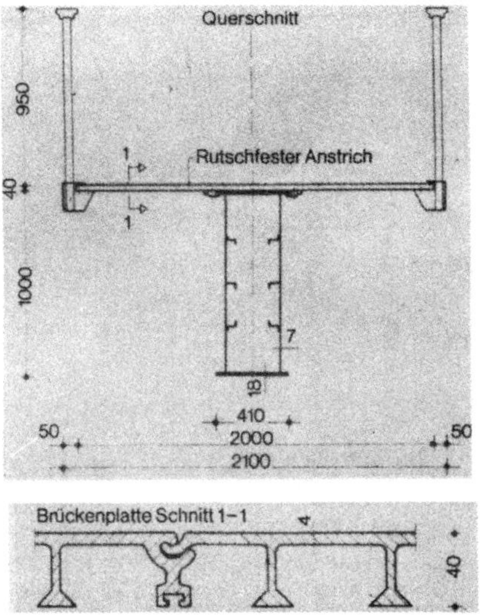

Abb. 1.1 Fußgängerbrücken in Singen/Hohentwiel, Querschnitt und Detail
Aluminium-Werke Singen

Verbindungsstege zu sinnvollen Konstruktionen; Schweißkanten und Stegaussteifungen konnten mitangepreßt werden, dadurch fielen relativ geringe Lohnkosten an (Abb. 1.1). Durch die Weiterentwicklung von orthotropen Hohlplatten als Fahrbahntafel bzw. Obergurt von geschweißten kastenförmigen Hauptträgern konnten Anfang der siebziger Jahre spezielle Brückentypen entstehen. Auch als offene Fußgängerbrücken oder überdachte Verbindungsstege zwischen Gebäuden finden Trogbrücken, aus Hohlfach-Teilplatten zusammengeschweißt, oft Anwendung. Diese Konstruktionen besitzen große Quersteifigkeit und sind durch „Selbstaussteifung" gegenüber örtlichem Beulen nicht gefährdet (Abb. 1.2 bis 1.4). Alle diese Konstruktionen wurden aus dem Werkstoff AlMgSi 1 hergestellt. Dieser läßt sich besonders gut strangpressen, besitzt aber eine hohe Festigkeit auch nach dem Schweißen. Die Spannweiten betragen bei diesen Beispielen 15,80 m bis 22,00 m; das Konstruktionsgewicht schwankt je nach Brückentyp und Anwendungsfall, es beträgt z.B. für die Trogbrücke nach Abb. 1.4 ca. 1790 N/m^2 Nutzfläche. Bei größeren Spannweiten und bei Verwendung der hochfesten Legierung AlZn4,5 Mg1 werden die Vorteile einer Aluminiumkonstruktion noch deutlicher, da das Verhältnis Eigengewicht zu Nutzlast größer wird.

Die Vorteile des geringen Eigengewichtes eröffnen den Aluminiumkonstruktionen ein breites Anwendungsgebiet bei allen oft transportierten oder beweglichen Bauteilen, wie z.B. bei fliegenden Bauten, Tribünen, Zeltbauten usw., bei Kläranlagen, Räumerbrücken, wo die guten Korrosionseigenschaften und weitgehende Wartungs-

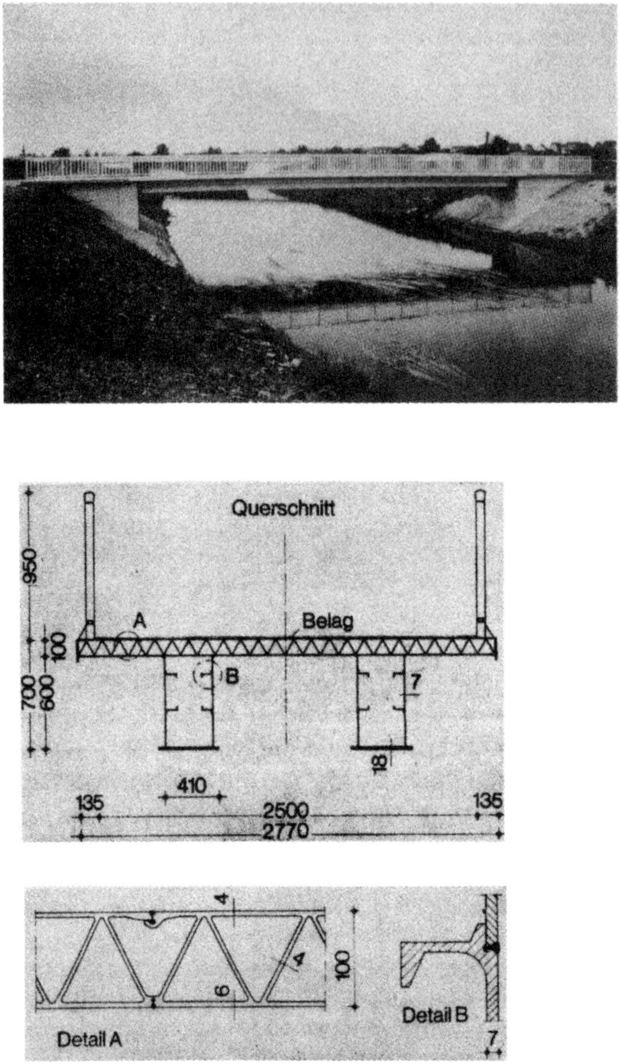

Abb. 1.2 Fußgängerbrücke in Karlsruhe/Rheinhafen, Querschnitt und Details[1])

1) Aus O. Steinhardt: Aluminium im konstruktiven Ingenieurbau, erschienen in Aluminium 47 (1971), S. 131/139. (Bezieht sich auch auf die Abb. 1.3–1.6.)

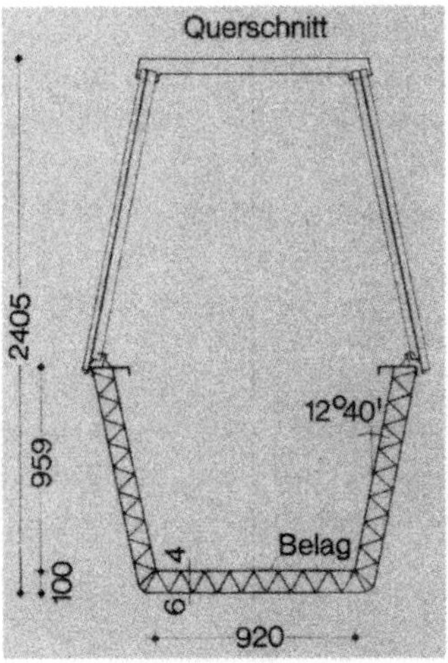

Abb. 1.3 Verbindungssteg in Karlsruhe, Querschnitt [1])

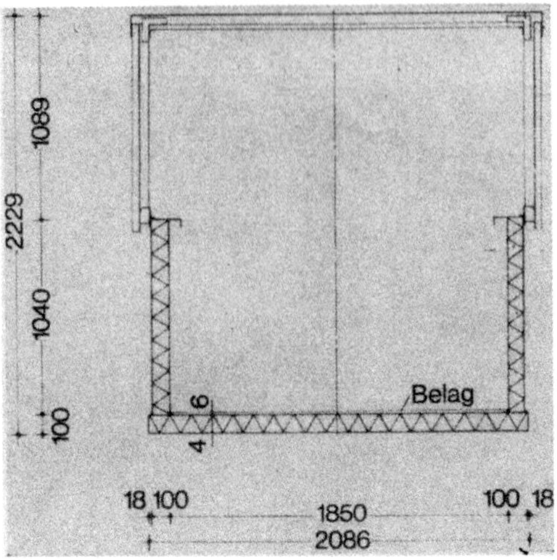

Abb. 1.4 Verbindungssteg in Berlin, Querschnitt [1])

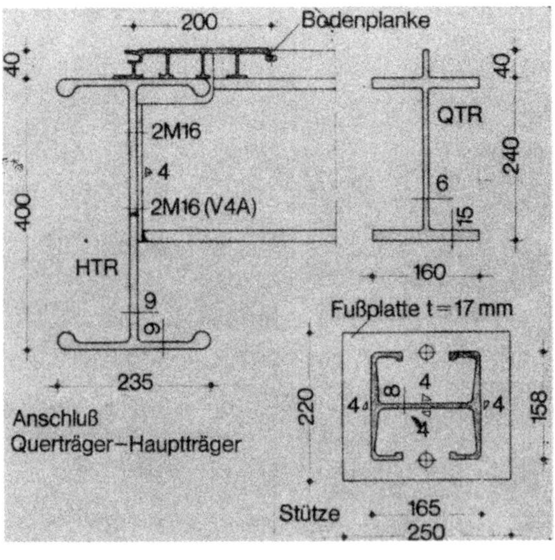

Abb. 1.5 Antimagnetische Bühne für ein Institut in München/Garching [1])

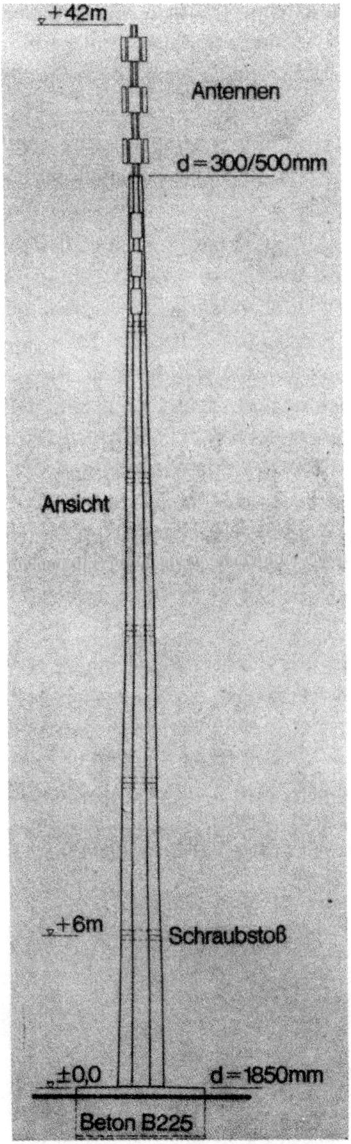

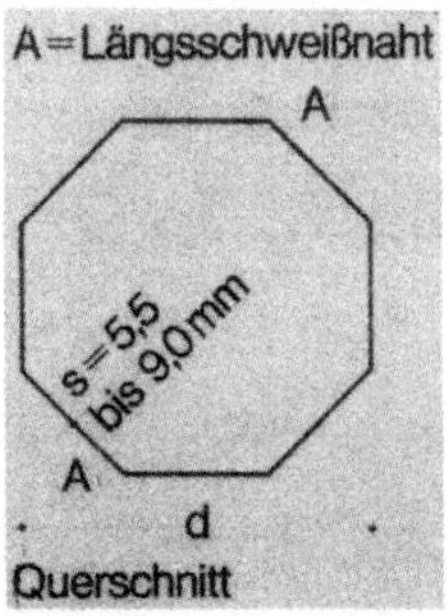

Abb. 1.6 Antennenmast für den Südwestfunk, Ansicht und Querschnitt [1])

freiheit ebenfalls von Bedeutung sind und schließlich im Kranbau. Kranbrücken oder Kranausleger aus Aluminium in geschweißter Ausführung haben sich bestens bewährt, da so auch bei vorhandener Unterkonstruktion oft eine bedeutende Steigerung der Tragfähigkeit der Anlage erzielt werden kann.

Abb. 1.5 zeigt ein weiteres Beispiel einer Aluminiumbühne aus AlMgSi 1, eine kombinierte geschraubte und geschweißte Konstruktion aus speziellen Strangpreßprofilen für die Bodenplanken sowie die Träger und Stützen.

Ein Sondergebiet des Bauwesens, wo ebenfalls mit Erfolg Aluminium zur Anwendung kommt ist der Mastbau. Hochspannungsmaste werden seit vielen Jahren in zahlreichen Ländern eingesetzt. Seit einigen Jahren entstanden auch mehrere bis zu 42 m hohe Antennenträger im süddeutschen Raum. Die einzelnen Teile, bestehend aus zwei Halbschalen abgekanteter und sich konisch verjüngender Aluminiumbleche, werden durch Längsnähte zu dem achteckigen Querschnitt und anschließend durch Quernähte zu 6 m langen Schüssen verschweißt (Abb. 1.6). Diese Aluminium-Bauweise zeichnet sich aus durch sehr befriedigende Anpassung an die Landschaft, problemlosen Transport auch größerer Teile zu schlecht zugänglichen Baustellen, einfache Montage und evtl. Demontage bei Wiederverwendung an anderem Ort und wiederum die Wartungsfreiheit. Diese Vorteile ergaben sich eindeutig beim Vergleich mit herkömmlichen Konstruktionen, wie Stahlgitterturm und Stahlrohr- bzw. Schleuderbetonmasten.

Bei Konstruktionen des Bauwesens handelt es sich i.d.R. um einzelne relativ aufwendige Tragwerke. So ist es zu verstehen, daß bis heute noch ein gewisses Zögern in der Erprobung neuer Lösungen mit neuen Werkstoffen und Methoden herrscht. Es bestehen außerdem noch Unklarheiten sowohl in konstruktiver als auch in theoretischer Hinsicht bei der Übertragung von Erfahrungen bei kleineren Bauteilen auf größere Konstruktionen. Es ist zu hoffen, daß die neuen Bemessungsvorschriften, insbesondere für geschweißte Bauteile, die künftige Entwicklung günstig beeinflussen werden.

2 Werkstoffe

2.1 Aufbau

Die weitaus größte Anzahl der auf der Erde zur Verfügung stehenden Elemente sind Metalle. Ein wesentliches Merkmal ihres Aufbaues ist die Gitterstruktur der Atome. Die Atome, positiv geladene Ionen, bilden eine relativ dichte geordnete Struktur und werden von leicht beweglichen Elektronen, dem Elektronengas, umgeben. Aus dem für Metalle typischen Gitteraufbau ergeben sich auch die folgenden sechs charakteristischen – für die technische Verarbeitung wichtigen – Eigenschaften:

Festigkeit gegen äußere Kräfte
Grundbedingungen für alle Konstruktionswerkstoffe

Elektrische Leitfähigkeit
Voraussetzung für die schweißtechnische Verarbeitung mittels elektrischer Schmelzverfahren

Thermische Leitfähigkeit
Kennzeichnende Eigenschaften für Temperaturfelder beim Schweißen

Thermische Ausdehnung
Maßgebende Eigenschaft für die Entstehung von Eigenspannungen beim Schmelzschweißen

Plastische Verformbarkeit
Voraussetzung für den Abbau von Eigenspannungen und sonstigen Störspannungen und gewünschte Eigenschaft bei der spanlosen Formgebung

Beständigkeit gegen angreifende Medien
Voraussetzung für die wirtschaftliche Anwendung bei Korrosionsgefahr

Ein wesentlicher Vorteil der Aluminium-Werkstoffe ist die Beständigkeit der Festigkeits- und Verformungseigenschaften bei tiefen Temperaturen und die gute Korrosionsbeständigkeit auch im geschweißten Zustand. Das Festigkeitsverhalten der Al-Legierungen kann durch ihren Gitter- und Gefügeaufbau erklärt werden. Gezielte Veränderungen dieses Aufbaues ermöglichen die Beeinflussung der Festigkeitseigenschaften.

Die Größenordnung der Auflösung bei der mikroskopischen und submikroskopischen Betrachtung kennzeichnet zwei wichtige Aufbaustufen. Der Gefügeaufbau kann mittels mikroskopischer Beobachtungsverfahren aufgezeigt werden. Der Gitter-

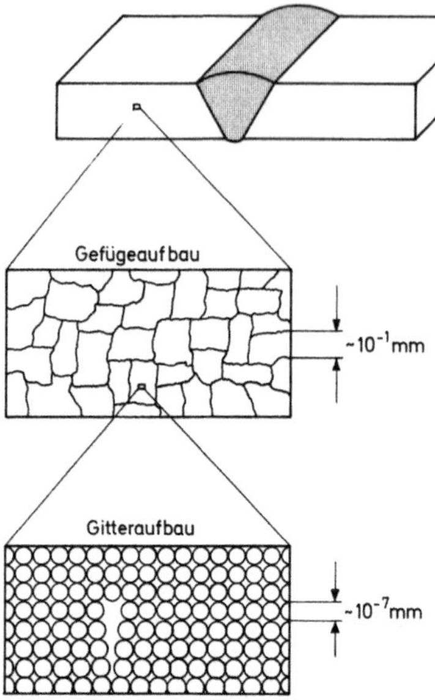

Abb. 2.1 Aufbaustufen metallischer Werkstoffe

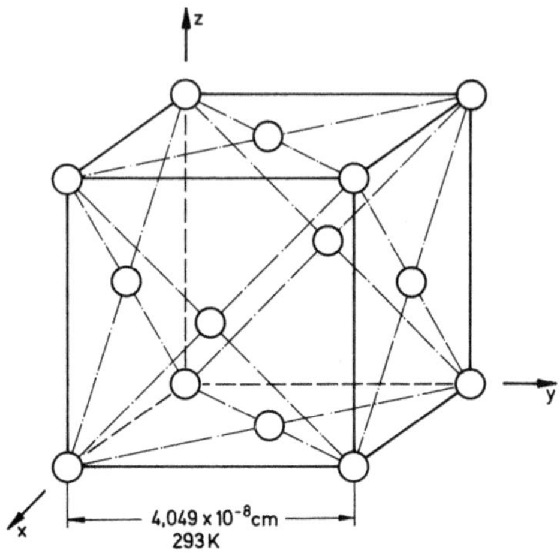

Abb. 2.2 Elementarzelle des Reinaluminium

aufbau beschreibt den atomaren Bereich, der durch spezielle röntgenographische Feinstruktur Untersuchungen nachgewiesen und beschrieben werden kann. Bei den Aluminium-Werkstoffen ist eine Vielzahl von Erscheinungsformen sowohl im Gitteraufbau als auch im Gefügebereich möglich. Abb. 2.1 zeigt den Gefügeaufbau und den Gitteraufbau.

2.1.1 Gitteraufbau unlegiert

Der Gitteraufbau kann mittels verschiedener Methoden beschrieben werden. Die Anschaulichste ist die Darstellung der Gitterstruktur durch eine räumliche Elementarzelle (Abb. 2.2). Dabei muß beachtet werden, daß die Atome kleiner gezeichnet werden als sie in Wirklichkeit sind, um die räumliche Struktur besser zu bedeutlichen. In Wirklichkeit berühren sich die einzelnen Atome. Die Mittelpunkte der kleiner gezeichneten Atome werden zusätzlich mit Linien verbunden, wodurch die räumliche Struktur noch besser zur Geltung kommt.

Als Elementarzelle wird ein derartiger Ausschnitt bezeichnet, wenn er gerade noch die charakteristischen Besonderheiten des Aufbaues kennzeichnet. Mehrere Elementarzellen aneinandergefügt, wobei die einzelnen Atome gleichzeitig zu mehreren

Elementarzellen gehören, ergeben die räumliche Struktur des Metallgitters. Es entstehen verschiedene Atomebenen, die bei plastischen Verformungsvorgängen als Gleitebenen wirksam werden können. Diese Ebenen sind durch eine Kodierung der Achsabschnitte in einem dreiachsigen Koordinatensystem eindeutig zu beschreiben. Ebenso sind Festlegungen von Richtungen im Gitter möglich. Die Reziprokwerte der bezogenen Achsabschnitte, eines dem Gitter angepaßten Koordinatensystems, werden als Miller'sche Indizer bezeichnet.

Das bei Aluminium vorliegende kubisch flächenzentrierte Gitter, das auch gleichzeitig die dichteste Kugelpackung darstellt, besitzt insgesamt 12 mögliche Gleitebenen, gegenüber 9 möglichen Gleitebenen des bei den ferritischen Eisenwerkstoffen vorliegenden kubisch raumzentrierten Gitters. Die Raumerfüllung – Anteil des Volumens der Atome am Gesamtvolumen – liegt beim kubisch flächenzentrierten Gitter bei 74 %, gegenüber 68 % beim kubisch raumzentrierten Gitter. Die relativ gute plastische Verformbarkeit bis zu tiefsten Temperaturen und das unmagnetische Verhalten von Aluminium sind auf dessen Gitterstruktur zurückzuführen. Von entscheidendem Einfluß auf das plastische Verformungsverhalten sind neben der charakteristischen Anordnung der Atome die im Gitter vorhandenen unvermeidlichen Gitterstörstellen (Abb. 2.1). Die Art und die Anzahl bzw. Dichte der Gitterstörstellen, die auch als Versetzungen bezeichnet werden, bestimmen das plastische Verformungsverhalten wesentlich. Insbesondere ist die Schubspannung, ab welcher plastische Deformationen möglich sind, von diesen Faktoren abhängig. Eine der bedeutensten Möglichkeiten, die Versetzungsdichte und damit auch die Festigkeit zu erhöhen, ist die plastische Vorverformung von Konstruktionswerkstoffen. Durch Glühbehandlungen kann die Anzahl der Versetzungen wieder reduziert werden. Daraus ergibt sich die Möglichkeit, die Festigkeit von Aluminium durch plastische Verformung – Kaltverfestigung – zu steigern und durch Vernichtung von Versetzungen – Weichglühen – wieder zu reduzieren.

2.1.2 Gitteraufbau legiert

Neben der Veränderung der Versetzungsdichte kann auch durch Legierungsbildung das Festigkeitsverhalten von Aluminium planmäßig verändert werden. Die grundsätzlichen Möglichkeiten der Legierungsbildung sind in Abb. 2.3 dargestellt. Bei den Einlagerungsmischkristallen werden die im Gitter vorhandenen Lücken durch kleinere, eingelagerte Atome ausgefüllt. Bei diesem Legierungstyp besteht eine obere Grenze der Löslichkeit, da nur eine bestimmte Anzahl von Lücken vorhanden ist. Bei Aluminium ist dieser Legierungstyp von untergeordneter Bedeutung. Die Atomradien der am Aufbau der Austauschmischkristalle beteiligten Atome müssen annähernd gleich groß sein. Außerdem darf neben einigen anderen Randbedingungen die chemische Affinität zwischen den Grund- und Legierungsatomen nicht zu

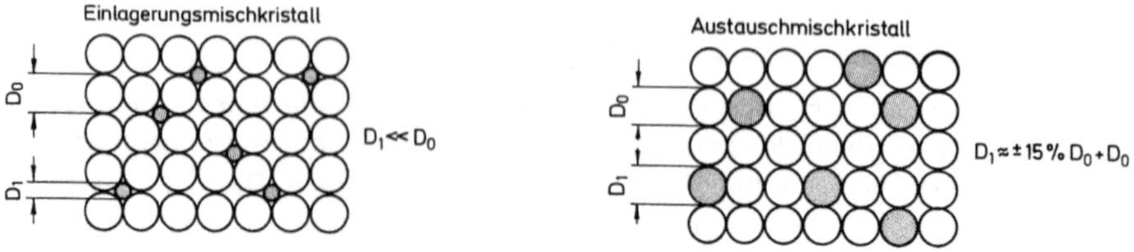

Abb. 2.3 Grundsätzliche Möglichkeiten der Legierungsbildung.
D_0 = Grundatom, D_1 = Legierungsatom

groß sein. Bei den Austauschmischkristallen besteht keine obere Grenze der Löslichkeit. Intermetallische Verbindungen sind eigene Phasen. Die beteiligten Atome stehen in einem stöchiometrischen Verhältnis zueinander, z.B. Mg_2Si.

In allen Fällen der Legierungsbildung wird durch die Behinderung von Gleitbewegungen die Schubspannung erhöht, die zu ersten plastischen Deformationen führt. Es tritt eine Festigkeitssteigerung ein. Austausch- und Einlagerungsmischkristalle werden durch Glühbehandlungen bzw. langsame Erwärmung und Abkühlung nur unwesentlich beeinflußt. Die Bildung von intermetallischen Phasen und Ausscheidungen ist u.a. auch von der Verweilzeit der Werkstoffe bei bestimmten Temperaturen stark abhängig. Die Art, die Form, die Größe und der Verteilungsgrad von Ausscheidungen sind für die Festigkeitssteigerung maßgebend und über die Wärmeführung beeinflußbar. Bei bestimmten Temperaturen und Konzentrationen können gleichzeitig verschiedene Phasen bestehen, so daß über größere Gitterbereiche einheitliche Gitterstrukturen vorliegen. Derartige Zustände sind aus Zustandsdiagrammen ablesbar.

Gefügeaufbau

Der Gitteraufbau ist für das Werkstoffverhalten von wesentlicher Bedeutung. Die beschriebenen Gitterstrukturen sind nicht über das gesamte Volumen in einheitlicher Form orientiert. Verfolgt man die Gitterstruktur über größere Bereiche, von ca. 10^6 bis ca. 10^9 Atomabständen, findet man nur räumlich begrenzte Volumenbereiche, in welchen ein einheitlich orientiertes Gitter vorliegt. Diese Bereiche werden Körner bzw. Kristalle genannt, die durch Korngrenzen voneinander getrennt sind. Die Korngrenzen stellen Flächen dar, wo unterschiedliche Kristallorientierungen aufeinandertreffen.

Sie sind in der Regel bezüglich des Festigkeitsverhaltens keine Schwachstellen, können aber durch besondere Umstände, sowohl bei mechanischer als auch bei chemischer bzw. korrosiver Beanspruchung, zu solchen werden (Abb. 2.4).

Durch die Aufteilung des Gesamtvolumens in viele kleine Kristallbereiche erfolgt ein Ausgleich von unterschiedlichen Eigenschaften in den verschiedenen Gitter-

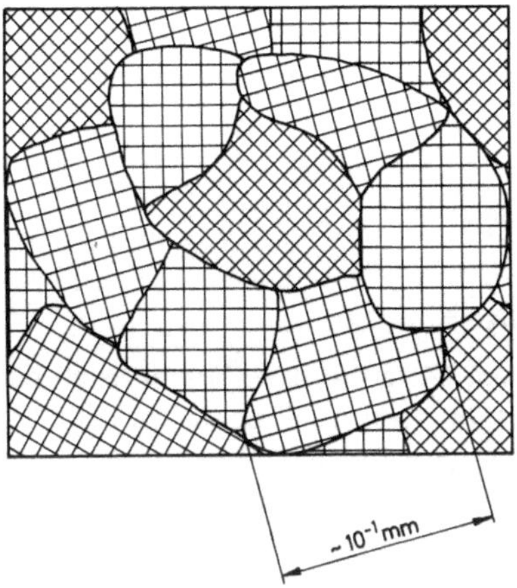

Abb. 2.4 Kornaufbau metallischer Stoffe. Gitterstruktur stark vergrößert dargestellt

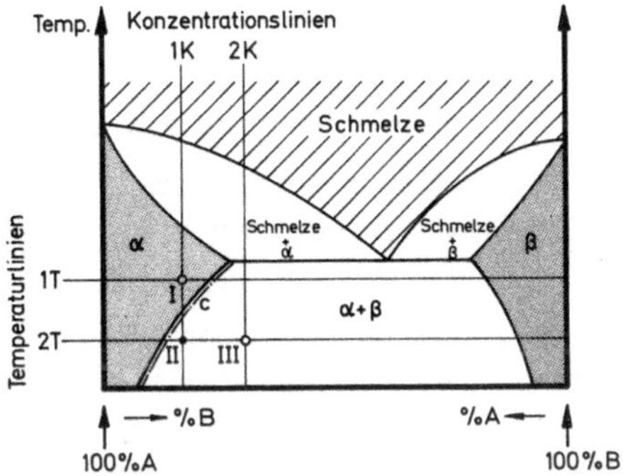

Abb. 2.5 Charakteristisches Zweistoffsystem mit teilweiser, temperaturabhängiger, rückläufiger gegenseitiger Löslichkeit.
α = Mischkristall mit B-Atomen
β = Mischkristall mit A-Atomen

richtungen. Liegt keine regellose Verteilung der Kristallorientierung vor, wenn mehrere Körner in eine Richtung orientiert sind, können quer, längs oder senkrecht zur Walzrichtung unterschiedliche Eigenschaften gefunden werden – Anisotropie. Der Grund für das Auftreten von Kristallkörnern ist im Erstarrungsmechanismus der Metallschmelzen zu suchen. Die Erstarrung – Kristallisation – setzt an mehreren Stellen der Schmelze gleichzeitig ein. Die in technischen Schmelzen vorliegende Erstarrung wird durch die artfremde Keimbildung bestimmt. Von kleinsten vorkristallisierten Bereichen, z.B. nichtmetallischen Schwebeteilchen, sogenannten Kristallisationskeimen, beginnen bei sinkender Temperatur die Körner zu wachsen und schweben zunächst noch in der Schmelze, bis die Schmelze verbraucht ist und die Kristallkörner aneinanderstoßen und über die so gebildeten Korngrenzen zum Kontakt kommen. Erfolgt eine relativ rasche Abkühlung, wie z.B. in Schweißnähten – großer Temperaturgradient –, wachsen die Kristalle in Richtung der größten Abkühlgeschwindigkeit. Die mittlere Korngröße kann bei den Erstarrungsvorgängen über die Anzahl der Kristallisationskeime gesteuert werden. Welche Art von Kristallkörnern bei Legierungen vorliegen, kann aus Zustandsschaubildern abgelesen werden. Am gebräuchlichsten sind Zweistoff-Zustandsschaubilder, obwohl oft Mehrstofflegierungen vorliegen und Zweistoffschaubilder in solchen Fällen die Verhältnisse nur sehr unvollständig beschreiben können. Abb. 2.5 zeigt ein charakteristisches Zweistoffsystem für zwei Stoffe mit teilweiser gegenseitiger Löslichkeit und einem Eutektikum. Aus Zustandsdiagrammen kann, wenn die jeweilige Temperatur und die Konzentration bekannt ist, abgelesen werden, welche Phasen vorliegen.

Zunächst wird bei der entsprechenden Konzentration eine senkrechte Linie gezogen. Bei der zu untersuchenden Temperatur wird eine horizontale Linie gezogen. Der Schnittpunkt der beiden Linien kann

in einem Phasengebiet liegen
Es liegt nur eine Phase vor, z.B. α oder Schmelze

in einem Zwischenphasengebiet liegen
Es liegen zwei Phasen vor, z.B. $\alpha + \beta$, Schmelze $+\alpha$

Im ersten Fall bestehen alle Körner nur aus dem Gittertyp bzw. Mischkristall der angezeigten Phase, oder wenn der Schnittpunkt im Bereich der Schmelze liegt, besteht das gesamte Volumen aus Schmelze. Im zweiten Fall muß vom Schnittpunkt ausgehend, entlang den Temperaturlinien an den angrenzenden Phasengebieten, abgelesen werden, welches Phasengemisch vorliegt. Das in Abb. 2.5 dargestellte Zweistoffsystem ist relativ einfach und gibt nicht alle möglichen Kombinationen zwischen den Phasengebieten wieder. Die realen Zweistoffsysteme sind meist vielfältiger. Trotzdem bleibt grundsätzlich das geschilderte Vorgehen gültig; der Schnittpunkt zwischen der Temperaturlinie und der Konzentrationslinie ist maßgebend und zeigt durch das Feld, in welchem er liegt, an, welche Phase bzw. welches Phasengemisch zu erwarten ist. Die Zustandsschaubilder gelten nur für den Fall der langsamen Abkühlung. Am Beispiel des in Abb. 2.5 gezeigten Zweistoffsystemes kann der Vorgang der Ausscheidungen erläutert werden, da sowohl für die Phase α als auch für die Phase β mit sinkender Temperatur eine rückläufige Löslichkeit zu beobachten ist (Linie c). So ist der Schnittpunkt I (zwischen 1 T und 1 K) im Gebiet der α-Mischkristalle. Das bedeutet, die Menge der Atome B ist entsprechend der Darstellung in Abb. 2.3 entweder als Einlagerungsmischkristall oder als Austauschmischkristall in Lösung. Sinkt die Temperatur auf den Wert der Linie 2 T der Abb. 2.5, liegt der Schnittpunkt II in dem Zwischenphasengebiet ($\alpha + \beta$-Mischkristalle). Verfolgt man diesen Vorgang bis zur Raumtemperatur, so besteht dann der Werkstoff ebenfalls aus $\alpha + \beta$-Mischkristallen. Allerdings werden sich diese Verhältnisse nur einstellen, wenn, wie bereits erwähnt, langsame Abkühlung vorliegt. Bei rascher Abkühlung, z.B. Abschreckung in Wasser, von der Temperatur 1 T, stellen sich die beschriebenen Phasen nicht ein. Es bleibt dann der Gefügezustand entsprechend dem Punkt I bestehen. Das heißt, nach schneller Abkühlung liegt auch bei Raumtemperatur ein β-Mischkristall mit der Konzentration, entsprechend der Linie 1 K, vor. Dieser β-Mischkristall ist übersättigt. Die Unterdrückung der nach dem Zustandsdiagramm möglichen Umwandlung von β-Mischkristallen in α- und β-Mischkristalle führt zu dem übersättigten Zustand. Bei Raumtemperatur – Kaltaushärtung – bzw. mäßig erhöhter Temperatur – Warmaushärtung – kann sich der unterdrückte Vorgang der Ausscheidung von β-Mischkristallen nachvollziehen. Da aber dieser Ausscheidungsvorgang bei relativ geringen Temperaturen erfolgt – kleine Diffusionswege –, entstehen feinverteiltere kleinere und häufigere β-Mischkristalle.

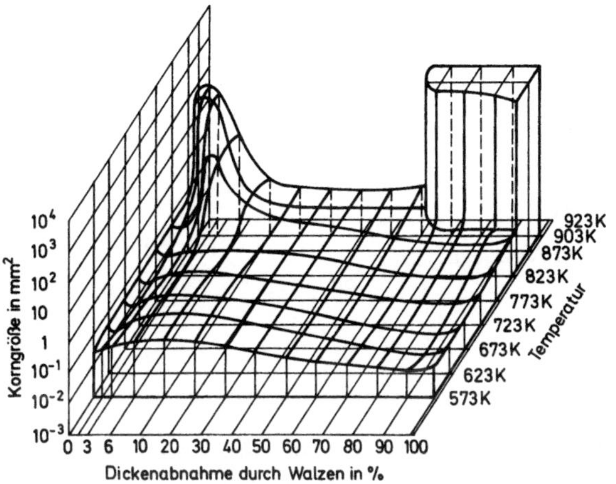

Abb. 2.6 Korngröße von Reinaluminium Al99,6 in Abhängigkeit von der Kaltverformung und der Rekristallisationstemperatur (nach Dahl und Pawlek) Aluminium Taschenbuch

Die ausgeschiedenen β-Mischkristalle können so klein sein, daß sie als Störstellen in den α-Mischkristallen in Form feinstverteilter Nadeln viele Gleitebenen blockieren und damit die Festigkeit erheblich steigern.

Neben der Möglichkeit, durch Keimbildung die Korngröße zu beeinflussen, kann durch plastisches Verformen und Glühen ebenfalls die Korngröße verändert werden. Dieser Vorgang wird als Rekristallisation bezeichnet. In Abb. 2.6 wird der Zusammenhang zwischen Korngröße, Verformungsgrad und Glühtemperatur beispielhaft aufgezeigt. Es kann je nach den vorliegenden Temperaturen und Verformungsgraden eine Kornvergrößerung – in der Regel ungünstig – als auch eine Kornverfeinerung – in der Regel günstig – eintreten. Durch Schweißen in kaltverformten Zonen sind Korngrößenveränderungen im Schweißnahtübergang möglich.

2.2 Legierungen für den konstruktiven Ingenieurbau

Oft maßgebende Eigenschaften für die Wahl von Aluminiumlegierung für einen Konstruktionszweck sind die gute chemische Beständigkeit gegen viele Angriffsmedien, insbesondere gegenüber der natürlichen Atmosphäre, das geringe spezifische Gewicht und die gleichzeitig relativ guten Festigkeitseigenschaften. Allerdings kann im Einzelfall eine Vielzahl von Faktoren für die Werkstoffauswahl eine Rolle spielen. Dominierend sind im allgemeinen im konstruktiven Ingenieurbau:

Die Herstellkosten
Werkstoffkosten, Verarbeitungskosten

Die Unterhaltungskosten
Korrosionsschutz, Reparatur

Die Gewährleistung der Funktion
z.B. Durchbiegungsbedingungen

Das Verhältnis Eigengewicht zu Nutzlast
Bei mobilen Einrichtungen

Die Verarbeitbarkeit
Schweißeignung, Unformbarkeit

Die Bewährung
Es besteht ein erhöhtes Risiko bei erstmaliger Anwendung eines Werkstoffes für einen Konstruktionszweck durch evtl. unabwägbares Verhalten.

Bei Aluminiumlegierungen sind meist positiv ausschlaggebend die problemlosere Unterhaltung bezüglich des Korrosionsschutzes und das günstigere Verhältnis des Eigengewichtes zur Nutzlast; gelegentlich auch das unmagnetische Verhalten sowie die dekorative Wirkung der Oberfläche.

2.2.1 Regellegierungen für den konstruktiven Ingenieurbau

Es wurde eine große Anzahl von Aluminiumwerkstoffen entwickelt. Für die praktische Anwendung im konstruktiven Ingenieurbau sind die meisten dieser Werkstoffe grundsätzlich geeignet. Für die Baupraxis mußte aber, um die Planung, Berechnung, Gestaltung und Fertigung zweckmäßig vereinheitlichen und normen zu können, eine Beschränkung auf wenige Typen erfolgen.

Die in der DIN 4113 genannten Legierungstypen decken den Bedarf im konstruktiven Ingenieurbau befriedigend ab. Bei der Auslegung von Bauteilen wird neben dem Stabilitätsverhalten das Festigkeitsverhalten bei vorwiegend ruhender und wechselnder Belastung maßgebend. Während das Versagen infolge Instabilität durch die konstruktive Form und das elastisch plastische Verhalten bestimmt wird, orientiert sich das Versagen von auf Zug beanspruchten Baugliedern an Bruch- und Formdehngrenzen. Das elastisch plastische Verhalten aller Aluminiumlegierungen ist annähernd gleich. Die Werte der Festigkeitsgrenzen schwanken in weiten Bereichen. Die Festigkeitskennwerte stellen daher wichtige Auswahlkriterien dar. Dabei muß im Hinblick auf die schweißtechnische Verarbeitung der Art, mit welcher die Festigkeit erreicht wurde – Kaltverfestigung, Legierungsbildung, Aushärtung –, besonderes Augenmerk geschenkt werden.

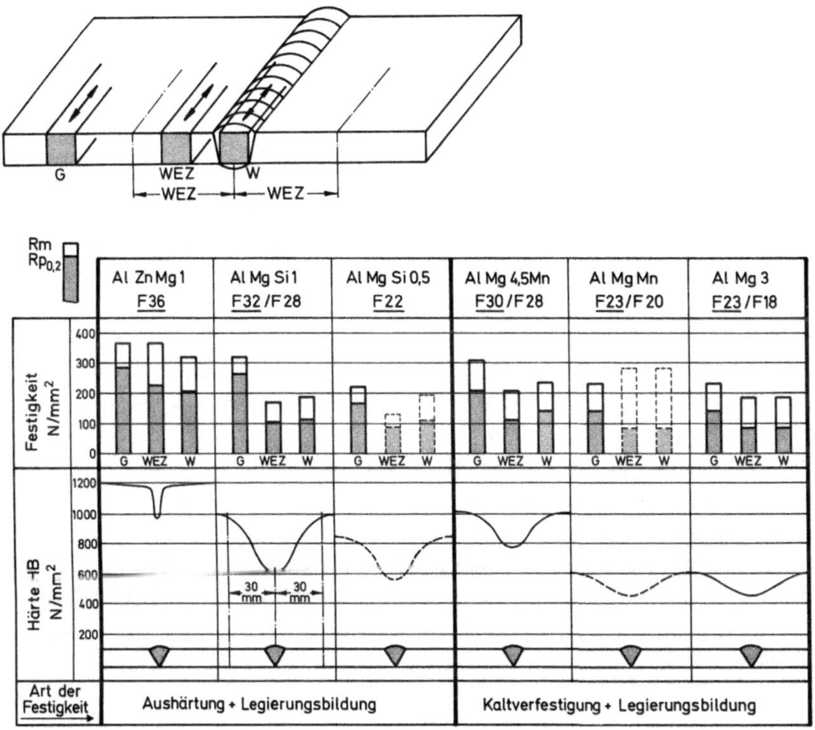

Abb. 2.7 Festigkeitseigenschaften der sechs Regellegierungen nach DIN 4113 im Schweißnahtbereich

In Abb. 2.7 sind die sechs Regellegierungen vom Typ

Al Zn Mg
Al Mg Si
Al Mg Mn
Al Mg

dargestellt, wobei neben dem statischen Festigkeitsverhalten des Grundwerkstoffes auch die Festigkeitswerte im Schweißnahtbereich sowie die Härteverteilung quer zur Schweißnaht dargestellt sind und die Art der Festigkeitssteigerung der einzelnen Legierungstypen angegeben wird (Abb. 2.7). Die Legierungen, deren Festigkeit durch die Bildung von Ausscheidungen gesteigert wird, werden auch als aushärtbare Legierungen bezeichnet. Nicht aushärtbare Legierungen nennt man Legierungen, deren Festigkeit nur durch die Legierungsbildung im Sinne der Mischkristallbildung und durch eine Kaltverfestigung erreicht wird. Es ist zu berücksichtigen, daß die Festigkeitssteigerung durch die Legierungsbildung im Sinne der Mischkristallbildung invariant gegen Erwärmung, also auch der Erwärmung durch Schweißen, ist. Durch die beim Schweißen sich einstellenden Temperaturfelder ergeben sich im unmittelbaren Schweißnahtbereich Erwärmungen, die zu Erweichungszonen in den wärmebeeinflußten Zonen – WEZ – führen können. Grund für diese Festigkeitsveränderungen ist die Beeinflussung der Festigkeitssteigerung durch Kaltverfestigung und/oder durch eine Aushärtung. Die beim Schweißen auftretende Erwärmung entfestigt die an die Schweißnaht angrenzenden Bereiche. Die Entfestigung kann durch Härteverteilungen quer zur Schweißnaht deutlich gemacht werden. Tabelle 2.1 führt die sechs Regellegierungen mit Angabe der Festigkeitskennwerte und der chemischen Analyse auf (Tabelle 2.1). Für das Tragverhalten geschweißter Konstruktionen sind die erweichten WEZ von Bedeutung. Neben der Breite der Zonen, die im allgemeinen mit 30 mm auf beiden Seiten der Schweißnaht angenommen wird, ist die Intensität der Entfestigung maßgebend. Die Durchschnittsbreite von 30 mm für die erweichten Schweißnahtbereiche deckt bei den üblichen Schweißbedingungen die in der Praxis zu erwartenden Verhältnisse ab. Die Intensität und Breite der Erweichungszonen wird wesentlich von der beim Schweißen eingebrachten Energie pro Schweißnahtlänge beeinflußt. In Abb. 2.8 und Abb. 2.9 ist der Einfluß der Schweißbedingungen für die Ausbildung der Temperaturfelder und damit auf die Entfestigung beispielhaft aufgezeigt.

2.3 Herstellung

Die Metalle sind in der Natur infolge ihrer hohen chemischen Affinität zu anderen Elementen nicht in reiner Form zu finden. Ausnahmen hiervon sind die Edelmetalle. Für die technische Anwendung eines Konstruktionswerkstoffes muß neben guten Gebrauchseigenschaften auch die Möglichkeit bestehen, den Werkstoff in ausreichenden Mengen wirtschaftlich zu gewinnen. Was die auf der Erde zur Verfügung stehende Menge an Aluminium betrifft, sind im technisch wirtschaftlichen Sinn nach den z.Zt. überschaubaren Verhältnissen keine Grenzen gesetzt. Ca. 8 % des Erdgewichtes sind als Aluminium anzunehmen. Die wirtschaftliche Aluminium-Gewinnung wurde ermöglicht durch die zur Verfügungstellung genügender und wirtschaftlicher elektrischer Energie. Die für die technische Weiterverarbeitung wichtigste Erscheinungsform des Aluminiums ist seine Verbindung mit Sauerstoff, Al_2O_3 + verschiedene Verunreinigungen – Bauxit. Die klassische Metallgewinnungsart, die thermische Reduktion, kann bei Bauxit nicht angewendet werden. Bei der Aluminiumgewinnung wird zunächst die Gewinnung möglichst reinen Bauxits (Al_2O_3) mittels chemischer und thermischer Behandlung des Rohbauxits angestrebt. Das relativ reine Bauxit wird durch eine Schmelzfluß-Elektrolyse weiterverarbeitet, wobei das hochschmelzende Aluminiumoxid (Smp $\sim$ 2273 K) mittels eines Schmelz-

Tabelle 2.1 Festigkeitseigenschaften und chemische Zusammensetzung der sechs Regellegierungen nach DIN 4113

Werkstoff-Nr.	Kurzzeichen		Mindest Zugfestigkeit R_m N/mm²	Mindest 0,2-Grenze $R_{p0,2}$ N/mm²	Mindest Bruchdehnung δ_5 %	Chemische Zusammensetzung Gewichtsprozent (Rest Aluminium) [1])								Erstarrungsbereich K		Dichte g/cm³
						Cu	Mn	Mg	Si	Fe	Zn	Cr	Ti	(°C)	Δ	
3.4335	AlZnMg1	F 36	360	280	10	≤ 0,10	0,1 bis 0,5	1,0 bis 1,4	≤ 0,5	≤ 0,5	4,0 bis 5,0	0,1 bis 0,25	0,01 bis 0,2	923–888 (650–615)	35	2,77
3.3215	AlMgSi1	F 32 F 28	320 280	260 200	10 12	≤ 0,10	0,4 bis 1,0	0,6 bis 1,2	0,75 bis 1,3	≤ 0,5	≤ 0,2	0 bis 0,3	≤ 0,1	923–868 (650–595)	55	2,70
3.3206	AlMgSi0,5	F 22	220	160	12	≤ 0,05	≤ 0,1	0,4 bis 0,8	0,35 bis 0,7	≤ 0,3	≤ 0,2	≤ 0,05	≤ 0,1	923–888 (650–615)	35	2,70
3.3547	AlMg4,5Mn	F 30 F 28	300 280	210 125	10 12	≤ 0,10	0,6 bis 1,0	1,6 bis 2,5	≤ 0,40	≤ 0,40	≤ 0,2	0 bis 0,3	≤ 0,1	913–848 (640–575)	65	2,71
3.3527	AlMgMn	F 23 F 20 F 18	230 200 180	140 100 80	9 10	≤ 0,10	0,5 bis 1,1	1,6 bis 2,5	≤ 0,4	≤ 0,5	≤ 0,2	0 bis 0,3	≤ 0,1	923–903 (650–630)	20	2,71
3.3535	AlMg3	F 23 F 18	230 180	140 80	9 17	≤ 0,05	0 bis 0,5	2,6 bis 3,4	≤ 0,4	≤ 0,04	≤ 0,2	0 bis 0,3	≤ 0,1	913–883 (640–610)	30	2,66

[1]) sonstige nicht aufgeführte Elemente dürfen einzeln mit nicht mehr als 0,05 % und zusammen mit nicht mehr als 0,15 % verteten sein

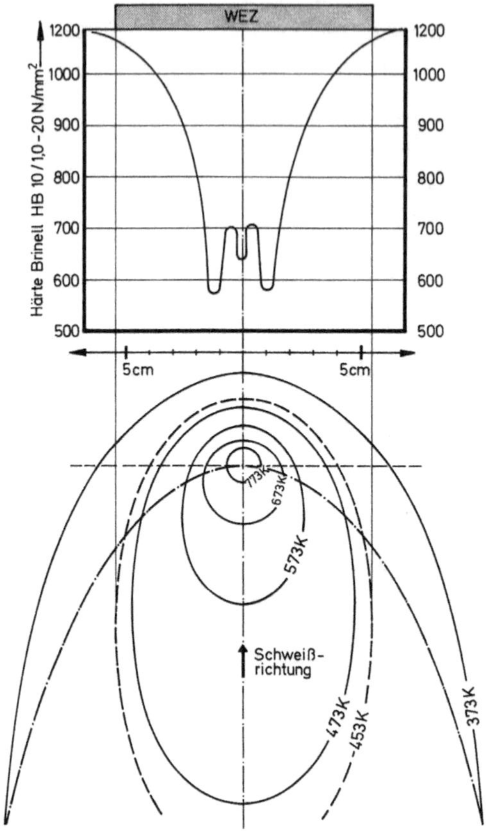

Abb. 2.8 Härteverteilung und Temperaturverlauf; MIG-Schweißen von AlMgSi1 F32; Blechdicke 10 mm; Lichtbogenspannung 22,5 V, Schweißstrom 200 A; Lichtbogenleistung 4522 J/s, Schweißgeschwindigkeit 0,36 cm/s

mittels (Kryolid, Smp ~ 1273 K) im Elektrolyse-Ofen zu Rohaluminium aufbereitet wird. Der durchschnittliche Strombedarf für die Herstellung einer Tonne Aluminium beträgt ca. 14 kWh, dabei werden ca. 4 t Ausgangsmaterial – Bauxit – verarbeitet. Das gewonnene Rohaluminium kann nicht direkt für die Weiterverarbeitung verwendet werden. Es ist in relativ reinem Zustand und besitzt daher geringe Festigkeitseigenschaften und kann auch aus verfahrenstechnischen Gründen nicht direkt zu gebrauchsfähigen Halbzeugen, wie z.B. Profilen oder Blechen weiterverarbeitet werden. Die Rohaluminiumherstellung endet mit der Herstellung von Aluminiummasseln. Durch eine erneute Aufschmelzung des Rohaluminiums bei gleichzeitiger Zugabe von Legierungselementen werden die Gebrauchslegierungen hergestellt. Die danach abgegossenen Rohbarren werden nach ihrer Erkaltung entweder zu Blechen weiter ausgewalzt oder durch Strangpreßanlagen zu vielfältigen Profilen ausgepreßt.

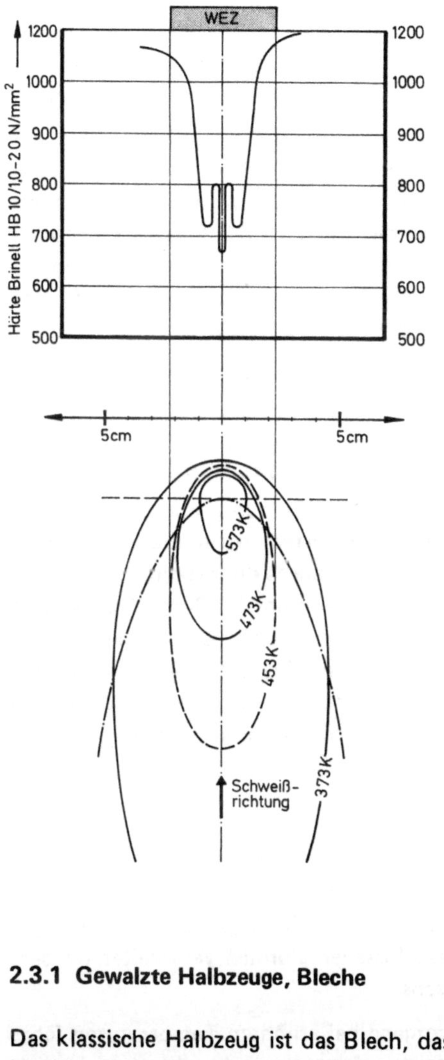

Abb. 2.9 Härteverteilung und Temperaturverlauf; MIG-Schweißen von AlMgSi 1 F32; Blechdicke 10 mm; Lichtbogenspannung 22,5 V, Schweißstrom 200 A; Lichtbogenleistung 4522 J/s, Schweißgeschwindigkeit 9,86 cm/s

2.3.1 Gewalzte Halbzeuge, Bleche

Das klassische Halbzeug ist das Blech, das als flächiges Vorprodukt ein Bauelement in allen Bereichen des konstruktiven Ingenieurbaues darstellt. Der Walzvorgang erfolgt bei Ausgangstemperaturen von ca. 50 K bis 80 K unterhalb der Solidustemperatur. Die Dicke des Endproduktes bestimmt im wesentlichen die Anzahl der notwendigen Walzschritte bzw. die Höhe des Verformungsgrades des Ausgangsproduktes. Der beim Walzvorgang ablaufende Verformungsvorgang führt durch die gleichzeitige plastische Verformung und die dabei herrschenden Temperaturen zu einem rekristallisierten Gefüge, das gegenüber dem unmittelbar aus dem flüssigen Zustand entstandenen Gefüge Vorteile besitzt. Der über die Blechdicke unterschiedliche Verformungsgrad und die Ausrichtung der Kristalle beim Walzen in bevorzugte Richtungen führen zu richtungsabhängigen Eigenschaften. Die üblichen Festigkeitsangaben gelten im Allgemeinen nur längs und quer zur Walzrichtung. Senkrecht zur Walzrichtung werden normalerweise keine Festigkeitseigenschaften gewährleistet.

In den Aluminiumlegierungen ist, von der schmelztechnischen Herstellung herrührend, auch ein geringer Anteil von nichtmetallischen Stoffen enthalten. Derartige nichtmetallische Bestandteile können sich infolge des Walzvorganges in Walzlängsrichtung orientieren. Wenn der Anteil an nichtmetallischen Einschlüssen zudem noch in einem kritischen Verteilungsgrad vorliegt, so kann auch bei den Aluminiumlegierungen die bei Stählen als Terassenbruch bezeichnete Versagensart auftreten. Abb. 2.10 zeigt ein derartiges, allerdings relativ seltenes Beispiel.

Auch für Aluminiumlegierungen gilt der Konstruktionsgrundsatz, Beanspruchungen in Blechdickerichtung zu vermeiden.

Der Walzvorgang wird dazu benötigt, um den fertig gewalzten Blechen den gewünschten Kaltverformungsgrad aufzuprägen. Die Temperaturführung während des Walzens kann so gewählt werden, daß die letzten Walzschritte zu den gewünschten Kaltverformungsgraden führen. Eine weitere Möglichkeit besteht darin, die letzten Walzschritte so zu gestalten, daß am Ende des Walzvorganges die maximal erreichbare Härte bzw. Kaltverformungsgrad vorliegt und durch eine anschließende Glühbehandlung auf das gewünschte Maß reduziert wird. Die mechanischen Eigenschaften solcher rückgeglühter Bleche sind meist gleichmäßiger. Als letzter Arbeitsgang wird oft ein Nachwalzen, Richten bzw. Recken durchgeführt, um vor allem bei lösungsgeglühten und zur Aushärtung abgeschreckten Blechen unerwünschte Formungenauigkeiten zu beseitigen.

2.3.2 Strangpreßprofile

Eine Vielzahl von Aluminiumlegierungen können durch Strangpressen zu vielfältigen Profilformen mit vollen, offenen und geschlossenen Formen verarbeitet werden. Abb. 2.11 zeigt das Prinzip des Strangpressens.

Der beim Strangpressen ablaufende Fließvorgang bei erhöhten Temperaturen führt ähnlich wie beim Walzen zu einem Gefügezustand, der gegenüber dem ursprünglich vorliegenden Gußgefüge zu besseren mechanischen Eigenschaften führt. Oft erfolgt ein Nachziehen der Profile bei Raumtemperatur, wodurch einerseits, infolge der auftretenden Kaltverformung, die Festigkeitseigenschaften gesteigert werden und gleichzeitig die Maßtoleranzen genauer einzuhalten sind. Zusätzlich ergibt sich durch das Nachziehen ein verbesserter Oberflächenzustand. Das gute Fließvermögen der zum Strangpressen verwendeten Knetlegierungen ermöglicht die Herstellung kompliziertester Querschnittsformen. Eine Begrenzung der möglichen Profilabmessungen besteht hauptsächlich bezüglich der herstellbaren Länge, der

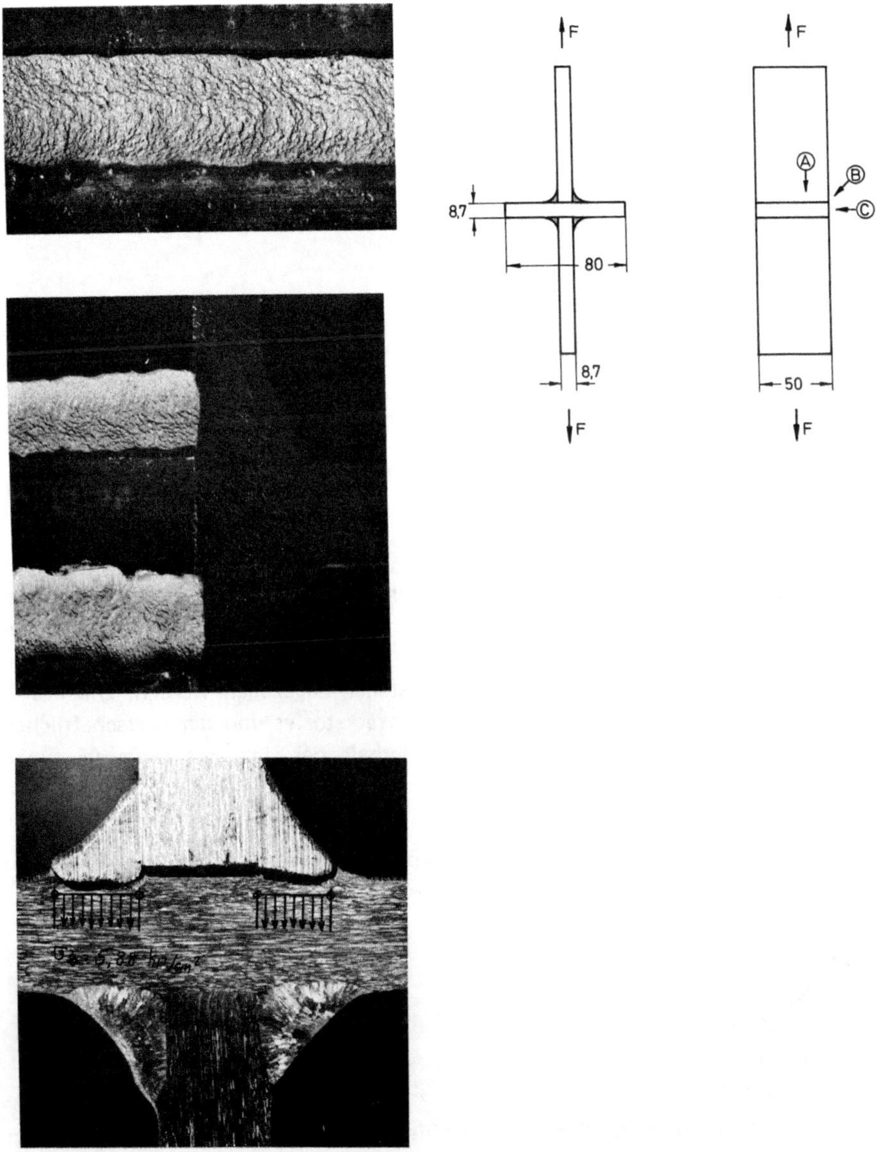

Abb. 2.10 Bruch in Blechdickenrichtung infolge nichtmetallischer Einschlüsse; Werkstoff AlMgSi1 F32; geprüfte Festigkeit in Walzrichtung 329,38 N/mm²

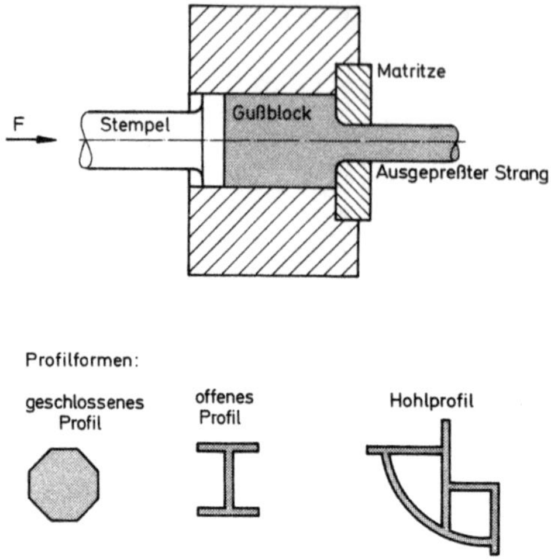

Abb. 2.11 Prinzip des Strangpressens mit typischen Profilformen

Größe des um das Profil umschreibbaren Kreises und der geringsten Wanddicke. Diese Grenzwerte sind vom Werkstoff und den Möglichkeiten der Profilhersteller abhängig und beeinflussen sich gegenseitig. Bei der Entwicklung von speziellen Profilen sollte daher immer der Profilhersteller zugezogen werden. Die Profilformen müssen den Fließmöglichkeiten des Werkstoffes und der wirtschaftlichen Herstellung der Matrize angepaßt sein. Innerhalb der einzelnen Legierungstypen bestehen bezüglich der Verpreßbarkeit Abstufungen. Die besten Eigenschaften besitzt Reinaluminium mit möglichst hohem Reinheitsgrad.

Die im konstruktiven Ingenieurbau verwendeten Regellegierungen eignen sich in der folgenden Reihenfolge zum Strangpressen:

Al Mg Si 0,5
Al Mg Si 1
Al Mg 3
Al Zn Mg 1
Al Mg Mn
Al Mg 4,5 Mn

Praktische Anwendung für Strangpreßprofile im konstruktiven Ingenieurbau finden vor allem die vier erstgenannten Typen. Infolge der beim Strangpressen auftretenden Fließbedingungen können sich neben der Anisotropie der Werkstoffeigenschaften – längs, quer und senkrecht zur Preßrichtung – auch unterschiedliche Festigkeitseigenschaften innerhalb des Querschnittes der Profile einstellen.

2.4 Physikalische Eigenschaften

Mit Hilfe der physikalischen Eigenschaften eines Stoffes kann dessen Verhalten beim Einwirken äußerer Einflußgrößen wie Kräfte, Temperatur, Magnetfelder usw. beschrieben werden. Physikalische Eigenschaften können jedoch das Tragverhalten eines Werkstoffes in der Konstruktion nur sehr unvollständig beschreiben, für die schweißtechnische Verarbeitung sind sie dennoch von Bedeutung, da vor allem die thermischen, aber auch die elektrischen Kennwerte das Verhalten beim elektrischen Schmelzschweißen und die sich einstellenden Eigenspannungen nach dem Schweißen entscheidend beeinflussen. Es ist zu beachten, daß bei allen Kennwerten eine starke Abhängigkeit von der Temperatur besteht. In Tabelle 2.2 sind die wichtigsten Werte bei Raumtemperatur von Aluminiumlegierungen und ferritischem Stahl gegenübergestellt.

2.5 Korrosionsverhalten

Nach der Systematik des Atomaufbaues können die Elemente in das Periodensystem eingeordnet werden. Aluminium gehört der III. Hauptgruppe an und besitzt wie alle Elemente dieser Hauptgruppe 3 Schalenelektronen, die bei chemischen Reaktionen aktiv werden können. Es gehört der 3. Periode an und steht zwischen den Elementen Magnesium, Kernladungszahl 12, und Silizium, Kernladungszahl 14. Bei chemischen Verbindungen mit anderen Elementen kann Aluminium I- und III-wertig sein. In der Regel liegen III-wertige Verbindungen wie z.B. Al_2O_3 vor. Bei der Anwendung von Aluminium als Konstruktionswerkstoff interessiert das chemische Verhalten zur Abschätzung des Korrosionsverhaltens und kann das Verständnis für Reaktionen beim Schmelzschweißen fördern.

Aluminium und seine Legierungen besitzt gegenüber vielen Metallen bzw. Stoffen ein sehr niedriges elektrochemisches Potential, $-1{,}67$ V gegenüber einer Normalwasserstoffelektrode. Das bedeutet, daß sich zwischen Aluminium und anderen Stoffen oder Metallen relativ hohe galvanische Spannungen aufbauen können. Derartige Spannungen führen, sofern direkter Kontakt besteht oder ein Elektrolyt beide Stoffe verbindet, zu galvanischen Strömen, die Korrosionsvorgänge beschleunigend beeinflussen können. Trotz des ungünstigen elektrochemischen Potentials besitzen die Aluminiumwerkstoffe gegen viele Medien eine gute Korrosionsbeständigkeit. Die hohe Affinität des Aluminiums zum Sauerstoff bewirkt, daß sich an Luft auf der Oberfläche eine Oxidschicht aufbaut, die in natürlicher Atomsphäre bei Raumtemperatur eine Dicke von ca. 0,01–0,02 μm annimmt. Die Art des Aluminiumoxides sowie deren Dicke wird durch die Temperatur und die Zusammensetzung der umgebenden Atmosphäre beeinflußt. Daneben können sich auch Legierungselemente am Aufbau der Oxidschicht beteiligen.

Tabelle 2.2 Physikalische Kennwerte von Aluminium und Eisen

		Aluminium	Eisen
Gitteraufbau		kubisch flächenzentriert	kubisch raumzentriert
Gitterkonstante		$4{,}049 \cdot 10^{-8}$ cm	$2{,}87 \cdot 10^{-8}$ cm
Dichte (Rein-A2) Al-Legierungen siehe Tab. 2.1		2,7 g/cm³	7,85 g/cm³
Lineare Schwindung zwischen Smp. und RT		~ 1,8 %	~ 2 %
Volumenabnahme beim Übergang flüssig – fest		~ 7 %	~ 7 %
Schmelztemperatur Al-Legierungen siehe Tab. 2.1		933,24 K (660,24 °C)	1809 K (1536 °C)
Siedetemperatur		~ 2770 K (2500 °C)	~ 2770 K (2500 °C)
Schmelzwärme		396 J/g	258 J/g
Elastizitätsmodul E		$7{,}1 \cdot 10^4$ N/mm²	$21{,}0 \cdot 10^4$ N/mm²
Schubmodul G		$2{,}7 \cdot 10^4$ N/mm²	$8{,}1 \cdot 10^4$ N/mm²
Poissonsche Zahl μ		0,34	0,30
elektrische Leitfähigkeit		~ 35 m/Ωmm²	~ 9,3 m/Ωmm²
Wärmeleitfähigkeit λ		~ 2,3 W/cm K	~ 0,5 W/cm K
Spezifische Wärme C_p	0–373 K (100 °C)	0,92 J/gK	0,48 J/gK
	0–473 K (200 °C)	0,96	0,50
	0–573 K (300 °C)	0,96	0,53
	0–673 K (400 °C)	1,00	0,55
	0–773 K (500 °C)	1,00	0,57
	0–873 K (600 °C)	1,05	0,60
	0–931 K (658 °C)	1,05	–
	0–1073 K (800)	–	0,71
	0–1273 K (1000)	–	0,70
	0–1473 K (1200)	–	0,70
	0–1673 K (1400)	–	0,70
Mittlerer linearer Wärmeausdehnungskoeffizient	20–373 K (100 °C)	0,024 mm/mK	0,011 mm/mK
	20–473 K (200 °C)	0,025	0,012 mm/mK
	20–573 K (300 °C)	0,026	0,013 mm/mK
	20–673 K (400 °C)	0,027	0,013 mm/mK
	20–773 K (500 °C)	0,028	0,014 mm/mK
	20–873 K (600 °C)	0,029	0,014 mm/mK

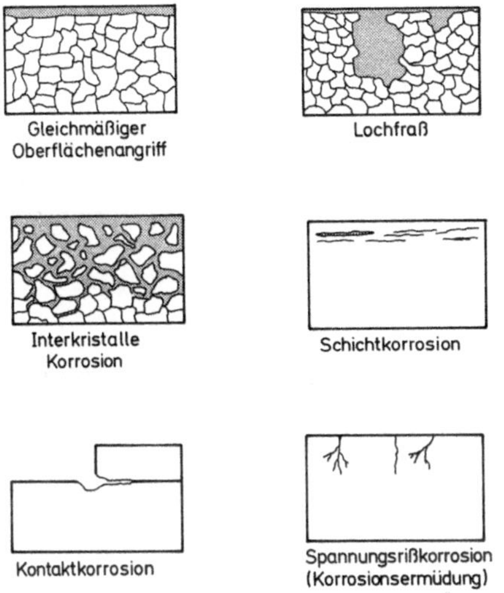

Abb. 2.12 Häufige Korrosionsarten

Die genannten Einflüsse – Temperatur bei welcher die Oxidschicht gebildet wird, Art der Umgebungsatmosphäre beim Aufbau der Schicht, Schichtdicke und Legierungselemente – beeinflussen damit auch das Korrosionsverhalten der Aluminiumwerkstoffe. Von wenigen Ausnahmen abgesehen, besitzt Reinaluminium die beste Korrosionsbeständigkeit. Als Korrosionsarten können bei Aluminiumlegierungen grundsätzlich die im folgenden aufgezählten Typen auftreten, die in Abb. 2.12 vereinfacht dargestellt sind.

Gleichmäßiger Oberflächenangriff

Diese Korrosionsart liegt meist beim Angriff von Säuren und Laugen vor.

Lochfraß

Tritt bevorzugt in neutralen Lösungen auf, wenn durch örtliche Unregelmäßigkeiten der Oxidschicht, z.B. infolge Verunreinigungen der Oberfläche durch Metallteilchen, auf der Oberfläche Potentialunterschiede auftreten.

Interkristalline Korrosion

Bei Konzentrationsunterschieden im Bereich der Werkstoffkörner können die Korngrenzenbereiche gegenüber dem Korninneren ein verändertes Potential besitzen, so daß ein bevorzugter Angriff entlang der Korngrenzen (Kornzerfall) eintreten kann. Allerdings kann auch unter gewissen Bedingungen bei Reinaluminium interkristalline Korrosion festgestellt werden.

Spannungsrißkorrosion, Korrosionsermüdung

Bei gleichzeitigem Einwirken eines Angriffsmediums auf zugbeanspruchte Aluminiumteile können sowohl interkristalline als auch transkristalline Risse in oft verästelter Form entstehen. Die für diese Korrosionsart notwendigen Kombinationen von Legierungstyp und Angriffsmedium – oft reichen geringste Konzentrationen aus – sind noch weitgehend unbekannt, so daß vor allem für diese Korrosionsart anwendungsbezogene Korrosionsversuche notwendig sind.

Schichtkorrosion

Zeilenförmige Inhomogenitäten führen gelegentlich zu einem schichtweisen Abtrag des Werkstoffes entlang bestimmter Strukturzeilen des Werkstoffes, die durch Walzen oder Ziehen entstanden sein können. Gelegentlich werden derartige Zeilenstrukturen im Bereich der WEZ durch die dort wirkenden Temperaturen besonders aktiviert, so daß diese Zonen besonders anfällig sein können.

Kontaktkorrosion

Wegen des relativ niedrigen Potentials der Aluminiumwerkstoffe sollten beim direkten Kontakt mit edleren Metallen, wie z. B. Kupfer, Kontaktbrücken durch Zwischenschichten – z. B. Anstriche – vermieden werden.

Das gleichzeitige Auftreten mehrerer Korrosionsarten erschwert oft die eindeutige Zuordnung eines Korrosionsschadens zu den genannten Korrosionstypen. Durch elektrolytische Oxidationsverfahren kann die Oxidschicht bei Aluminium sowohl in ihrer Dicke als auch bezüglich der Härte verbessert werden. Durch „ELOXIEREN" lassen sich Schichtdicken von ca. 10–100 μm mit entsprechend verbesserten Korrosionsschutzwirkungen erreichen.

Bei der Anwendung von Aluminium im Bauwesen muß die geringe Beständigkeit aller Aluminiumlegierungen, vor allem gegen unabgebundenen Beton, berücksichtigt werden. Für Konstruktionen, die eine genügende Meerwasserbeständigkeit aufweisen müssen, hat sich der Legierungstyp Al Mg 4,5 Mn bewährt. Der Legierungstyp Al Zn Mg 1 ist im Vergleich zu den übrigen Regellegierungen unter bestimmten Voraussetzungen gegen interkristalline Korrosion, Korrosionsermüdung und Schichtkorrosion anfällig.

3 Fertigung

3.1 Werkstatteinrichtungen

Einrichtungen, wie sie für die Metallbearbeitung eingesetzt werden, müssen den besonderen Bedingungen bei der Aluminiumbearbeitung angepaßt und, wenn nötig, durch Sondereinrichtungen ergänzt werden. Die Werkstätten sollten wegen der hohen Anforderung an die Reinheit getrennt von anderen Werkstätten sein. Gleichermaßen empfiehlt es sich, eigene, nur für die Aluminiumbearbeitung bestimmte Werkzeuge zu verwenden, um eine mögliche Verunreinigung der Oberflächen durch andere Metalle auszuschließen.

Arbeitsplätze, an denen Aluminium zerspanend bearbeitet und/oder für das Schweißen vorbereitet wird, sollten, wenn nicht in getrennten Räumen, so doch wenigstens räumlich getrennt von den Schweißplätzen eingerichtet werden, um die geforderte Be- und Entlüftung der Schweißplätze den Bedingungen entsprechend installieren zu können.

3.1.1 Allgemeine Forderungen an die Werkstatt

Werkstätten für die Aluminiumbearbeitung sollten so angeordnet sein, daß wegen der Blendwirkung von Aluminium eine direkte Sonneneinstrahlung nicht möglich ist. Auf eine gleichmäßige Ausleuchtung ist aber besonderer Wert zu legen.

Der Fußboden der Werkstatt sollte abriebfest und möglichst fugenlos sein, wodurch die Reinigung erleichtert wird. Die Raumhöhe, die der Fertigung angepaßt ausreichend groß gewählt wird, sollte im Bereich der Schweißplätze mindestens 5 m betragen. Wegen der geringen Oberflächenhärte von Aluminium und der daraus resultierenden Gefahr von Beschädigungen sind Lager- und Bearbeitungsplätze mit Holzunterlagen, die zusätzlich mit Filz o.ä. belegt werden, auszustatten. Außerdem sollten alle Werkstatträume unabhängig von der Jahreszeit eine möglichst gleichbleibende Temperatur haben, um die Bildung von Schwitzwasser auszuschließen.

Aluminiumabfälle und -späne sollten möglichst nach Legierungen getrennt gesammelt werden, da sie einen hohen Materialwert darstellen.

3.1.2 Maschinen und Werkzeuge für die Vorbereitung der Werkstücke zum Schweißen

Bei Aluminium kann die Kantenvorbereitung nicht wie bei Stahl durch autogenes Brennschneiden durchgeführt werden, da die Entzündungstemperatur im reinen Sauerstoffstrom höher liegt als die Schmelztemperatur. Neben einigen unbedeutenden Trennverfahren wurde inzwischen das Plasmaschneiden als ein wirtschaftliches Verfahren zum Trennen von Aluminium eingeführt (Tab. 3.1).

Zum Plasmaschneiden von Aluminium werden als Schneidgase Gemische aus Argon/Wasserstoff mit Mischungsverhältnissen von 80/20 % bis 50/50 % verwendet. Der unter hoher Geschwindigkeit aus der Düse austretende, über 10.000 K heiße Plasmastrahl schmilzt den Werkstoff der Trennfuge auf und treibt diesen infolge seiner hohen kinetischen Energie aus der Fuge (Abb. 3.1).

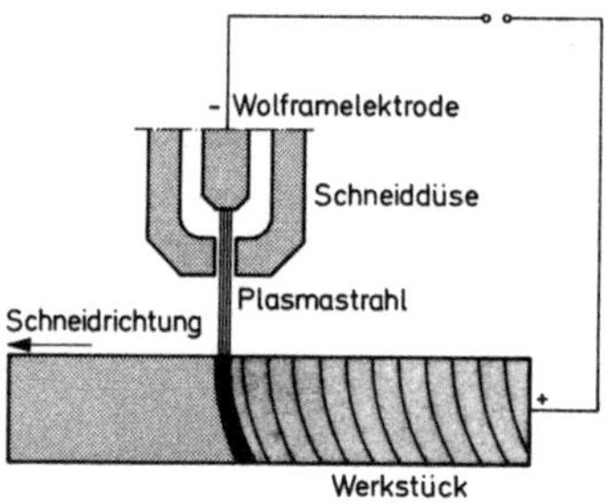

Abb. 3.1 Plasmaschneiden, schematische Darstellung

Dabei werden bei Maschinenschnitten Schnittqualitäten erreicht, die denen eines autogenen Brennschnittes an Stahl vergleichbar sind.

Tabelle 3.1 Richtwerte für das Plasmaschneiden

Werkstückdicke mm	Schneidstrom A	Gasverbrauch Argon l/min	Gasverbrauch Wasserstoff l/min	Schneidgeschwindigkeit mm/min
5	50	12	8	1500
10	100	12	8	1200
20	250	15	12	1800
40	300	15	12	600
40	500	30	15	1000
60	500	30	15	650
80	500	30	15	400

Auswirkungen von Plasmaschnitten an aushärtbaren Aluminiumlegierungen sind zu beachten, wenn diese nicht zur Schweißkantenvorbereitung dienen. Die Schnittkanten können durch die hohe Temperaturdifferenz zwischen Plasmastrahl und Werkstück Oberflächenrisse von geringer Tiefe enthalten, die durch ein mechanisches Abarbeiten der Kanten leicht beseitigt werden können.

Die beim Plasmaschneiden entstehenden Gase und Dämpfe müssen unbedingt abgesaugt werden. Als Richtwert für die erforderliche Absaugleistung können 1000 m^3/h und Arbeitsplatz angenommen werden.

Zerspanend können Schweißkanten durch schnellaufende Kreis- oder Bandsägen mit Sondersägeblättern vorbereitet werden. Um die dabei entstehende Wärme abzuführen, die Reibung an der Span- und Freifläche zu vermindern und die Späne auszuspülen, ist die Verwendung von Kühlschmiermitteln zu empfehlen. Durch die Kühlung kann das Klemmen des Schneidspaltes am Sägeblatt bei Kreissägeschnitten weitgehend vermieden werden.

Sind Schweißkanten nachzuarbeiten, so können hierzu Fräserfeilen und Feilmaschinen sowie schnellaufende biegsame Wellen und elektrisch oder pneumatisch angetriebene Handwerkzeuge mit Fingerfräsern (rotierende Feilen) Verwendung finden.

Gegen Kratzer, Kerben und Quetschungen durch Spannwerkzeuge ist Aluminium wegen der geringen Härte im Vergleich zu Stahl empfindlicher. Dabei ist es richtig, Schraubstöcke und Spannfutter mit weichen und möglichst glatten Schutzkappen zu überziehen.

Für das Bearbeiten von Aluminium durch Hämmern, z.B. beim mechanischen Richten, sind Hämmer mit abgerundeten Kanten möglichst aus Hartholz oder Kunststoff einzusetzen.

Da schon Dauerbrüche durch kleinste Kratzer und Kerben besonders bei Teilen aus aushärtbaren Aluminiumlegierungen entstehen können, dürfen die Werkstücke grundsätzlich nur mit Bleistift oder Faserschreiber angezeichnet werden. Das bei anderen Metallen übliche Ankörnen darf nur dann verwendet werden, wenn durch eine anschließende Bearbeitung die Markierungsstellen wieder restlos entfernt werden.

3.1.3 Schweißwerkstatt

Über die in Abschnitt 3.1.1 genannten Forderungen hinaus ist eine Schweißwerkstatt wegen der vornehmlich beim Schmelzschweißen entstehenden Gase, Rauche und Dämpfe zu be- und entlüften. Da der Gesetzgeber bisher noch keine verbindlichen Angaben über Art der Anlagen und erforderliche Luftmengen gemacht hat, seien hier nur einige Aussagen über z.Z. in der Praxis bewährte Einrichtungen gemacht.

Je nach Art, Größe und Zugänglichkeit einer Schweißwerkstatt können als mittlerer Luftwechselwert 1000 m^3/h und Arbeitsplatz eingesetzt werden. Abweichungen von dieser Menge sind in Abhängigkeit von den eingesetzten Schweißverfahren möglich.

Die einfachste, am leichtesten zu installierende, aber unwirksamste Absaugung ist die Unterhandabsaugung durch Absaugtische. Hier bewegen sich Abluftstrom und thermischer Auftrieb der Schweißrauche, -gase und -dämpfe entgegengesetzt. Dadurch wird diese Art der Absaugung in den meisten Fällen wirkungslos sein.

Einen guten Wirkungsgrad haben dagegen Einrichtungen, die als Absaughauben oder Trichter über oder unmittelbar hinter dem Schweißplatz angebracht sind (Abb. 3.2).

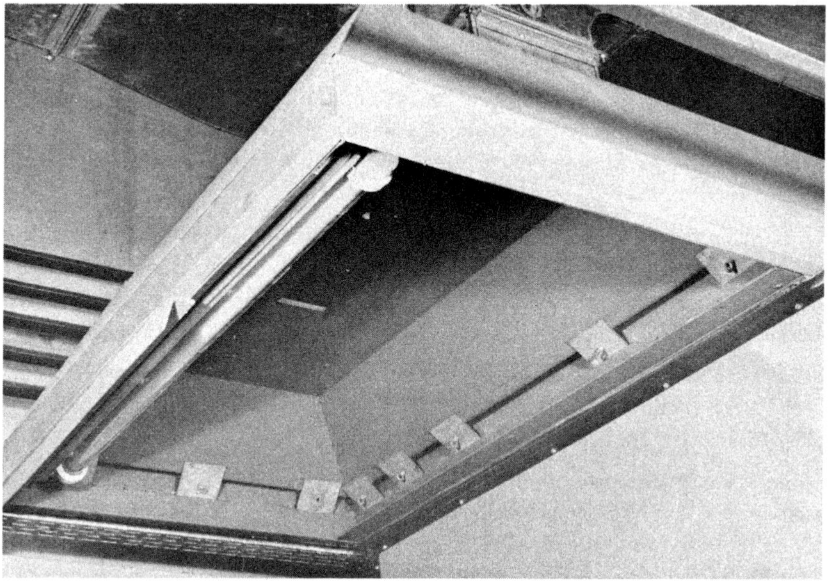

Abb. 3.2 Absaughaube einer Überhandabsaugung. Absaugung durch an drei Seiten umlaufende Schlitze

Hier begegnen sich thermischer Auftrieb und Abluftstrom, so daß ein nahezu vollständiges Erfassen der Abluft erreicht wird. Diese Anlagen sind in der Regel aufwendiger und oft nur durch gelenkig gelagerte Abluftleitungen möglich.

Wegen der häufig geforderten Wärmevor- und -nachbehandlung sollten in der Nähe der Schweißplätze Anschlüsse für Brenngas und Sauerstoff sein, um möglichst lange und eine Gefahrenquelle darstellende Schlauchleitungen zu vermeiden. Da Aluminium erst bei höheren Temperaturen ($>$ 1000 K) Anlauffarben aufweist und wegen der besonders guten Wärmeleitfähigkeit bei auch nur örtlichen Erwärmungen, sind besondere Sicherheitsvorkehrungen zu treffen (z.B. Asbesthandschuhe für den Helfer u.a.).

3.2 Schweißverfahren

Aluminium und Aluminiumlegierungen können grundsätzlich durch Schmelzschweißen wie auch durch Preßschweißen verbunden werden. Die praktische Anwendung der einzelnen Schweißverfahren ist jedoch von der Schweißbarkeit der jeweiligen Aluminiumwerkstoffe abhängig, die wiederum von dem Gehalt an Legierungsbestandteilen bestimmt wird.

Für die Herstellung geschweißter Aluminiumkonstruktionen können sämtliche nicht aushärtbaren Werkstoffe und von den aushärtbaren die Legierungen AlMgSi und AlZnMg1 verwendet werden. Für alle anderen Aluminiumwerkstoffe besteht nur bedingte Schweißeignung, da durch die Schweißwärme Veränderungen hervorgerufen werden, die z.B. einen irreversiblen Festigkeitsabfall oder Schweißrisse verursachen können. Werkstücke aus Gußlegierungen mit Ausnahme von Druckgußstücken sind in der Regel gut schmelzschweißbar.

3.2.1 Eignung der wichtigsten Schmelzschweißverfahren

Die geringe eingebrachte Wärmemenge beim *Gasschweißen* (G) führt, verbunden mit der guten Wärmeleitfähigkeit von Aluminium zu einer mäßigen Schweißgeschwindigkeit. Die bei der Abkühlung auftretenden Schrumpfungen führen zu großen Verwerfungen oder, im Falle einer behinderten Schrumpfung, zu beträchtlichen Spannungen. Durch die sehr breite Wärmeeinflußzone werden kaltverfestigte oder ausgehärtete Werkstoffe im Bereich der Schweißnaht „weich“. Das wegen der Auflösung der Oxidhaut verwendete Flußmittel muß nach dem Schweißen oft sehr aufwendig entfernt werden.

Beim *Lichtbogenhandschweißen* (E) wird zwar eine größere Schweißgeschwindigkeit erreicht, aber durch den Einsatz von umhüllten Stabelektroden, bei denen die Umhüllung das erforderliche Flußmittel enthält, entstehen stark poröse Schweißnähte. Die Poren, die ihre Ursache in eingefroreren Gasblasen finden, haben eine wesentliche Minderung der Festigkeit der Schweißverbindung zur Folge. Die Flußmittelrückstände müssen ebenso wie beim Gasschweißen oft sehr aufwendig entfernt werden.

Ohne Flußmittel arbeiten die Schutzgasschweißverfahren *Wolfram-Inertgas-Schweißen* (WIG) und *Metall-Inertgas-Schweißen* (MIG), die infolge der großen eingebrachten Wärmemenge des Lichtbogens eine zum Teil erheblich größere

Schweißgeschwindigkeit zulassen. Hierdurch ergibt sich auch eine schmalere Wärmeeinflußzone und damit eine geringere Erweichung des Nahtbereichs. Da wegen des fehlenden Flußmittels dieser Reinigungsvorgang entfällt, ergibt sich zusätzliche Zeitersparnis.

Tabelle 3.2 Bewertung der wichtigsten Schmelzschweißverfahren

Bewertungskriterien		G	E	WIG	MIG
Einsatz der Verfahren					
Werkstückdicke	⩽ 2 mm	2	–	1	–
	> 2 mm	5	3	2	1
wechselnde Werkstückdicke		6	4	1	2
wechselnde Schweißgeschwindigkeit		3	4	2	5
Schweißen in Pos. ü		5	–	2	1
Schweißen von AlMg-Legierungen		4	–	1	1
Schweißen von Gußlegierungen		3	–	1	3
Maschinelles Schweißen					
Stumpfnähte	⩽ 3 mm	–	–	1	3
	> 3 mm	–	–	3	1
Kehlnähte		–	–	4	1
mit Schweißzusatz		–	–	3	1
ohne Schweißzusatz		–	–	1	–
Wirtschaftlicher Einsatz					
Gerätekosten		1	3	4	6
Wartungskosten		2	2	4	5
Lohnkosten		3	5	3	1
Güte der Schweißverbindung					
Schweißfehler		3	5	1	3
Einschmelztiefe		5	3	4	1
Verzug		6	3	3	1
Festigkeit		4	4	2	1
Dehnung		3	4	1	1

1 = beste Bewertung; 6 = schlechteste Bewertung; – = keine Bewertung

3.2.2 Gasschweißen

Wegen der verhältnismäßig großen Wärmeeinflußzone wird das Gasschweißen nur bei Reinaluminium und nicht aushärtbaren Aluminiumlegierungen angewendet. Der Einsatz des Gasschweißens ist jedoch mittlerweile unbedeutend geworden, obwohl die dazu benötigten Geräte unkompliziert und relativ billig sind. Die mäßige Schweißgeschwindigkeit, das kostspielige Entfernen der Flußmittelreste und die geringe Festigkeit der Schweißverbindung können als Gründe dafür angeführt werden.

Schweißgeräte, Schweißgase, Schweißflamme

Zum Gasschweißen von Aluminium werden die handelsüblichen Saugbrenner verwendet, wie sie auch für die Stahlschweißung eingesetzt werden. Die Anwendung von Gleichdruckbrennern ist nicht möglich, da mit diesen kein Acetylenüberschuß eingestellt werden kann. Da Aluminium nicht brenngeschnitten werden kann, ist auch der Einsatz von Schneidbrennern nicht möglich.

Für die Brenngas-Sauerstoffflamme wird üblicherweise Acetylen als Brenngas verwendet. Wegen der Gefahr von nachteiligen Einflüssen auf das Schweißgut sollte wegen der größeren Reinheit nur Acetylen aus Flaschen verwendet werden. Propan findet als Brenngas keine, Wasserstoff nur selten Verwendung.

Im Vergleich zu Stahl kann trotz des verhältnismäßig niedrigen Schmelzpunktes, der spezifischen Wärme und Schmelzwärme von Aluminium beim Schweißen des gleichen Querschnitts und gleicher Schweißgeschwindigkeit dieselbe Wärmemenge eingesetzt werden, da die wesentlich größere Wärmeleitfähigkeit einen erheblichen Wärmeabfluß zur Folge hat. Hierbei ist auf die richtige Flammeneinstellung besonders zu achten, da ein Sauerstoffüberschuß unbedingt zu vermeiden ist (Oxidation). Eingestellt wird eine weiche, leicht rauschende Flamme durch einen geringen Acetylenüberschuß. Die richtige Flammeneinstellung ist erreicht, wenn der sich um den inneren Flammenkern bildende Kegel ca. 4mal so lang ist wie dieser und die Beiflamme eine grünlich-weiß leuchtende Hülle zeigt.

Schweißen mit Flußmittel

Die festhaftende Oxidschicht wird mit der Schweißflamme nicht aufgeschmolzen und kann auch durch den Acetylenüberschuß in der Flamme nicht reduziert werden, wie dies bei Stahl möglich ist. Dadurch sind Flußmittel notwendig, die die Oxidschicht auf chemischem Wege ablösen und in Schlacke überführen. Durch die geringe Dichte schwimmt die Schlacke auf dem Schmelzband und wird beim Erstarren durch die Oberflächenspannung an der Oberfläche gehalten. Wird die Oxidschicht durch z.B. ungenügenden Einsatz von Flußmittel nicht restlos beseitigt, so können Oxidteilchen wegen ihrer größeren Dichte in das Schmelzbad absinken. Die Festigkeit der Schweißverbindung kann durch diese Einschlüsse vermindert werden.

Da die Flußmittel für das Gasschweißen von Aluminium bis heute noch nicht genormt sind, ist wegen der Verarbeitung die Gebrauchsanleitung der Hersteller genau zu beachten.

Die Flußmittelreste bleiben wegen ihres hygroskopischen Verhaltens korrosiv und müssen daher vollständig beseitigt werden. Dies kann durch mechanische Reinigung oder durch Beizen geschehen. Die verwendeten alkalischen Beizen müssen wiederum neutralisiert werden, dem ein gründliches Spülen mit Wasser und schnelles Trocknen folgen muß. Daher ist es leicht verständlich, daß Kehlnähte und Überlappnähte nicht korrosionssicher geschweißt werden können.

Neutrale Flußmittel bleiben auch nach dem Schweißen chemisch inaktiv. Wegen der Porosität der Flußmittelreste kann aber trotzdem eine schädigende Wirkung entstehen, da in den Poren durch Feuchtigkeit der Umgebung Gase gelöst werden können, die wiederum eine Korrosion hervorrufen können.

Schweißzusatz

Die Auswahl des Schweißzusatzes kann nach Tabelle 3.11 vorgenommen werden. Da in Abschnitt 3.3 Aussagen über Aufbau, Zusammensetzung u.a. der Schweißzusätze gemacht wurden, sollen hier nur noch einige Verarbeitungsrichtlinien erfolgen.

Für eine gute Schweißverbindung dürfen nur saubere und metallisch blanke Schweißstäbe verwendet werden. Öl und Fett kann durch Beizen in 10 %iger Natronlauge, anschließendem Neutralisieren in verdünnter Salpetersäure und kräftigem Spülen in Wasser entfernt werden. Kleinere Fettmengen lassen sich auch durch Abwachsen mit Azeton oder Alkohol beseitigen. Die fettfreien Schweißstäbe müssen mit Schmirgelleinen oder Stahlwolle zusätzlich mechanisch gereinigt werden.

Vorbereitung zum Schweißen

Über die allgemein gültigen Regeln für die Vorarbeiten zum Schmelzschweißen (Abschnitt 3.4) gilt beim Gasschweißen, daß in jedem Fall vorgewärmt werden muß. Die Vorwärmung wird der Einfachheit halber mit dem Schweißbrenner durchgeführt, wobei auch hier wie beim Schweißen auf die Einstellung einer weichen Flamme zu achten ist.

Für die Schweißnahtvorbereitung sind die Fugenformen nach DIN 8552 T2 zu wählen.

Arbeitsregeln zum Schweißen

Für die Wahl des richtigen Brennereinsatzes gelten bis zu einer Werkstückdicke von 10–12 mm die gleichen Regeln wie bei Stahl. Sollen noch größere Werkstückdicken gasgeschweißt werden, so ist hierfür ein um eine Nummer größerer Schweißeinsatz zu wählen als dies bei Stahl nötig wäre.

Die Flußmittel werden in der Regel in Pulverform geliefert und müssen zur Verarbeitung abgefüllt und mit Wasser angerührt werden. Um keinen Verlust zu haben, ist immer nur soviel Flußmittel anzurühren, wie zügig verarbeitet werden kann. Über längere Zeit angerührtes Flußmittel trocknet ein und wird dadurch unbrauchbar. Der Behälter mit dem angelieferten Pulver muß gut verschlossen sein, da das hygroskopische Flußmittel mit der Luftfeuchtigkeit reagiert und für den Schweißvorgang nicht mehr verwendbar ist.

Das in einem sauberen Behälter frisch angerührte Flußmittel wird mit einem sauberen Pinsel dünn auf die vorgewärmten Werkstückkanten und den Schweißstab auf-

Tabelle 3.3 Fugenformen beim Gasschweißen nach DIN 8552 T2

Werkstückdicke s	Ausführungsart	Benennung	Sinnbild	Fugenform Schnitt	Maße: α Grad	Maße: Stegabstand b	Maße: Flankenhöhe h
bis 2	einseitig	Bördelnaht	⌋⌊	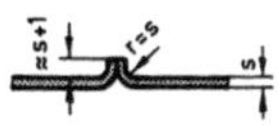	–	–	–
bis 2	einseitig	I-Naht	‖		–	–	–
2 bis 6	einseitig			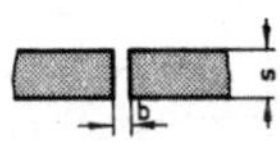	–	bis 4	–
5 bis 12	beidseitig				–	bis 6	–
3 bis 20	einseitig	V-Naht	V	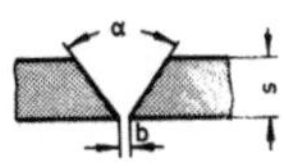	≈ 60	2 bis 4	–
über 12	beidseitig	X-Naht	X	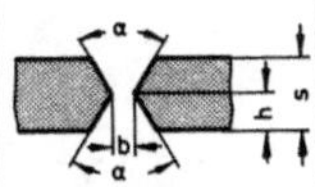	≈ 50	≈ 4	$\frac{s}{2}$

getragen. Bei Reinaluminium reicht häufig schon das Bestreichen des Schweißstabes oder, wird dieser vorgewärmt, sein Eintauchen in das Flußmittel aus. In keinem Fall darf der Stab aber in den Vorratsbehälter getaucht werden.

Der Beginn des Schweißvorgangs wird durch das Schmelzen des Flußmittels sichtbar, wenn es sich wie eine Glasur über die Werkstückkanten ausbreitet. Diese Reaktion liegt meist 50–100 K unter der Schmelztemperatur des Werkstücks. Wenn die Schweißdüse steil auf die Werkstückkanten gerichtet wird, läßt sich das Erreichen der Schmelztemperatur durch das Einfallen der Kanten erkennen, wobei durch Auftupfen des Schweißstabes der Vorgang leichter sichtbar gemacht werden kann. Ist die Schmelztemperatur erreicht, muß unmittelbar mit dem Schweißen begonnen werden.

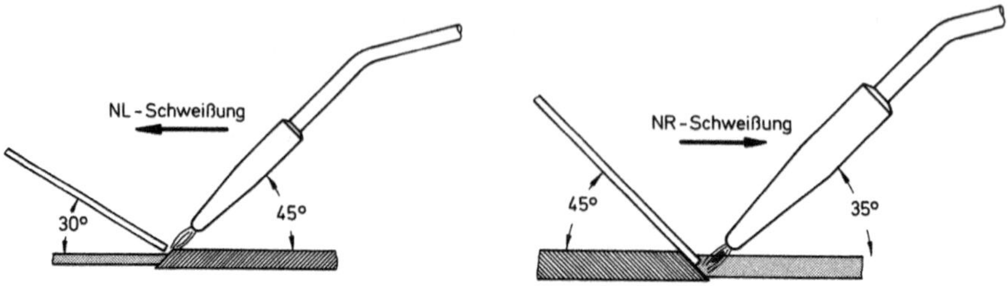

Abb. 3.3 Schweißrichtung, Brenner- und Schweißstabhaltung beim Gasschweißen

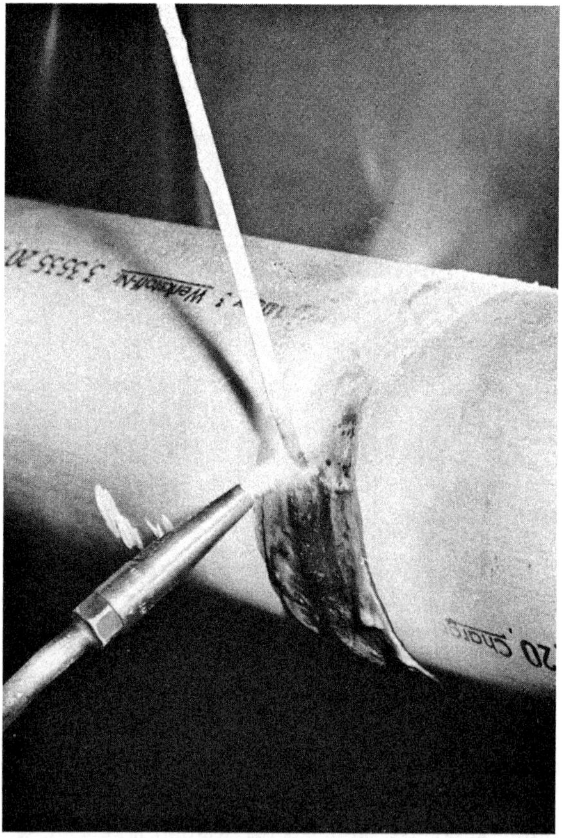

Abb. 3.4 Gasschweißung eines Rohrstumpfstoßes in Zwangsposition, Rohrachse waagerecht, NL-Schweißung

Als Arbeitstechnik beim Schweißen wird in der Regel die Nachlinksschweißung und in Ausnahmefällen die Nachrechtsschweißung angewendet. Abb. 3.3 zeigt schematisch Schweißrichtung, Brenner- und Schweißstabhaltung und Abb. 3.4 einen Schweißer beim Schweißen eines Rohrstumpfstoßes.

Die Nachlinksschweißung gebührt hier der Vorzug, weil allein durch die Neigung der Schweißdüse die zugeführte Wärmemenge dem Fortschritt des Schweißvorganges angepaßt werden kann. Es ist peinlich darauf zu achten, daß der Schweißstab mit dem geschmolzenen Flußmittel nicht mehr aus der Beiflamme herausgezogen wird, da sonst die Berührung mit Luftsauerstoff eine neuerliche Oxidation hervorruft. Die bei dickeren Werkstücken manchmal angewendete Nachrechtsschweißung hat den Vorteil einer schmaleren Wärmeeinflußzone und einer höheren Schweißgeschwindigkeit, aber den Nachteil, daß bei dieser Arbeitstechnik durch Herausheben und Wiedereintauchen des Schweißstabes in das Schmelzbad der Schmelzfluß geregelt wird, wodurch leichter Oxideinschlüsse entstehen können. Bewährt hat sich dagegen eine modifizierte Form des Nachlinksschweißens, bei der die Schweißdüse senkrecht zur Naht steht und der unter 45° geneigte Schweißstab zusammen mit dem Schweißbrenner leicht pendelnd bewegt wird. Es ist unbedingt auf die von der Nachrechtsschweißung her bekannte Schweißöse zu achten, die durch ein mehr oder weniger starkes Eintauchen der Schweißflamme gehalten werden kann.

Nachbehandlung der Schweißnaht

Nach dem Schweißen muß die Schweißnaht langsam abkühlen, da ein rasches Abkühlen (Abschrecken) zu zusätzlichen Spannungen, Verwerfungen oder sogar Rissen führen kann. Dies gilt besonders für Werkstoffe mit einem größeren Erstarrungsintervall.

Daß die Flußmittelreste nach dem Schweißen vollständig entfernt werden müssen, wurde weiter oben ausführlich behandelt. Sollte dies infolge konstruktiver Lösungen oder anderer Maßnahmen nicht möglich sein, so ist die Gasschweißung abzulehnen.

Das vornehmlich bei Reinaluminium angewendete Nachhämmern oder Abwalzen der auf 550–600 K angewärmten Schweißnaht soll das grobkörnige Gußgefüge verfeinern. Ob und inwieweit dieser Effekt wirklich zu einer Verbesserung der Schweißnaht führt, ist umstritten. In jedem Fall kann aber durch das Stauchen der Naht den oft sehr großen Schrumpfspannungen entgegengewirkt werden.

3.2.3 Lichtbogenhandschweißen

Mit dem Lichtbogen als Wärmequelle, der zwischen einer umhüllten Stabelektrode und dem Werkstück gezogen wird, nutzt die Lichtbogenhandschweißung den Vorteil einer begrenzt eingebrachten konzentrierten Wärmemenge aus. Dadurch werden die Randzonen der Schweißnaht nur gering erhitzt, was sich wegen der hohen Wärmeleitfähigkeit und der damit verbundenen beträchtlichen Wärmeausbreitung bei Aluminium günstig auf die Entfestigung des Grundwerkstoffes und auf Verzug und Spannungen auswirkt.

Da die Vorteile der Wärmequelle Lichtbogen auch bei den Schutzgasschweißverfahren zutreffen, ist die Lichtbogenhandschweißung nur noch unbedeutend im Einsatz. Sie wird vornehmlich noch für kleine Schweißarbeiten und da insbesondere bei Reparaturen angewendet.

Das früher geübte Lichtbogenhandschweißen mit Kohlestabelektroden wird heute nicht mehr praktiziert.

Schweißstromquellen

Die umhüllten Stabelektroden für die Lichtbogenhandschweißung von Aluminium und seinen Legierungen können nur an Gleichstrom verschweißt werden. Es eignen sich hierfür sowohl Schweißumformer wie auch Schweißgleichrichter wie sie für die Stahlschweißung Verwendung finden. Die erreichbare Zündspannung soll zwischen 60 V und 70 V, die Lichtbogenbrennspannung zwischen 22 V und 28 V liegen. Die Schweißstromquelle soll ein möglichst trägheitsloses dynamisches Verhalten haben und somit bestmögliche Zündeigenschaften gewährleisten.

Der Schweißstrombedarf ist mit dem für die Stahlschweißung vergleichbar. Die Wärmemenge muß aber bei der Aluminiumschweißung allein durch die Schweißstromquelle aufgebracht werden, da in der Umhüllung der Stabelektroden keine exothermen Reaktionen stattfinden. Das abgeschmolzene Schweißgutgewicht bei Stahl und Aluminium ist etwa gleich, was zwangsläufig zu einem größeren Schweißnahtvolumen bei Aluminium führt, das nur durch eine bis zu dreimal größere Schweißgeschwindigkeit beherrscht werden kann. Auch einem geübten Stahlschweißer bereitet dies anfänglich erhebliche Schwierigkeiten.

Schweißzusatz

Die in Tabelle 3.11 gemachten Angaben zur Auswahl des Schweißzusatzes gelten auch für die umhüllten Stabelektroden der Lichtbogenhandschweißung. Als Besonderheit für dieses Verfahren gilt, daß Reinaluminiumwerkstoffe besser mit einem Schweißzusatz geschweißt werden, der mit 0,1–0,2 % Titan legiert ist, wodurch eine Kornverfeinerung der Schmelze erreicht wird. Aluminiumlegierungen mit Magnesium, z.B. AlMg 3 können nur bedingt geschweißt werden, da Magnesium im Lichtbogen verbrennt und Gase aus Verbindungen der Magnesiumdämpfe mit Sauerstoff und Stickstoff ergeben. Als Schweißzusatz können hier bestenfalls Stabelektroden mit Kernstäben aus AlMn- oder AlSi-Legierungen verwendet werden. In jedem Fall sind die Angaben der DIN 1732 T1, Tabelle 1 über die Verwendung der Schweißzusätze zu beachten.

Die Umhüllung der Stabelektroden hat neben der Funktion des Flußmittels noch die Aufgabe, das Schmelzbad vor Sauerstoff aus der Luft zu schützen und die Lichtbogenstrecke zu ionisieren. Da die Umhüllung stark hygroskopisch ist, werden die Stabelektroden in Aluminiumbehältern verpackt geliefert, die immer gut verschlossen bleiben müssen.

Gute Stabelektroden haben folgende Eigenschaften: Gute Zündfähigkeit und Wirksamkeit des Flußmittels, leichter Schlackenabgang, spritzerarmes Verschweißen, gute Lagerfähigkeit.

Vorbereitung zum Schweißen

Bis zu Werkstückdicken von 5 mm kann auf Vorwärmen verzichtet werden. Bei größeren Werkstückdicken ist Vorwärmen auf 400–500 K erforderlich, was häufig mit dem Schweißbrenner und weich eingestellter Flamme geschieht.

Die Schweißnahtvorbereitung kann in Ermangelung einer eigenen Norm in Anlehnung an die DIN 8552 T1 erfolgen, in der die Fugenformen für das MIG- und WIG-Schweißen genormt sind (Tabelle 3.6).

Arbeitsregeln zum Schweißen

Stabelektroden für die Aluminiumschweißung werden in der Regel am Pluspol verschweißt, was ein kraterförmiges Umschließen des Kernstabes durch die Umhüllung zur Folge hat. Beim Zünden wird der Lichtbogen lang gezogen, um dann beim Schweißen so kurz gehalten zu werden, daß die Umhüllung die Nahtflanken beinahe berührt. Die Elektrode wird senkrecht bis 60° in Schweißrichtung geneigt geführt, wodurch die Übersicht und die Tiefenwirkung begünstigt und das Durchschweißen sicherer wird. Gegenüber der schleppenden Schweißung ist die stechende Schweißung (Abb. 3.5) leichter zu handhaben und läßt weniger Einbrandkerben

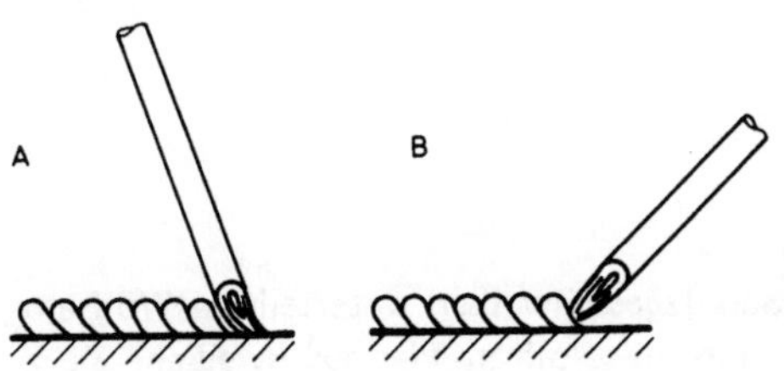

Abb. 3.5 Haltung der Stabelektrode beim Schweißen
A = stechende Schweißung, nicht empfehlenswert
B = schleppende Schweißung, empfehlenswert

aufkommen, hat aber den Nachteil, daß das Schmelzbad schlechter zu übersehen und ein Durchschweißen weniger sicher ist.

Bis 4 mm Werkstückdicke wird in einer Lage geschweißt, für ein einwandfreies Durchschweißen verwendet man wurzelseitige Unterlagen aus Stahl, Kupfer oder Kohle. Größere Werkstückdicken erfordern mehrere Lagen. Vor jeder neuen Lage muß die Schlacke sorgfältig durch bürsten o.ä. entfernt werden, um Schlackeneinschlüsse zu vermeiden. Wenn möglich, ist die Wurzel auszuarbeiten und gegenzuschweißen. Für Kehlnähte und Überlappschweißungen ist die Lichtbogenhandschweißung ungeeignet.

Geschweißt wird fast ausschließlich in Pos. w, da schon das Schweißen in Pos. s große Schwierigkeiten bereitet. Richtwerte für Schweißstromstärke, Nahtform, Werkstückdicke und Stabelekrodendurchmesser sind in Tabelle 3.4 aufgeführt.

Tabelle 3.4 Richtwerte für Werkstückdicke, Nahtform, Schweißstromstärke und Stabelektrodendurchmesser beim Lichtbogenhandschweißen

Werkstückdicke mm	Nahtform	Stegabstand mm	Schweißstromstärke A	Stabelektrode ∅ mm
3	I-Naht	1,5	80–105	3,25
4	I-Naht	2,0	100–125	
4	I-Naht	2,0	105–130	4,0
5	I-Naht	2,5	120–150	
5	I-Naht	2,5	140–180	5,0
6	I-Naht	3,5	150–200	
8	V-Naht	2,5	140–200	6,0
10	V-Naht, 90°	3,0	170–240	8,0

Nachbehandlung der Schweißnaht

Das Abhämmern der Schlacke muß sehr vorsichtig erfolgen, da sonst Schlackenreste in die Schweißraupe eingehämmert werden können. Werden die Nahtoberseite oder die Wurzel mechanisch abgearbeitet, so sollte die Schlacke gleichzeitig mit diesem Arbeitsgang entfernt werden. Von Flußmittelresten muß die Schweißnaht, wie beim Gasschweißen beschrieben, sorgfältig gereinigt werden.

Wärmenachbehandlung und das Abhämmern der Naht werden, wenn gewünscht, wie beim Gasschweißen durchgeführt.

3.2.4 Wolfram-Schutzgasschweißen

Nach DIN 1910 T4 wird das Wolfram-Schutzgasschweißen unterteilt in Wolfram-Inertgas-Schweißen, Kurzzeichen WIG und in Wolfram-Plasmaschweißen, Kurzzeichen WP. Im Ausland, auch im deutschsprachigen, wird anstelle des Kurzzeichens WIG die Bezeichnung TIG (T für Tungsten = Wolfram) verwendet. Während das WIG-Schweißen von Hand und maschinell ausgeführt wird, kommt für das WP-Schweißen fast ausschließlich ein maschineller Einsatz zur Anwendung, der sich wiederum nur auf dünne Werkstückdicken beschränkt.

Beim WIG-Schweißen dient als Wärmeträger ein zwischen einer nicht abschmelzenden Wolframelektrode und dem Werkstück gezündeter Lichtbogen, in dem, wie beim Gasschweißen in der Schweißflamme, ein Schweißstab abgeschmolzen wird. (Abb. 3.6).

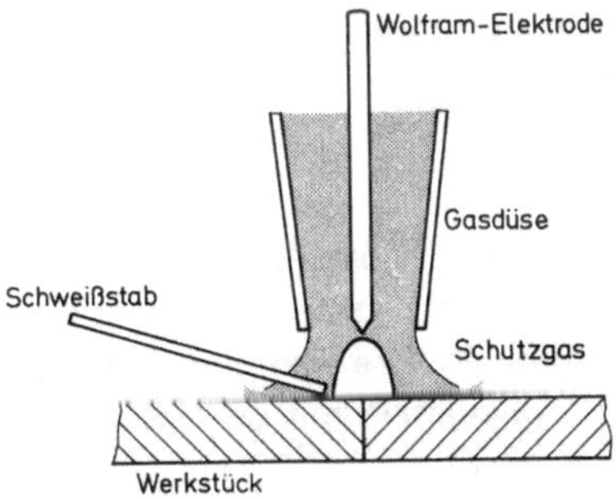

Abb. 3.6 WIG-Schweißung, schematische Darstellung

Zum Schutz gegen Einflüsse aus der Luft werden Wolframelektrode, die Schmelzzone und der Schweißstab von einem inerten Schutzgas, meist von dem Edelgas Argon, umspült.

Wie schon bei der Lichtbogenhandschweißung beschrieben, wirkt sich auch beim WIG-Schweißen die konzentriert eingebrachte Wärmemenge günstig auf die Schweißverbindung aus.

Die Beseitigung der Oxidhaut auf der Oberfläche des Werkstücks beim Schutzgasschweißen ist ein Phänomen, über dessen Ursache bis heute noch keine einheitliche Meinung besteht.

Von der Kathode werden im Lichtbogen Elektronen emittiert, die mit großer Geschwindigkeit zur Anode wandern. Von der Anode wiederum wandert etwa die gleiche Menge positiv geladener Ionen zur Kathode. Legt man nun an das Werkstück den Minuspol (Kathode) und an die Wolframelektrode den Pluspol (Anode), so treffen die Elektronen die Elektrode, die sich dadurch sehr stark erwärmt.

Gleichzeitig findet bei dieser Polung ein Aufreißen der Oxidhaut auf der Werkstückoberfläche statt. Dieser Reinigungseffekt kann durch zwei Theorien erklärt werden:

Theorie 1 Die mit großer Geschwindigkeit aus dem Werkstück austretenden Elektronen reißen die Oxidhaut auf und schleudern sie in kleinen Teilchen fort (Abb. 3.7B).

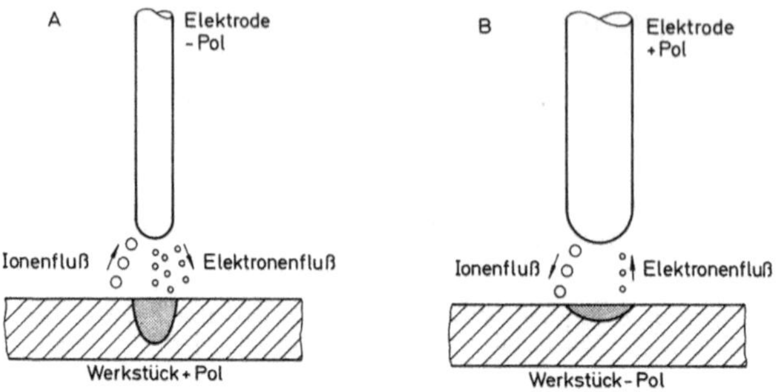

Abb. 3.7 Einfluß der Polarität beim WIG-Schweißen mit Gleichstrom
A Elektrode bei – Polung, schmaler und tiefer Einbrand
B Elektrode bei + Polung, breiter und geringer Einbrand

Theorie 2 Die auf dem Werkstück auftreffenden Ionen haben genügend Energie, um die Oxidhaut zu zertrümmern. Die Wirkungsweise kann mit der eines Sandstrahlgebläses verglichen werden. Diese Theorie erhält noch dadurch großes Gewicht, daß der Reinigungseffekt mit Edelgas höheren Atomgewichts, z.B. mit Argon, ausgeprägter ist.

Beim WIG-Schweißen würde nun die extrem hohe thermische Belastung der Wolframelektrode eine Zerstörung derselben zur Folge haben. Verwendet man anstelle von Gleichstrom Wechselstrom, so entsteht bei der negativ gepolten Halbwelle am Werkstück das Aufreißen der Oxidhaut, während bei der nachfolgenden positiv gepolten Halbwelle eine Verminderung der thermischen Belastung der Wolframelektrode stattfindet (Abb. 3.7). Die Schutzgashülle vermindert dabei eine erneute Oxidation, so daß die Schmelze metallisch blank bleibt.

Die unterschiedlichen Werkstoffe von Wolframelektrode und Aluminiumwerkstück bewirken eine Ungleichheit der Elektronenemission, die einer Gleichrichterwirkung gleichkommt. Dadurch wird die Halbwelle bei negativer Polung des Werkstücks unterdrückt und der Reinigungseffekt beeinträchtigt. Wird der Schweißwechselstrom mit einem hochfrequenten Strom von 300–500 kHz überlagert, so tritt eine Verbesserung der Schweißbedingung und eine wesentliche Stabilisierung des Lichtbogens auf.

Die Gleichstromkomponente, die durch die Hochfrequenzüberlagerung nur unvollständig kompensiert werden kann, hat einen erhöhten Primärstrom zur Folge. Um die Schweißtransformatoren vor Überlastung zu schützen, sind nur Schweißstromstärken bis zum 0,6–0,7fachen Maximalstrom zu wählen.

Eine fast vollständige Kompensation der Gleichstromkomponente und eine volle Auslastung des Schweißtransformers kann durch den Einbau eines Siebkondensators erreicht werden. Die heute angebotenen Kompaktanlagen werden mit eingebautem Hochfrequenzzündgerät und Siebkondensator geliefert, so daß man nur bei der Umrüstung eines Lichtbogenschweißtransformators zum WIG-Schweißen auf den zusätzlichen Einbau achten muß.

Schweißanlage

Wird in einem Betrieb nur Aluminium verarbeitet, sollte schon aus Kostengründen nur eine Wechselstrom-WIG-Anlage angeschafft werden. Werden neben Aluminium auch andere Metalle geschweißt, so ist eine kombinierte Gleich-Wechselstromanlage vorteilhafter (Abb. 3.8).

Die Wolframelektrode wird in einem WIG-Schweißbrenner eingespannt, der im unteren Schweißstrombereich bis ca. 150 A gasgekühlt, darüber hinaus wassergekühlt

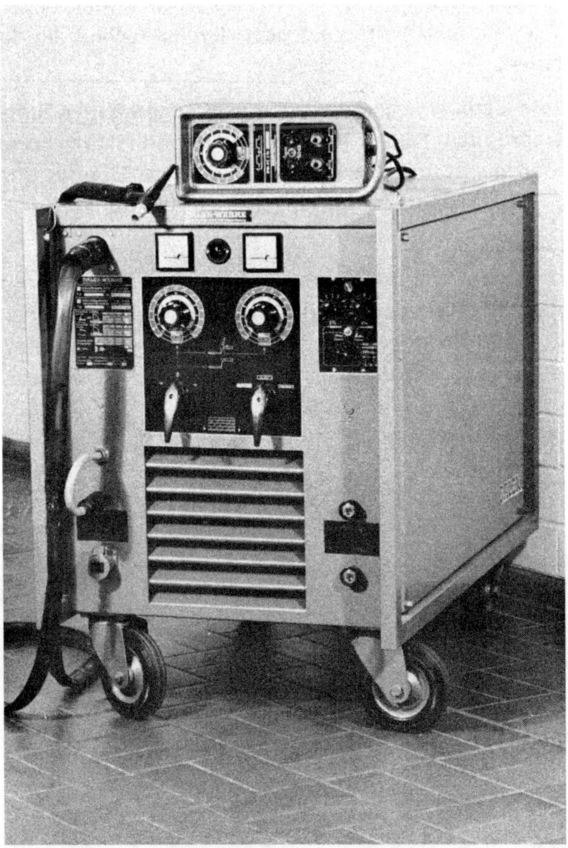

Abb. 3.8 Kombinierte Gleich/Wechselstrom-WIG-Anlage mit getrenntem Impulszusatz

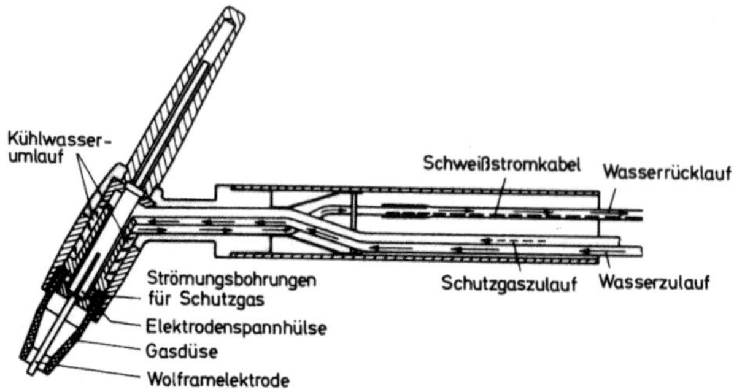

Abb. 3.9 Wassergekühlter WIG-Schweißbrenner

sein sollte. Die erforderliche Kühlwassermenge, die häufig durch einen Wassermangelschalter überwacht wird, kann durch eine in der Anlage eingebaute Kühlwasserpumpe mit Rückkühlgerät im geschlossenen Kreislauf oder durch Anschluß an die Wasserleitung bereitgestellt werden.

Um die Wolframelektrode ist die Gasdüse angeordnet, die beim gasgekühlten Brenner aus Keramik, sonst aus verchromtem Kupfer hergestellt wird und in ihrer Form dem Elektrodendurchmesser und der Nahtvorbereitung angepaßt ist. Um das Einwirbeln von Luft zu verhindern, sind Gasdüsen mit eingebauter Gaslinse zu bevorzugen.

Gegenüber der preiswerteren reinen Wolframelektrode hat die Elektrode mit Thoriumzusatz den Vorteil, daß sie eine bessere Elektronenemission ergibt, einen stabileren Lichtbogen hält und höher strombelastbar und langlebiger ist. Außerdem legiert sie sich bei zufälliger Berührung mit dem Schweißgut nicht so schnell auf.

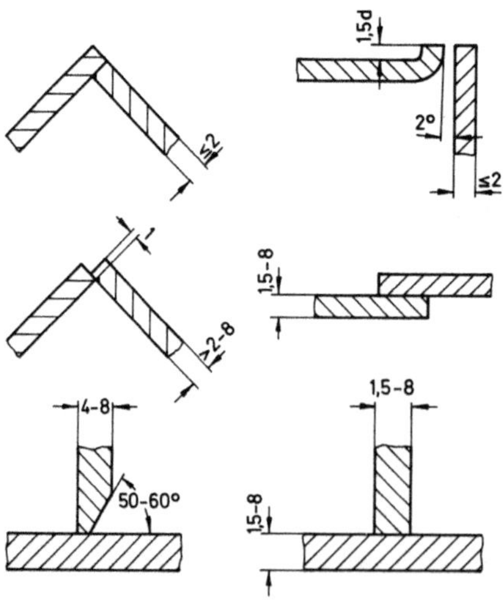

Abb. 3.10 Nahtvorbereitung von Kehl-, Eck- und Überlappnähten beim WIG-Schweißen

Da der Schutzgasverbrauch beim WIG-Schweißen nicht über den Druck sondern über die Menge in l/min bestimmt wird, sind Druckminderer mit Meßrohr und Schwebekörperanzeige genauer als solche mit einer Anzeige über Manometer.

Schutzgas

Als Schutzgas wird vornehmlich Argon verwendet. Für maschinelle Schweißungen haben sich Argon-/Heliumgemische bewährt, die größere Schweißgeschwindigkeiten ermöglichen. Bei Verwendung des bei uns sehr teuren reinen Heliums zum maschinellen Schweißen ergeben sich einige Vorteile. Neben der Erhöhung der Schweißgeschwindigkeit durch ein wärmeres Schmelzbad und dem dadurch geringeren Aufwand bei der Fugenvorbereitung ist zu beachten, daß wegen der geringeren Dichte von Helium gegenüber Argon die $2\frac{1}{2}$—3fache Gasmenge erforderlich wird. Richtwerte für den Verbrauch an Argon können der Tabelle 3.7 entnommen werden. Die Verwendung von Schutzgasen für den Wurzelschutz ist beim Schweißen der Leichtmetalle nicht erforderlich.

Schweißzusatz

Die zum WIG-Schweißen verwendeten Schweißstäbe bzw. zum maschinellen WIG-Schweißen eingesetzten Schweißdrähte sind in Tabelle 3.11 aufgeführt. Hinweise für die Vorbereitung der Schweißzusätze zum Schweißen können Abschnitt 3.2.2 entnommen werden, da für das WIG-Schweißen die gleichen Regeln wie beim Gasschweißen gelten.

Vorbereitung zum Schweißen

Wegen der guten Wärmeleitung von Aluminium ist auch beim WIG-Schweißen ein Vorwärmen des Werkstücks nötig, was mit dem vom Gasschweißen her bekannten Schweißbrenner geschehen kann.

In Tabelle 3.5 sind Richtwerte für Vorwärmtemperatur und Vorwärmzeit für einige Aluminiumlegierungen angegeben.

Die für die Schweißnahtvorbereitung nötigen Fugenformen sind in DIN 8552 T1 genormt und in Tabelle 3.6 als Auszug aus Tabelle 2 wiedergegeben. Zusätzliche Ausführungen von Kehl-, Eck- und Überlappnähten sind in Abb. 3.10 dargestellt.

Arbeitsregeln zum Schweißen

Nach dem das Werkstück auf die erforderliche Temperatur vorgewärmt ist, muß unverzüglich mit dem Schweißen begonnen werden. Dabei wird die Nachlinksschweißung bevorzugt, weil hierbei die erforderliche Wärmemenge der Größe des Schmelzbades und dem Fortschritt des Schweißvorganges besser angepaßt werden kann.

Tabelle 3.5 Richtwerte für maximale Vorwärmtemperatur und maximale Vorwärmzeit beim WIG-Schweißen

Werkstückdicke mm	Werkstoff	Vorwärmtemperatur max. K	Vorwärmzeit max. min
5	AlMgSiO,5 F22	450	60
	AlMgSi1 F28; F32	470	30
		490	20
		520	10
4	AlZnMg1 F32; F36	410	30
		430	20
5	AlMg4,5Mn w; F28; F30	420	15
	AlMg3 w; F18; F23	470	10

Bei Werkstückdicken über 12 mm sind die höheren Vorwärmtemperaturen bei entsprechend kürzeren Vorwärmzeiten zu bevorzugen.

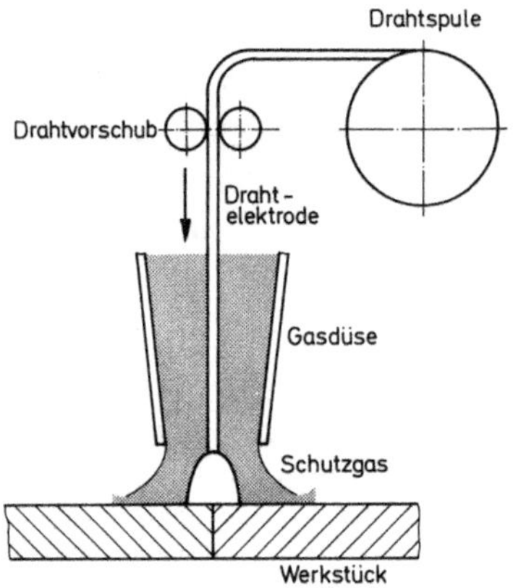

Abb. 3.11 MIG-Schweißung, schematische Darstellung

Zum Zünden wird der Brenner bei eingeschaltetem Schutzgasstrom unter 45° in Schweißrichtung geneigt zum Werkstück geführt, so daß bei einem Abstand von 3 mm durch die Hochfrequenz der Zündfunke zwischen Elektrode und Werkstück überspringt. Dieses berührungslose Zünden hat den Vorteil, daß ein Auflegieren oder eine Beschädigung der Wolframelektrode vermieden wird. Ist die Elektrode, die beim Schweißen eine kugelig runde Spitze erhält, noch vom Schweißvorgang erhitzt, so wird die Zündung des Lichtbogens schon bei größerem Elektrodenabstand möglich.

Angaben über den Schweißstrom in Abhängigkeit von Werkstückdicke und Elektrodendurchmesser sind in der Tabelle 3.7 aufgeführt.

Tabelle 3.6 Fugenformen für das WIG-Schweißen nach DIN 8552 T1

Werkstückdicke s	Ausführungsart	Benennung	Sinnbild	Fugenform (Schnitt)	Maße: Öffnungswinkel α Flankenwinkel β Grad	Maße: Stegabstand[1] b	Maße: Steghöhe c
bis 2	einseitig	Bördelnaht	⌋⌊	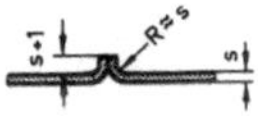	–	–	–
bis 4	einseitig	I-Naht	‖	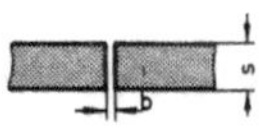	–	–	–
bis 8	einseitig	I-Naht	‖		–	0 bis 2	–
4 bis 12	beidseitig	I-Naht	‖	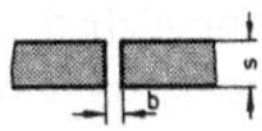	–	0 bis 5	–
bis 10	einseitig	V-Naht	V	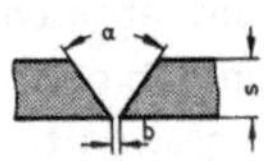	≈ 70	0 bis 2	–
8 bis 30	beidseitig	Y-Naht	Y	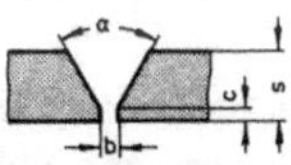	≈ 60	3 bis 6	≈ 3
über 12	beidseitig	X-Naht	X	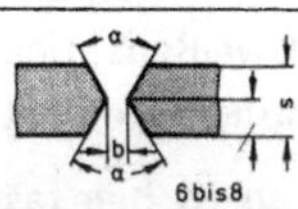	≈ 60	4 bis 6	–
über 10	einseitig	U-Naht	Ụ	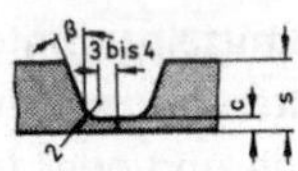	20 bis 30	–	≈ 3

[1] Die angegebenen Maße gelten für den gehefteten Zustand und auch für den Stirnflächenabstand.

Bei größeren Werkstückdicken werden die Füll- und Decklagen wirtschaftlicher mit dem MIG-Schweißverfahren hergestellt.

Tabelle 3.7 Richtwerte für das WIG-Schweißen

Werkstück-dicke mm	Elek-troden ∅ mm	Schweiß-stab ∅ mm	Schweißstrom A für Schweiß-positionen w	s	ü	Argon-verbrauch l/min	Schweiß-lagen
1	1,6	2,0	50– 60	40– 60	40– 60	4– 5	1
2	2,4	2,0	80–100	70– 95	70– 90	5– 7	1
4	2,4	3,0	160–190	150–180	150–180	6– 9	1
6	3,2	4,0	240–290	210–250	200–240	6–10	2
8	4,0	4,0	290–340	240–285	220–280	9–12	2–3
10	4,8	6,0	340–380	250–300	250–300	10–14	3–4

Die angegebenen Schweißstromstärken gelten für Stumpfnähte; für Kehlnähte sind die Werte um 10–20 A zu erhöhen.

Sobald das Schmelzbad ein glänzendes Aussehen annimmt, kann mit dem Schweißen begonnen werden. Der Schweißstab wird etwa 10–20° gegen die Werkstückoberfläche geneigt in die Schutzgasglocke geführt, ohne dabei den Lichtbogen oder die Wolframelektrode zu berühren, da sonst Wolframspritzer zur Verunreinigung des Schweißgutes führen. Das Schmelzbad und die Schweißstabspitze müssen ständig vom Schutzgas umhüllt werden, um einen stetigen Schmelzfluß zu garantieren und Oxidbildung und Einschlüsse zu vermeiden. Wird nach Beendigung des Schweißvorganges der Schweißstrom abgeschaltet, so muß der Schweißbrenner noch kurze Zeit senkrecht über dem Schmelzbad verweilen, bis das im Nachströmbehälter gespeicherte Schutzgas ausgeströmt ist und somit bis zum Erstarren vor Oxidation schützt.

Ein stumpfgraues oder gar schwarzes Aussehen des Schmelzbades oder der Werkstückoberfläche finden in einer zu geringen Schutzgasmenge ihre Ursache. Falsche Brennerhaltung während des Schweißens oder Zugluft und Luftwirbel können häufig als Grund für diese Erscheinung angeführt werden.

Treten im Schweißgut Poren auf, so ist hier fast immer gelöster Wasserstoff die Ursache. Die Poren treten meist unmittelbar unter der Nahtoberfläche auf, da der Wasserstoff durch das schnelle Erstarren der Schmelze und besonders der Oxidhaut nicht entweichen kann. Vorwärmen und/oder langsamere Schweißgeschwindigkeit können oft für Abhilfe sorgen. Aber auch Feuchtigkeit, Farbreste und Fett auf der Schweißstaboberfläche oder dem Werkstück können zu Poren führen.

Das WIG-Schweißen mit Gleichstrom wird nur in den USA verbreitet angewendet, da hier als Schutzgas Helium oder heliumreiche Gasgemische mit Argon eingesetzt werden. Da dieses Verfahren bei uns praktisch ohne Bedeutung ist, wird auf eine Beschreibung an dieser Stelle verzichtet.

Nachbehandlung der Schweißnaht

Nach dem Schweißen ist für ein langsames Abkühlen der Naht zu sorgen. Nähere Angaben hierzu machen die Werkstoffhersteller oder sind den Werkstofftabellen zu entnehmen.

Das zeitraubende und kostenintensive Reinigen der Schweißnaht kann beim WIG-Schweißen entfallen, da der Einsatz von Flußmittel gänzlich entfällt.

3.2.5 Metall-Schutzgasschweißen

Zum Metall-Schutzgasschweißen werden, wie in DIN 1910 T4 aufgeführt, das Metall-Inertgas-Schweißen, Kurzzeichen MIG, und das Metall-Aktivgas-Schweißen, Kurzzeichen MAG, gerechnet. Da das MAG-Schweißen wegen der sauerstoffhaltigen aktiven Schutzgasatmosphäre für das Schweißen von Aluminium nicht angewendet werden kann, soll hier nur das MIG-Schweißen beschrieben werden.

Im Gegensatz zum Wolfram-Schutzgasschweißen wird beim MIG-Schweißen der Lichtbogen zwischen einer abschmelzenden, theoretisch endlosen Drahtelektrode und dem Werkstück gezündet (Abb. 3.12).

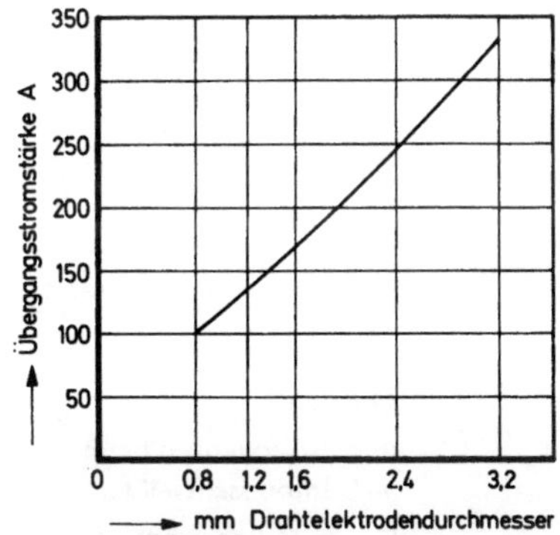

Abb. 3.12 Kritische Übergangsstromstärken für das MIG-Schweißen von Aluminium

Die Drahtelektrode ist wie beim Lichtbogenhandschweißen Elektrode und Schweißzusatz zugleich. Das Edelgas Argon hat auch hier die Aufgabe, Schmelzbad und Drahtelektrode während des Schweißvorganges vor den Einflüssen der Luft zu schützen.

Die unter 3.2.4 beschriebene reinigende Wirkung des Lichtbogens bei Minuspolung des Werkstücks kommt beim MIG-Schweißen voll zur Anwendung, da die am Pluspol liegende höher thermisch belastete Drahtelektrode schneller abschmilzt und dies sich damit auf die Schweißgeschwindigkeit günstig auswirkt. Der Werkstoffübergang ist feintropfig und erfolgt im sog. Sprühlichtbogen. Eine Variante des Verfahrens ist das Schweißen mit pulsierendem Lichtbogen, bei dem dünnere Werkstückdicken geschweißt oder durch Verwendung größerer Drahtelektrodendurchmesser sicherere Wurzelschweißungen und ein porenfreieres Schweißgut erreicht werden können.

Im Normalfall erfolgt das Abschmelzen von Elektroden im Lichtbogen, in dem eine elektromagnetische Kraft am flüssigen Elektrodenende einen Tropfen abschnürt, der beim Überschreiten einer bestimmten spezifischen Stromstärke an der eingeschnürten Stelle abreißt und in das Schmelzbad geschleudert wird (Pinch-Effekt). Wird nun die Stromdichte in der Drahtelektrode gesteigert, was vom Elektrodenwerkstoff und dem Schutzgas abhängig ist, so wird das Elektrodenende heißer und damit dünnflüssiger. Kleinste Tröpfchen, ca. 200/sec, werden durch den Plasmastrahl, der mit zunehmender Stromdichte eine größere Geschwindigkeit erhält, aus dem flüssigen Elektrodenende heraus und sprühregenartig mit in das Schmelzbad gerissen. Da das MIG-Schweißen von Aluminium nur im Sprühlichtbogenbereich möglich ist, ist es wichtig, daß die Schweißstromstärke immer über dem kritischen Strom liegt (Abb. 3.13).

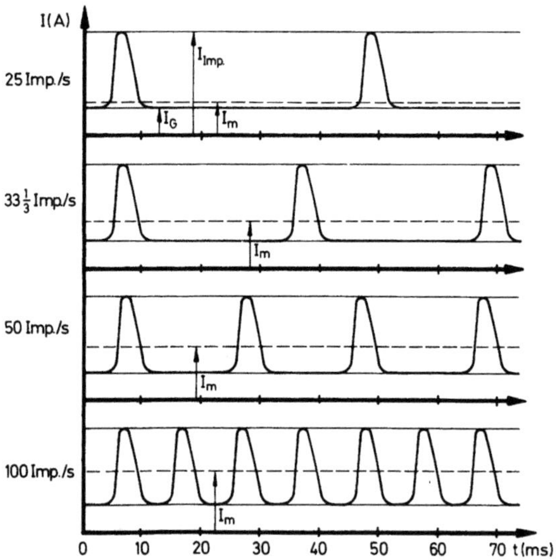

Abb. 3.13
Impulsfrequenzen beim MIG-Impulsschweißen
I_G = Grundstrom
I_{Imp} = Impulsstrom
I_m = mittlere Schweißstromstärke

Um die erforderliche Plasmaenergie aber in den Grenzen zu halten, daß nicht anstelle des Schweißens ein Schneiden entsteht, können nur kleine Drahtelektrodendurchmesser eingesetzt werden. Auf der anderen Seite bedingt aber die für den Sprühlichtbogen nötige hohe Stromdichte größere Werkstückdicken, für die dickere

Drahtelektroden wirtschaftlicher wären. Neben der Wirtschaftlichkeit ist aber vor allen Dingen die schlechte Qualität des Schweißgutes zu nennen, das durch unvermeidbare Verunreinigungen in der Oberfläche der Drahtelektroden porös wird. Da die Oberfläche eines dünnen Drahtes im Verhältnis zu seinem Querschnitt relativ groß ist, sind auch die Verunreinigungen im Schweißgutvolumen bei der Verwendung dünner Drahtelektroden größer als bei dicken. Außerdem ist der Transport dünner Drahtelektroden problematischer.

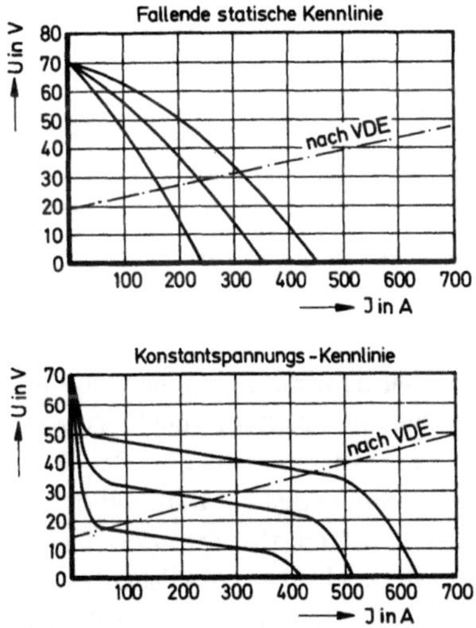

Abb. 3.14 Statische Kennlinien von Schweißstromquellen für WIG-Schweißen (oben) und MIG-Schweißen (unten)

Beim Impulslichtbogenschweißen wird die Anzahl der in das Schmelzbad übergehenden Tropfen von der Impulsfrequenz gesteuert. Dieses Verfahren arbeitet mit einem Grundstrom, der deutlich unter der kritischen Stromstärke liegt, und einem Stromimpuls, der den Grundstrom kurzzeitig in den Bereich der Stromstärke beim Sprühlichtbogenschweißen bringt. Bedingt durch den niedrigen Grundstrom können bei kleinem Drahtelektrodendurchmesser auch kleinere Werkstückdicken geschweißt werden. Mit der Verwendung dickerer Drahtelektroden wird die Menge der Oberflächenverunreinigungen und damit die Porosität geringer und wegen des weniger dünnflüssigen Schmelzbades sind auch die Schweißarbeiten in verschiedenen und während des Vorganges wechselnden Schweißpositionen möglich, ohne den Schweißstrom ständig nachregulieren zu müssen. Polung und Schutzgas sind gleich wie beim MIG-Schweißen.

Beide Verfahren können halbmechanisiert, d.h. die Drahtelektrode wird automatisch zugeführt, während die Schweißraupe mit der Schweißpistole von Hand ausgeführt wird, und vollmechanisiert, hier wird dann auch die Schweißpistole automatisch geführt, eingesetzt werden.

Zum MIG-Schweißen von Aluminium gehören noch die Verfahrensvarianten

MIG-Dickdrahtschweißen
MIG-Hochstromschweißen
Mechanisches MIG-Senkrechtschweißen
Engspalt-Schweißen
Elektrogas-Schweißen

die nur vollmechanisiert betrieben werden und ihre Begründung in der Erhöhung der Abschmelzleistung und Schweißgeschwindigkeit finden.

Schweißanlage

Schweißstromquellen mit fallender statischer Kennlinie werden beim Lichtbogenhand- und beim WIG-Schweißen eingesetzt, damit bei der sich ständig ändernden Lichtbogenlänge (z.B. durch unruhige Hand des Schweißers, Unebenheiten in der Werkstückoberfläche) und damit der Lichtbogenspannung die Schweißstromstärke nur eine geringfügige Änderung erfährt, um die Elektronenemission über den gesamten Schweißvorgang annähernd konstant zu halten.

Ganz anders verhält es sich beim MIG-Schweißen, bei dem die Drahtelektrode mit einer einmal eingestellten Drahtvorschubgeschwindigkeit konstant zugeführt wird. Durch die sog. „Innere Steuerung" hat die MIG-Schweißstromquelle eine Regelung, um die Lichtbogenlänge und damit die Abschmelzgeschwindigkeit während der gesamten Schweißzeit nahezu trägheitslos konstant zu halten. Das erfordert für das MIG-Schweißen eine eigene Stromquelle, die, soll auch das Impulslichtbogenschweißen eingesetzt werden, um den Steuersatz für das Pulsieren des Lichtbogens erweitert werden muß. Hierbei kann zwischen Anlagen mit stufenlos einstellbarer Frequenz (z.B. 0–100 Hz) oder wählbaren festeingestellten Frequenzen (z.B. 25, $33\frac{1}{3}$, 50, 100 Hz) unterschieden werden, während Impulsgröße, Impulsdauer und Impulspause in allen Fällen stufenlos regelbar sind.

Wegen der verhältnismäßig weichen Beschaffenheit der Drahtelektroden ist dem Drahttransport große Aufmerksamkeit zu schenken. Abb. 3.15 zeigt schematische Darstellungen von Drahtfördereinrichtungen, die in Abhängigkeit von der Entfernung Schweißstromquelle – Werkstück, vom Durchmesser und von der Qualität der Drahtelektrode gewählt werden können.

Für die Aluminiumschweißung sollten die Schlauchpakete bei schiebender Drahtelektrodenförderung nicht länger als 3 m sein, da sonst häufige Unterbrechungen des Schweißvorgangs durch Störungen im Drahttransport auftreten können. Für Drahtelektroden mit ∅ 1,2 mm hat sich die Ausführung 5 bewährt. Die für Aluminium eigens ausgebildeten Drahtvorschubrollen sollten beide angetrieben sein, wobei ein Antrieb durch zwei oder mehr synchron angetriebene Rollenpaare eine noch größere Gleichmäßigkeit der Drahtförderung gewährleistet (Abb. 3.16). Werden zwei Drahtfördereinrichtungen auf einer Stromquelle angeordnet, so können mit diesen

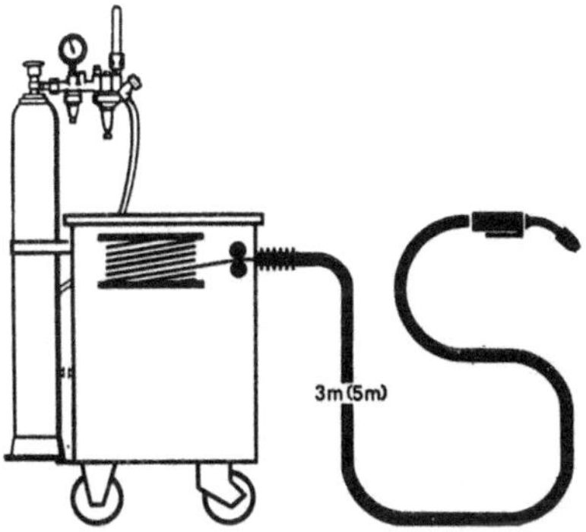

Ausführung 1

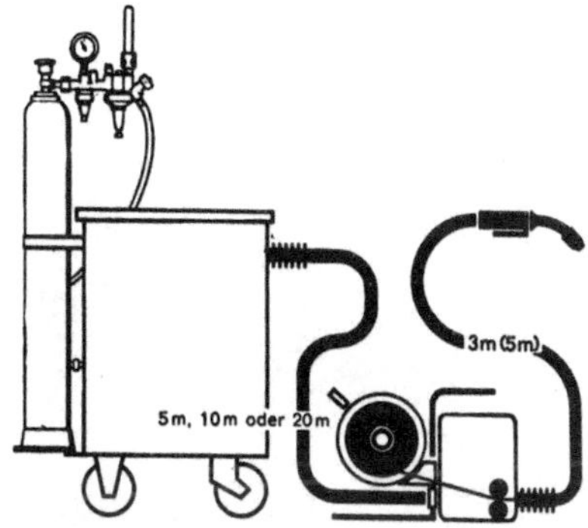

Ausführung 2

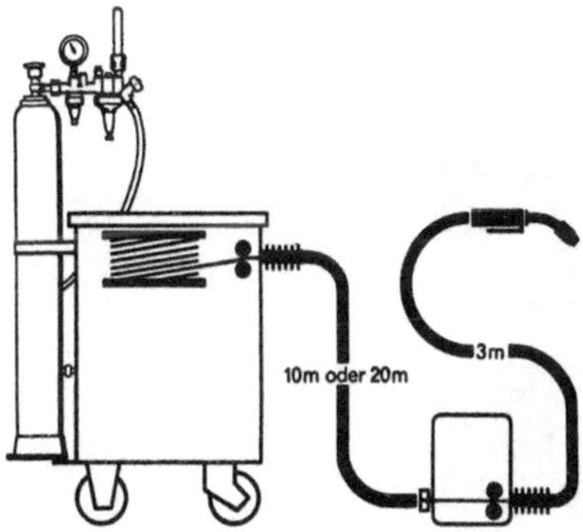

Ausführung 3

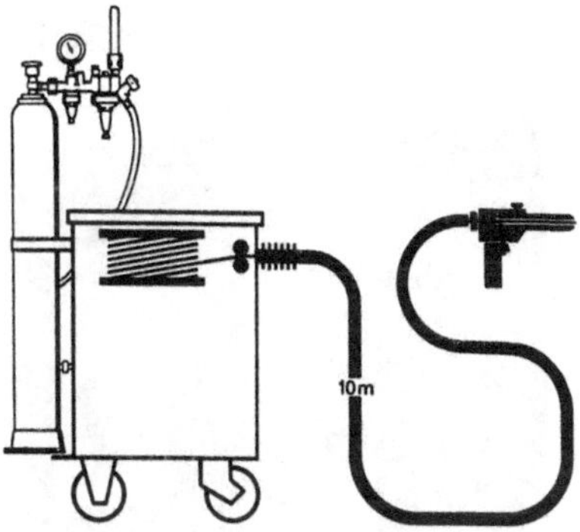

Ausführung 4

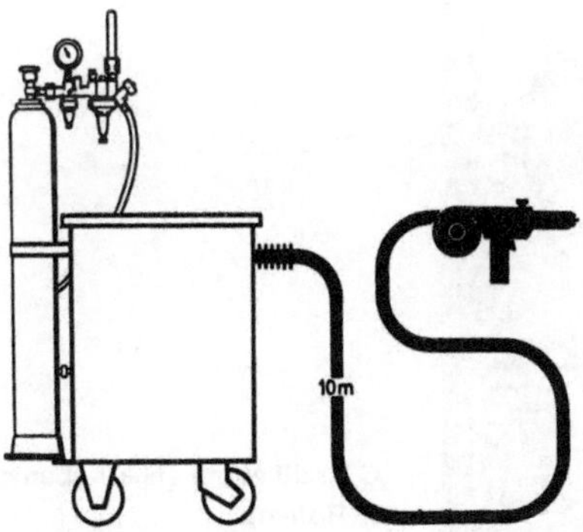

Ausführung 5

Abb. 3.15

Anordnung von Drahtfördereinrichtungen beim MIG-Schweißen

Ausführung 1: Drahtfördereinrichtung im Stromquellengehäuse, schiebend

Ausführung 2: Drahtfördereinrichtung transportabel, schiebend

Ausführung 3: Drahtfördereinrichtung im Stromquellengehäuse mit zweitem Drahtvorschubgerät, teilweise schiebend und ziehend

Ausführung 4: Drahtfördereinrichtung im Stromquellengehäuse mit zweitem Drahttransport im Brenner, schiebend und ziehend (Push-pull)

Ausführung 5: Drahtfördereinrichtung im Brenner mit kleiner Drahtspule

A ein Rollenpaar angetrieben

B zwei Rollenpaare angetrieben

C oszillierend angetriebenes Rollenpaar

Abb. 3.16 Anordnung von Vorschubrollen in Drahtfördereinrichtungen

gegeneinander elektronisch verriegelten Anlagen zwei Drahtelektrodendurchmesser für z.B. Wurzellage dünnere und für Füll- und Decklagen dickere Drähte verschweißt werden. Durch eine derartige Anordnung können sowohl Platz- wie auch Gerätekosten eingespart werden (Abb. 3.17).

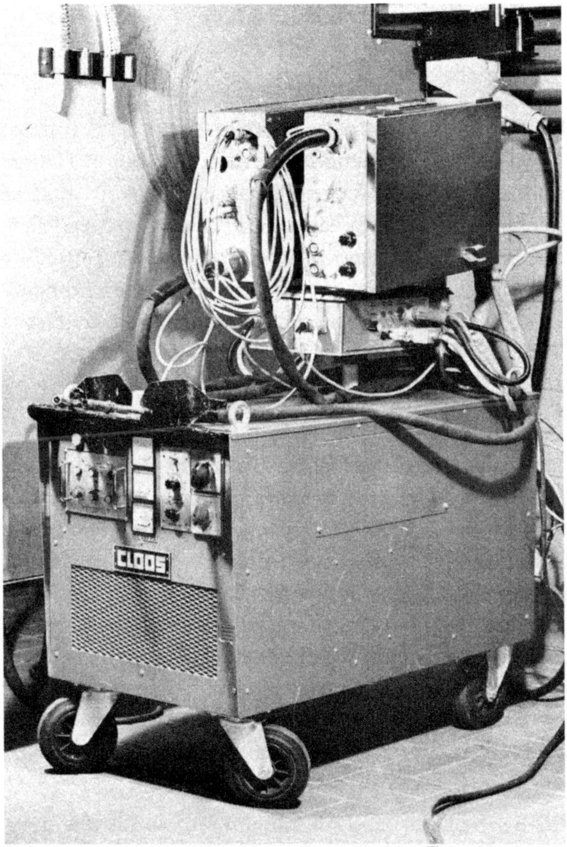

Abb. 3.17 MIG-Impulslichtbogenanlage mit zwei gegeneinander elektronisch verriegelten Drahtfördereinrichtungen

In die Drahtfördereinrichtung ist in der Regel auch die Steuerung – Gasmangelschalter, Wassermangelschalter, Gasnachströmeinheit u.a. – eingebaut.

Bei kleineren Schweißstromstärken bis max. 250 A finden gasgekühlte, sonst wassergekühlte Schweißpistolen (Schweißbrenner) Verwendung, wobei die Schweißpistole wegen ihrer geradlinigen Drahtelektrodenführung für die Aluminiumschweißung bevorzugt wird. Um den Abrieb der Drahtelektrodenoberfläche in möglichst kleinen Grenzen zu halten und damit Drahttransportstockungen vorzubeugen, wird zwischen Drahtfördereinrichtung und Schweißpistole ein dem Drahtelektrodendurchmesser angepaßtes elastisches Kunststoffrohr (Teflonseele) in das Schlauchpaket eingezogen.

Für die Wasserkühlung der Schweißpistole und die Mengenregulierung des Schutzgases wird wie beim WIG-Schweißen verfahren (Abschnitt 3.2.4).

Schutzgas

Für die halbmechanisierte MIG-Schweißung wird in Europa Argon als Schutzgas eingesetzt, während in den USA Helium Verwendung findet. Der durch Helium erreichte bessere Einbrand und die größere Abschmelzgeschwindigkeit machen beim vollmechanisierten MIG-Schweißen auch bei uns den Einsatz wirtschaftlich, da bei geringerem Aufwand für die Schweißfugenvorbereitung wesentlich größere Abschmelzleistungen erreicht werden und somit die höheren Gaskosten kompensieren. Als Kompromiß haben sich in einigen Fällen auch Argon/Helium-Gemische bewährt. Richtwerte für den Bedarf an Argon sind in Tabelle 3.10 aufgeführt.

Schweißzusatz

Die Verunreinigungen in der Drahtelektrodenoberfläche, die durch Reste des Ziehmittels und/oder durch in der Oxydhaut gelöstes Wasser aus der Luftfeuchtigkeit oder aus dem Spülbad nach dem Beizen entstehen können, führen zu einem mehr oder weniger stark porösen Schweißgut. Ein wesentlich porenärmeres Schweißgut kann erreicht werden, wenn Drahtelektroden verwendet werden, die nach dem Ziehvorgang geschält werden. Durch diesen Arbeitsvorgang werden alle durch das Ziehen bedingten Verunreinigungen mechanisch abgearbeitet. Außerdem wird eine extrem glatte Oberfläche erzielt, die wiederum weniger Möglichkeiten für die Aufnahme von Feuchtigkeit in der Oxydhaut zuläßt. Die geschälten Drahtelektroden erfordern zwar höhere Kosten für den Schweißzusatz, erbringen dafür aber eine wesentliche Verbesserung der Güte der Schweißverbindung.

Der Schweißzusatz für die MIG-Schweißung von Aluminium ist wie für die anderen Schmelzschweißverfahren in DIN 1732 T1 genormt. Für die richtige Auswahl können die Angaben in Tabelle 3.11 verwendet werden. Entsprechend der verwendeten Drahtfördereinrichtung ist der Drahtelektrode der richtige Spulenkörper zuzuordnen. Auf eine gute, feuchtigkeitsdichte Verpackung und einen einwandfrei gespulten Draht ist besonders zu achten.

Vorbereitung zum Schweißen

Beim MIG-Schweißen ist die Wärmeeinbringung infolge der höheren Stromdichte wesentlich größer als beim WIG-Schweißen, so daß erst bei größeren Werkstückdicken vorgewärmt werden muß (Tabelle 3.8).

Tabelle 3.8 Richtwerte für maximale Vorwärmtemperatur und maximale Vorwärmzeit beim MIG-Schweißen

Werkstückdicke mm	Werkstoff		Vorwärmtemperatur max. K	Vorwärmzeit max. min
20	AlMgSi0,5	F22	470	30
	AlMgSi1	F28; F32	490	20
			520	10
16	AlZnMg1	F32; F36	430	20
16	AlMg4,5Mn	w; F28; F30	470	10
	AlMg3	w; F18; F23		

Fugenformen für die Nahtvorbereitung sind in DIN 8552 T1 genormt und auszugsweise in Tabelle 3.9 wiedergegeben.

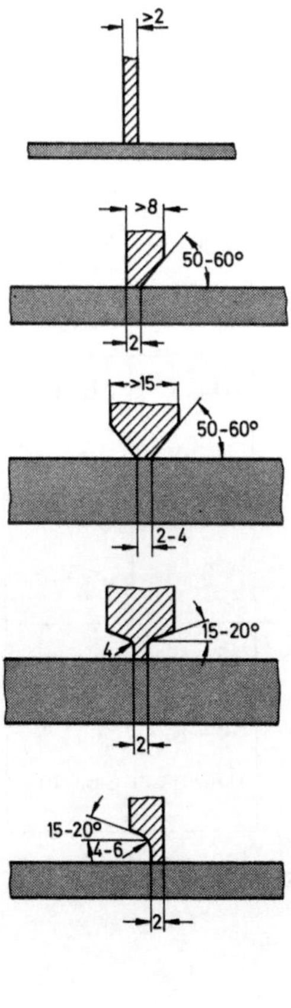

Abb. 3.18 Nahtvorbereitung von Kehlnähten beim MIG-Schweißen

Tabelle 3.9 Fugenformen für das MIG-Schweißen nach DIN 8552 T1

Werkstückdicke s	Ausführungsart	Benennung	Sinnbild	Fugenform (Schnitt)	Maße: Öffnungswinkel α Flankenwinkel β Grad	Maße: Stegabstand [1] b	Maße: Steghöhe c
bis 10	einseitig	I-Naht	‖	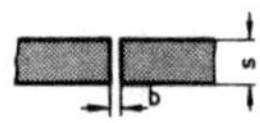	–	0 bis 3	–
8 bis 12	beidseitig	I-Naht	‖	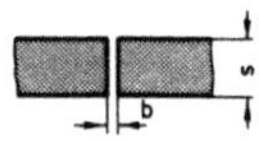	–	0 bis 3	–
8 bis 20						0 bis 3	–
6 bis 25	einseitig	Y-Naht	Y	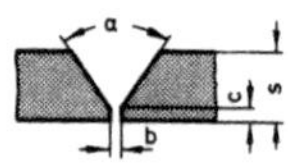	≈ 70	0 bis 3	≈ 3
6 bis 30	einseitig	Y-Naht	Y	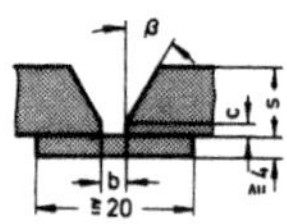	15 bis 30	3 bis 7	2 bis 4
über 20	einseitig	U-Naht	U	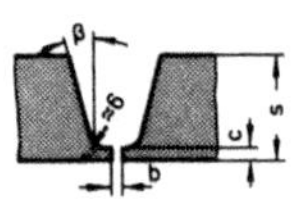	15 bis 20	0 bis 3	2 bis 5
					20	0	≈ 5
über 8	beidseitig	Doppel-Y-Naht	X	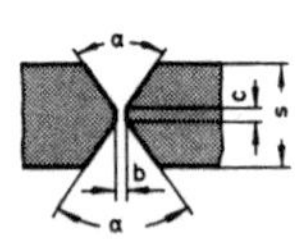	≈ 70	0 bis 3	3 bis 6
über 20					≈ 70	0 bis 3	6 bis 10

[1]) Die angegebenen Maße gelten für den gehefteten Zustand und auch für den Stirnflächenabstand

Kann die Wurzel nicht ausgearbeitet und gegengeschweißt werden, so gewährt eine Badsicherung in Form einer Schiene aus CrNi-Stahl ein einwandfreies Durchschweißen. Schienen aus anderen Werkstoffen, z.B. C-Stahl, Cu u.a., sollten abgelhnt werden, da durch sie ein nachteiliger Einfluß auf das Schweißgut auftritt.

Empfehlungen für Nahtvorbereitungen bei Kehlnahtverbindungen zeigt Abb. 3.18.

Arbeitsregeln beim Schweißen

Beim MIG-Schweißen wird an der Schweißstromquelle über Stufenschalter (Grob- und Feineinstellung) die Kennlinie eingestellt, die in Abhängigkeit von Werkstückdicke, Nahtform und Schweißposition für den gewählten Drahtelektrodendurchmesser aus den Angaben des Geräteherstellers zu entnehmen ist. Über die Drahtvorschubgeschwindigkeit wird der Arbeitspunkt auf der Kennlinie und damit die Schweißstromstärke bestimmt. Nur wenige Schweißstromquellen für die MIG-Schweißung haben eine Regelung mit direkter Angabe des Schweißstromes in Ampere.

Tabelle 3.10 Richtwerte für das MIG-Schweißen von Hand

Werkstückdicke mm	Drahtelektroden Ø mm	Schweißstrom A	Lichtbogenspannung V	Argonverbrauch l/min	Schweißlagen
4	1,2	180	22	15	1
6	1,2	200	23	15	2*)
8	1,2	220	23	15	2*)
10	1,6	260	24	18	2
15	1,6	270	24	20	4–6
20	1,6	270	24	20	4–8
25	1,6	280	25	20	7–10

Die angegebenen Schweißstromstärken gelten für Stumpfnähte; für Kehlnähte sind die Werte um 10–20 % zu erhöhen.

*) Lage und Gegenlage

Für die genaue Einstellung der erforderlichen Schutzgasmenge wählt man auch hier einen Druckminderer, der auf der Arbeitsdruckseite ein Mengenmeßrohr mit Schwebekörpereinsatz hat als solche mit Manometer.

Beim Einlegen der Drahtelektrode in die Drahtfördereinrichtung ist darauf zu achten, daß nicht beim Abschneiden des Drahtanfangs ein Auffedern einiger Drahtwindungen entsteht, das u.U. eine vom Hersteller sorgfältig vorgenommene Spulung hinfällig werden läßt. Der Druck auf die Antriebsrollen darf beim eingelegten Draht nur so groß sein, daß kein Verquetschen oder ein seitlicher Grat entsteht, andererseits muß aber ein einwandfreier Transport möglich sein.

Das elastische Kunststoffrohr im Schlauchpaket muß dem Drahtelektrodendurchmesser angepaßt sein, da in einem zu kleinen Rohr der Draht eingeklemmt, in einem zu großen Rohr Transportstockungen durch Ablagerung von Abrieb entstehen würden. Für das für den Stromübergang wichtige Kontaktrohr (Stromdüse) gelten die gleichen Forderungen wie beim Kunststoffrohr.

Vor Beginn des Schweißens wird die Drahtelektrode ein kurzes Stück aus dem Schweißbrenner herausgeschoben, um mit einem Seitenschneider 5–10 mm vor der Gasdüse schräg abgeschnitten zu werden. Dann wird der Schweißbrenner fast senkrecht kurz über die Werkstückoberfläche gebracht und die eingestellten Funktionen über den Brennerschalter eingeschaltet.

Bis zum Zünden der Drahtelektrode wird diese nur langsam vorgeschoben, um ein hartes Aufstoßen auf die feste Werkstückoberfläche zu verhindern. Nach dem Zünden wird die eingestellte Drahtvorschubgeschwindigkeit automatisch auf den eingestellten Wert eingeregelt. Der Schweißbrenner wird in der Methode „stechend" von rechts nach links geführt und kann bei größeren Werkstückdicken bei V- und Kehlnähten leicht gependelt werden. Um Kaltstellen (Bindefehler) zu verhindern, ist darauf zu achten, daß das Schmelzbad nicht vorläuft. Haftstellen, die beim Schweißen nicht vollständig aufgeschmolzen werden können, dürfen nicht überschweißt, sondern müssen entfernt werden.

Beim Beenden des Schweißvorgangs ist dem Auslauf der Naht besondere Aufmerksamkeit zu schenken, da der infolge der relativ hohen Abkühlgeschwindigkeit sich bildende starke Endkrater Risse aufweisen kann. Dieser Fehler läßt sich teilweise durch ein kurzes Rückführen des Lichtbogens über die bereits geschweißte Naht mindern.

Durch Betätigen des Brennerschalters wird nun der Schweißstromkreis unterbrochen, wobei die Drahtelektrode noch ein wenig nachläuft, um ein Festbrennen an der Stromdüse zu verhindern. Bis zum vollständigen Erstarren des Schmelzbades muß noch Schutzgas nachströmen. Die Nachströmzeit wird durch ein eigens dafür eingebautes Zeitrelais geregelt.

Nachbehandlung der Schweißnaht

Zur Abkühlung der Schweißnaht und der eventuell erforderlichen Wärmenachbehandlung sind die Angaben aus Werkstofftabellen oder den Unterlagen der Werkstoffhersteller zu entnehmen.

Der sich beim MIG-Schweißen oft neben der Naht bildende schwarze Niederschlag, der besonders bei magnesiumhaltigen Legierungen auftritt, beeinflußt die Korrosionsbeständigkeit nicht nachteilig. Meist kann der Belag durch Abwischen mit einem Lappen ausreichend entfernt werden, da er verhältnismäßig dünn ist und nicht fest anhaftet. Soll die Werkstückoberfläche nach dem Schweißen durch Lackieren oder Eloxieren nachbehandelt werden, ist ein mechanisches Entfernen des Belags unbedingt erforderlich.

3.2.6 Preßschweißen

Beim Preßschweißen werden im Gegensatz zum Schmelzschweißen die Fügeteile unter Druck verschweißt, wobei eine örtliche Erwärmung den Schweißvorgang erleichtert und teilweise erst ermöglicht. Die die Schweißverbindung behindernde Oxydschicht wird durch den genügend hohen Anpreßdruck beim Schweißen ausgepreßt oder zumindest zerstört.

Neben dem Widerstandspreßschweißen sind noch die Verfahren

Kaltpreßschweißen
Ultraschallschweißen
Reibschweißen
Vakuumdiffusionsschweißen
Schockschweißen

zu nennen, die wegen ihrer untergeordneten Bedeutung für das Verbinden der in diesem Buch behandelten Konstruktionen nicht näher beschrieben werden.

3.2.7 Widerstandspreßschweißen

Auf der Widerstandserwärmung stromdurchflossener Leiter beruht das Widerstandspreßschweißen. Der an den Berührungsflächen der Fügeteile besonders hohe Übergangswiderstand erwärmt durch den hohen Schweißstrom die Verbindungsstelle bis zum teigigen, teilweise sogar schmelzflüssigen Zustand, um dann nach dem Abschalten des Stromes die Schweißverbindung unter Druck herzustellen. Wegen der etwa 5fach höheren elektrischen und thermischen Leitfähigkeit von Aluminium gegenüber Stahl sind entsprechend höhere Schweißströme und Maschinenleistungen erforderlich. Die Schweißzeit soll sehr kurz und die Erwärmung nur auf die Berührungsflächen der Fügeteile beschränkt bleiben.

Da die Güte einer Widerstandspreßschweißverbindung wesentlich von den Faktoren Strom, Druck und Zeit abhängig ist, wird für den in der Regel automatisch ablaufenden Schweißprozeß ein Arbeitsdiagramm erstellt (Abb. 3.19).

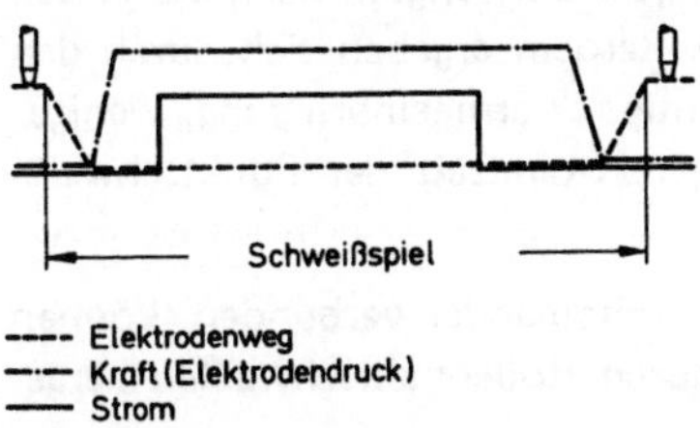

Abb. 3.19 Schematische Darstellung eines Arbeitsdiagramms für eine Punktschweißung

Punktschweißen

Zwei oder mehr sich überlappende Bleche von 0,2 bis max. 5 mm Dicke werden durch zwei meist zylindrische Elektroden, die sich gegenüberstehen, zusammengepreßt. Ein kurzer Stromstoß, der durch die von innen wassergekühlten Elektroden aus einem Spezialkupfer mit einer Härte bis zu 130 HB den Fügeteilen zugeführt wird, erwärmt diese an den Berührungsflächen bis nahe der Schmelztemperatur. In der sich dabei bildenden Schweißlinse entsteht die Verbindung unter der Voraussetzung, daß die beiden Elektroden noch über die Erstarrung der Schweißlinse hinaus die Fügeteile zusammenpressen (Abb. 3.20).

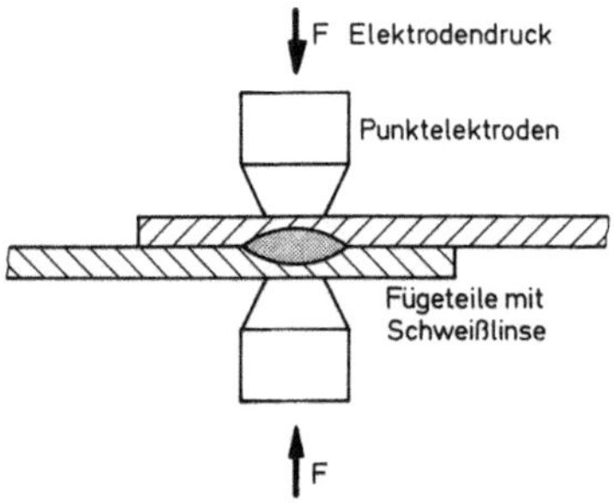

Abb. 3.20 Punktschweißung, schematische Darstellung

Punktschweißmaschinen werden mit einphasigem oder dreiphasigem Wechselstrom versorgt, wobei die kostengünstigeren Einphasenmaschinen das Versorgungsnetz unsymmetrisch belasten. Bei beiden Maschinentypen wird wegen der hohen induktiven Verluste auf der Sekundärseite ein schlechter Leistungsfaktor erzielt. Eine entsprechend groß eingerichtete Armausladung hat dadurch eine Verminderung der Schweißleistung zur Folge.

Sekundärseitig mit Gleichstrom versorgte Punktschweißmaschinen haben durch die Dreiphasengleichrichtung eine symmetrische Netzbelastung und bedingt durch das Fehlen der induktiven Verluste einen hohen Leistungsfaktor, der auch durch eine Veränderung der Armausladung nicht beeinflußt wird. Die größeren Maschinenkosten können im Laufe der Zeit durch die geringere Leistungsaufnahme und den kleineren Anschlußwert kompensiert werden. Außerdem ergeben sich durch den Einsatz von Gleichstrommaschinen eine konstantere Wärmeeinbringung, weniger Spritzer beim Schweißen und damit eine längere Standzeit der Punktschweißelektroden.

Werden Fügeteile durch mehrere Schweißpunkte miteinander verbunden, können diese durch Vielpunktschweißmaschinen oder durch Rollennahtschweißen hergestellt werden.

Die Fügeteile müssen gut zueinander angepaßt werden, damit sie dicht aufeinander liegen. Die Oberflächen sind im Bereich des Schweißpunktes sorgfältig zu reinigen und die Oxydhaut mechanisch durch Bürsten oder chemisch durch Beizen zu entfernen.

Rollennahtschweißen

Mehrere aufeinander folgende Punkte (Steppschweißung) oder sich überlappende Punkte (Dichtschweißung) werden mit der Rollennahtschweißung gefertigt (Abb. 3.21).

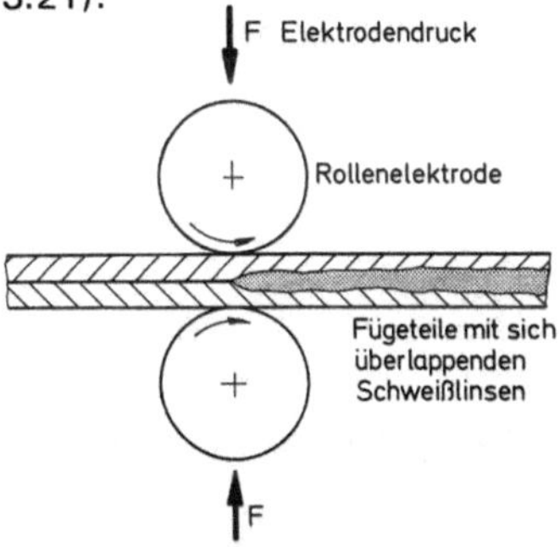

Abb. 3.21 Rollennahtschweißung, schematische Darstellung

Die Überlappung der zwischen 0,2 mm und 2,5 mm dicken Bleche muß mit etwa 10 X Blechdicke wesentlich breiter als die Auflage der Rollen gewählt werden, um ein Herauspressen des Schweißgutes zu vermeiden. Die Vorbereitung der Fügeteile ist wie beim Punktschweißen vorzunehmen.

Wegen der sehr kurzzeitigen Stromstöße sind bei gleicher Blechdicke um etwa 25 % höhere Schweißströme und Elektrodendrucke als bei der Punktschweißung üblich. Die elektrischen Anforderungen an die Rollennahtschweißmaschine sind mit denen der Punktschweißmaschine vergleichbar, ja oft sogar gleich, da es sich um eine Maschine mit nur verschiedener Ausrüstung handelt. Die Kühlung der an den Laufflächen leicht balligen Rollenelektroden ist besser als bei den zylindrischen Punktelektroden. Dadurch ergibt sich eine größere Standzeit, die noch durch ein kontinuierliches Bürsten der Laufflächen gesteigert werden kann.

Abbrennstumpfschweißen

Beliebig geformte Profile können bei gleicher Form- und Querschnittsfläche stumpf zusammengeschweißt werden. Die Fügeteile werden in Kupferklemmbacken, die gleichzeitig Elektroden sind, eingespannt und bei eingeschaltetem Schweißstrom bis zum Zünden eines Lichtbogens zusammengeführt. Hierbei wird der Abstand unter Ausgleich des Abbrandes konstant gehalten und die Oxydhaut zerstört. Ist die für die Erwärmung des Querschnitts nötige Abbrennzeit erreicht, wird der Strom abgeschaltet und die Teile schnell aufeinandergepreßt. Noch vorhandene Oxydreste werden seitlich herausgequetscht.

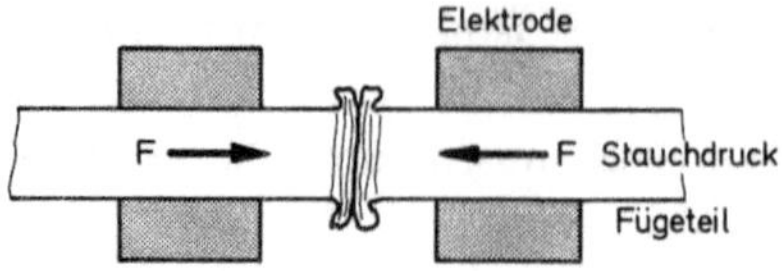

Abb. 3.22 Abbrennstumpfschweißung, schematische Darstellung

Das Abbrennstumpfschweißen eignet sich besonders für Stumpf- und Gehrungsstöße an Rohren, Profilen und massiven Stäben und Drähten. Wegen der kleinen Wärmeeinflußzone entsprechend geringer Festigkeitsabfall, der auch das Verbinden warmrißempfindlicher Werkstoffe möglicht macht. Ebenso gibt es die bei anderen Schweißverbindungen an Aluminium sichtbaren Verfärbungen im Schweißbereich eloxierter Teile nicht. Die Verbindung von Aluminium mit anderen Werkstoffen ist möglich.

Bolzenschweißen

Bolzen bis zu einem Durchmesser von 8 mm werden durch das Kondensator-Entladungs-Schweißen auf ebene Werkstücke geschweißt, die wegen der geringen Erwärmung nach unten ihre Grenzdicke bei 1,2 mm haben und auf der Gegenseite beschichtet sein können, ohne diese zu beschädigen.

Der Bolzen, der im Zentrum der Schweißseite eine kegelstumpfförmige Spitze hat, wird in einer an 3 Punkten aufgesetzten Schweißpistole wenige Millimeter über das Werkstück gebracht (Abb. 3.23).

Eine über ein Steuergerät geregelte Kondensatorenbatterie wird im einphasigen Wechselstromkreis aufgeladen und bei der Annäherung Bolzen – Werkstück durch Zünden eines Lichtbogens entladen. Wenige Millisekunden entsteht nun ein Stromfluß hoher Dichte, der ausreicht, um im Bereich des Lichtbogens Bolzen und Werkstück anzuschmelzen. In diese Schmelzzone wird der Bolzen über eine gespannte Feder geschossen, so daß die Oxydhaut seitlich herausgequetscht wird. Die Haftfestigkeit kann verbessert werden, wenn Bolzen und Werkstück gebeizt oder zumindest gebürstet werden.

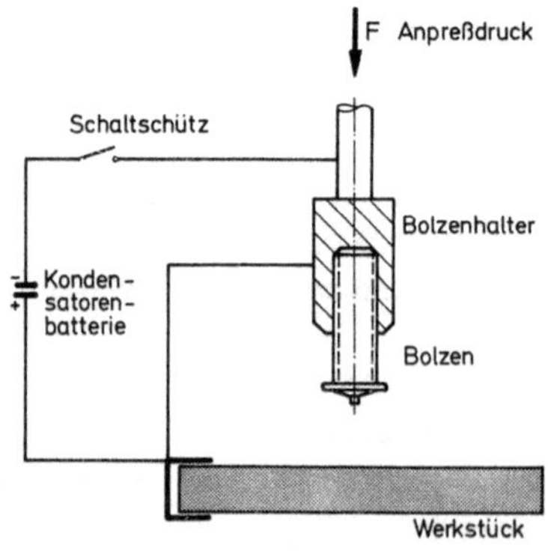

Abb. 3.23 Kondensator-Entladungs-Schweißen, schematische Darstellung

Bei Aluminium weitaus seltener wird das Lichtbogen-Bolzenschweißen eingesetzt, das wegen des langsamer ablaufenden Schweißvorgangs zusätzlich Argon als Schutzgas benötigt, obwohl hiermit Bolzen bis 12 mm Durchmesser aufgeschweißt werden können. Wegen des wesentlich größeren Einbrandes können erst Bolzen auf Werkstücke > 4 mm Dicke geschweißt werden, wobei eine Gefügeänderung auf der Rückseite des Werkstücks noch nicht auszuschließen ist.

3.3 Schweißzusätze

Schweißzusätze für das Schweißen von Aluminium und seinen Legierungen sind in der DIN 1732 genormt und erhalten als genormtes Kennzeichen vor der Werkstoffangabe ein „S". Die chemische Zusammensetzung der Schweißzusätze weicht häufig von denen der Grundwerkstoffe, besonders wenn sie höher legiert sind, ab, um den Abbrand einiger Legierungselemente, z.B. bei Magnesium, so auszugleichen, daß das Schweißgut die dem Grundwerkstoff entsprechende Zusammensetzung erhält.

Die beim Schmelzschweißen schnell ablaufenden Vorgänge beim Erstarren einer Schmelze erfordern einen Schweißzusatz, der nicht nur den Forderungen auf Festigkeit und Verformbarkeit gerecht wird, sondern auch der durch die Schrumpfung beim Erstarren auftretenden Reißgefahr begegnet. Die Gefahr der Rißbildung ist besonders bei aushärtbaren Aluminiumlegierungen zu beobachten, da diese häufig ein zu kleines Korngrenzeneutektikum haben (Abb. 3.24).

Durch den Einsatz höher legierter Schweißzusätze kann dieser Nachteil kompensiert werden, wenn dabei auch Schweißzusätze verwendet werden müssen, die nicht aushärtbar sind. Tabelle 3.11 gibt Empfehlungen für die Zuordnung von Grundwerkstoff und Schweißzusatz beim Schmelzschweißen der gebräuchlichsten Aluminiumkonstruktionswerkstoffe.

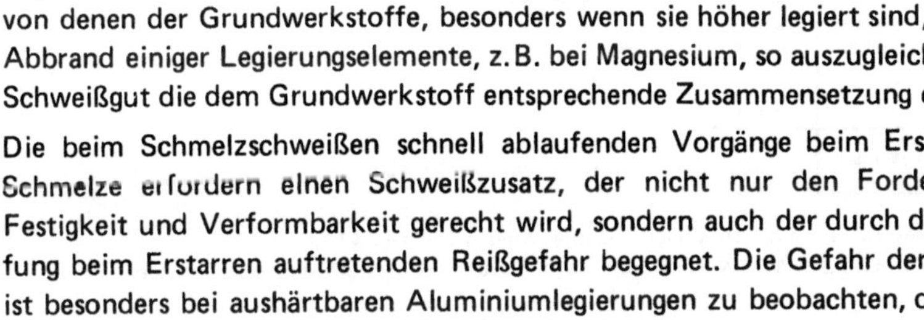

Abb. 3.24 Erstarrungstypen bei Aluminium (nach Mantel)

A Reines Aluminium, Al-Kristalle nach Erstarrung festgebunden, kein kritisches Temperaturintervall, Porenneigung

B wenig Eutektikum, Warmrißneigung, da Al-Kristalle nicht fest gebunden, kristisches Temperaturintervall

C ausreichendes Eurektikum, keine Rißneigung, da Al-Kristalle in Eutektikum schwimmen, kein kritisches Temperaturintervall, Gefahr von Korngrenzenlunkern

Tabelle 3.11 Empfehlung für die Zuordnung von Schweißzusätzen für das Schmelzschweißen von Aluminium-Knetwerkstoffen

	Al99,9 Al99,8 Al99,7	Al99,5 Al99	AlMn	AlMg1 AlMg2 AlMg3[1]	AlMg4,5Mn[1] AlMg5	AlMgMn[1]	AlMgSi0,5[1] AlMgSi[1]	AlZnMg1[1]
AlZnMg1[1]	S-AlSi5	S-AlSi5	S-AlSi5	S-AlMg4,5Mn S-AlMg5	S-AlMg4,5Mn S-AlMg5	S-AlMg4,5Mn S-AlMg5	S-AlMg5 S-AlSi5	S-AlMg4,5Mn S-AlMg5
AlMgSi0,5[1] AlMgSi1[1]	S-AlSi5	S-AlSi5	S-AlSi5	S-AlMg3 S-AlMg5	S-AlMg5 S-AlMg4,5Mn	S-AlMg5 S-AlMg4,5Mn	S-AlSi5 S-AlMg5	
AlMgMn[1]	S-AlMg5	S-AlMg5	S-AlMg5	S-AlMg3 S-AlMg5	S-AlMg5 S-AlMg4,5Mn	S-AlMg4,5Mn		
AlMg4,5Mn[1] AlMg5	S-AlMg5	S-Al-Mg5	S-AlMg5	S-AlMg5 S-AlMg4,5Mn	S-AlMg5 S-AlMg4,5Mn			
AlMg1 AlMg2 AlMg3[1]	S-AlMg5	S-Al-Mg5	S-AMg5	S-AlMg3 S-AlMg5				
AlMn	S-Al99,5Ti S-AlMn	S-Al99,5Ti S-AlMn	S-AlMn S-AlSi5					
Al99,5 Al99	S-Al99,5 S-Al99,5Ti	S-Al99,5 S-Al99,5Ti						
Al99,9 Al99,8 Al99,7	S-Al99,8							

[1]) Regellegierung für den konstruktiven Ingenieurbau nach DIN 4113.
Der Schweißzusatz S-AlMg5 kann in der Regel durch S-AlMg4,5Mn ersetzt werden.

3.4 Vor- und Nachbehandlung der Werkstücke zum Schweißen

3.4.1 Vorbehandlung

Alle Aluminiumwerkstoffe besitzen eine festhaftende, unterschiedlich dicke Oxydhaut, die vor dem Schweißen entfernt werden muß. Wie in Kapitel 3.2 beschrieben, sind zwar alle Schweißverfahren in der Lage, die Oxydschicht örtlich aufzureißen bzw. zu zerstören, jedoch ist die Gefahr von Oxydeinschlüssen in das Schmelzbad sehr groß.

Unmittelbar vor dem Schweißen kann die Oxydhaut der Schweißkanten durch mechanisches Bürsten mit Bürsten aus CrNi-Stahl oder Messing entfernt werden. Feilen, Schaben und Schleifen mit keramisch gebundenen Schleifscheiben kann gleichermaßen eingesetzt werden. Schweißstäbe für das Gas- und WIG-Schweißen werden mit Schmirgelleinen feiner Körnung bearbeitet.

Außer dem mechanischen Abarbeiten der Oxydschicht kann auch ein chemisches Entfernen durch Beizen mit alkalischen oder sauren Beizmitteln erfolgen. Mit organischen Lösungsmitteln sind vor dem Beizen Fettrückstände und andere Verschmutzungen zu entfernen.

Eine Beizdauer von 1 bis max. 2 min kann mit einer auf 330–350 K erwärmten 10–20 %igen Natronlauge erreicht werden. Nach dem Beizen wird mit Wasser gespült, anschließend mit 20–30 %iger Salpetersäure neutralisiert und wieder mit Wasser gespült. Die so behandelten Werkstücke sind abschließend mit Warmluft zu trocknen.

Saure Beizmittel werden als Säuregemische aus Salpetersäure und Flußsäure verschiedener Konzentrationen eingesetzt. Sie eignen sich besonders für das Beizen von Reinaluminium. Auch hier ist ein nachfolgendes Spülen mit Wasser und Warmlufttrocknen nötig.

In jedem Fall sind die Schweißkanten und, soweit möglich, Schweißzusätze unmittelbar vor dem Schweißen durch organische Lösungsmittel zu entfetten. Die entfetteten Stellen dürfen anschließend nicht mehr mit ungeschützten Fingern berührt werden, da Fette und andere Rückstände zu Poren im Schweißgut führen.

3.4.2 Nachbehandlung

Das im Apparatebau bei der Verwendung von Reinaluminium gebräuchliche Einebnen der Schweißnahtüberhöhung durch Hämmern oder Walzen darf wegen der Gefahr der Rißbildung bei Aluminiumlegierungen nicht angewendet werden.

Durch eine Warmauslagerung nach dem Schweißen kann bei aushärtbaren Legierungen neben der Steigerung der Festigkeit auch ein Abbau der Schweißeigenspannungen erfolgen. Bei AlZnMg-Legierungen tritt durch die Absenkung der Streckgrenze beim Warmauslagern ein günstigerer Effekt bei der Verminderung der Schweißeigenspannungen auf als bei AlMgSi-Legierungen, bei denen erst bei höheren Temperaturen ein Absinken der Streckgrenze erreicht wird, was sich jedoch dann nachteilig auf die Festigkeit auswirkt.

Durch die Schweißwärme wird sich das Gefüge der Naht und der Wärmeeinflußzone beim Eloxieren der Werkstücke optisch abheben. Bei Schweißzusätzen mit Mangan- und Siliziumgehalten tritt zusätzlich noch eine Verfärbung der Naht auf. Schweißungen, die ohne Schweißzusatz arbeiten, verhalten sich hier günstiger, da deren Wärmeeinflußzonen oft nur sehr schmal sind oder nicht bis an die Oberfläche reichen.

Fehler, die bis an die Oberfläche reichen, werden nach dem Eloxieren besonders sichtbar.

Müssen Nähte nach dem Schweißen beschliffen werden, so sind keramisch gebundene Schleifscheiben oder Schleifpapier mit Körnungen 60–120 für das Grobschleifen und solche mit Körnungen 180–280 für das Feinschleifen zu verwenden. Zum Schleifen wird im Normalfall kein Schmiermittel benötigt.

4 Eigenschaften und Verhalten von Schweißverbindungen

Die Entwicklung der Schutzgas-Schweißverfahren ermöglichte eine signifikante Verbesserung im Verhalten von geschweißten Aluminiumverbindungen. Hierzu gehören auch das MIG- und WIG-Verfahren, die das Schweißen zu einem der Hauptfügeverfahren gemacht haben. Durch die Verwendung von Schweißzusatzwerkstoffen höherer Festigkeit und die Möglichkeit, nunmehr vorher nicht miteinander schweißbare Legierungen zu verbinden, entstanden Schweißverbindungen mit guten Festigkeitseigenschaften.

Die Eigenschaften einer Schweißverbindung können durch verschiedene Faktoren beeinflußt werden. Die wichtigsten dieser Faktoren, die sich auch gegenseitig beeinflussen können, sind:

Fügeteilwerkstoffe,
Schweißparameter (Schweißverfahren, Zusatzwerkstoff, Schweißdaten, Wärmebehandlung nach dem Schweißen),
Imperfektionen, die beim Schweißen auftreten können,
Verbindungsform (Stumpf-, Kehlnaht, etc.) sowie geometrische Abmessungen der Fügeteile,
Belastungsart (statisch, dynamisch),
Umwelteinflüsse, Korrosion.

Eigenschaften und Verhalten von Aluminiumbauteilen hängen unmittelbar von den Änderungen im Mikrobereich während des Schweißvorganges ab. Metallurgische Zusammenhänge, die wichtig sind bei der Beurteilung des Verhaltens von Schweißverbindungen, sowie verschiedene Schweißparameter wurden in vorhergehenden Abschnitten beschrieben. Auswirkungen auf die Festigkeit von Schweißverbindungen, soweit das für Anwendungsfälle im konstruktiven Ingenieurbau von Bedeutung ist, werden hier behandelt. In der Praxis versucht man, Schweißverbindungen in möglichst niedrig beanspruchten Bereichen der Konstruktion unterzubringen. Bei den folgenden Betrachtungen wird jedoch vorausgesetzt, daß sowohl Schweißnaht als auch benachbartes Material einen kritischen Bereich bezüglich Festigkeit und mechanisch-physikalischem Verhalten darstellen.

4.1 Festigkeit bei vorwiegend ruhender Belastung

In einer Schweißverbindung findet man zwei verschiedene Materialformen: das Schweißnahtmaterial mit einem Gußgefüge und das Fügeteilmaterial in der Regel als Knetlegierung. Die Eigenschaften des Schweißgutes werden durch seine Zusammensetzung – Aufmischen zwischen Fügeteil-Grundmaterial und Schweißzusatz – und die Erstarrungsgeschwindigkeit bestimmt. Letztere hängt vom Schweißverfahren ab, sowie von sämtlichen Faktoren im Zusammenhang mit Wärmezufuhr und -abtransport. Eine höhere Erstarrungsgeschwindigkeit wird im allgemeinen feineres Gefüge und höhere Festigkeit ergeben.

Der Schweißeinfluß auf das Grundmaterial variiert mit dem Abstand von der Schweißnaht. Man kann charakteristische Bereiche in Abhängigkeit von der jeweils erreichten Temperatur unterscheiden. Die Bereichsbreite hängt vom Schweißverfahren, den geometrischen Abmessungen der zu verbindenden Teile und der Schweißgeschwindigkeit ab. Bei nicht-aushärtbaren Legierungen entstehen meist drei Bereiche:

Schweißgut	Schweißnaht aus geschmolzenem Zusatzwerkstoff und aufgemischten Grundwerkstoffteilen.
Wärmeeinflußzone (WEZ)	Bereich der Rekristallisation oder des Lösungsglühens infolge Schweißwärme.
Grundmaterial	durch Schweißwärme nicht beeinflußter Bereich des Fügeteilwerkstoffs.

Bei Schweißverbindungen von aushärtbaren Fügeteilwerkstoffen können vom metallurgischen Standpunkt fünf verschiedene Zonen entstehen, jedoch kann man in der Praxis des konstruktiven Ingenieurbaus für Bemessungszwecke von den drei vorher angedeuteten Zonen ausgehen.

Stumpfnaht-Verbindungen

Durch Schweißwärme verlieren sowohl aushärtbare als nicht-aushärtbare Legierungen an Festigkeit, außer denjenigen, die sich im Zustand „weich" befinden. Die Ausbreitung der WEZ nimmt sowohl bei aushärtbaren als auch bei nicht-aushärtbaren Legierungen mit der Schweißwärmemenge zu. Die Festigkeit von aushärtbaren Werkstoffen nimmt praktisch linear mit der eingebrachten Wärmeenergie ab; kein Einfluß wird dagegen bei nicht-aushärtbaren Werkstoffen registriert.

Bei nicht-aushärtbaren Werkstoffen wird das Material in der WEZ durch die erreichten Lösungsglühtemperatur in den Zustand „weich" umgewandelt mit niedrigen Festigkeitswerten und größerer Duktilität. Die Legierung AlMg4,5Mn wird durch besonders hohe Festigkeitswerte im geschweißten Zustand charakterisiert. Die Eigenschaften von nicht-aushärtbaren Werkstoffen im geschweißten Zustand werden viel weniger vom Zustand des Grundwerkstoffes beeinflußt wie diejenigen von aushärtbaren Legierungen. Entsprechendes gilt auch für den Einfluß der Fügeteildicke. Schweißverbindungen mit nicht-aushärtbaren Werkstoffen zeigen ein hohes Maß an Verformbarkeit vor dem endgültigen Versagen, das auf eine gleichmäßige Verteilung der Verformung auf Schweißnaht, WEZ und Grundmaterial zurückzuführen ist. Auch hier zeigen Werkstoffe vom AlMgMn-Typ besonders vorteilhafte Eigenschaften.

Die Festigkeit von aushärtbaren Werkstoffen wird durch die Schweißwärme auch reduziert. Der Vorgang hängt jedoch hier von der Geschwindigkeit des Wärmeabtransportes im Bauteil ab, so daß der sich einstellende Endzustand variieren kann. Festigkeits- und Duktilitätswerte werden jedoch in den meisten Fällen niedriger sein als die entsprechenden Werte der AlMg- oder AlMgMn-Gruppe. Die einzige Ausnahme bilden hier die selbst-aushärtbaren Legierungen vom AlZnMg-Typ (Abb. 4.1). Vorteilhafte Eigenschaften können durch erhöhte Schweißgeschwindigkeit erreicht werden und so werden in der Praxis maschinelle Schutzgas-Schweißverfahren verwendet. Verbindungen, die durch Elektronenstrahlschweißen hergestellt werden, zeigen schmale Wärmeeinflußzonen und höhere Festigkeiten. Schließlich spielen auch die geometrischen Abmessungen eine Rolle. Verbindungen mit dünnen Blechen besitzen eine höhere Festigkeit als Verbindungen mit dickeren Platten. Entsprechend wirken Schweißnahtabmessungen und -vorbereitung sowie der verfestigende Effekt des Aufmischens von Grundmaterial in das Schweißgut. Letzterer macht sich in dünnen Blechen eher bemerkbar.

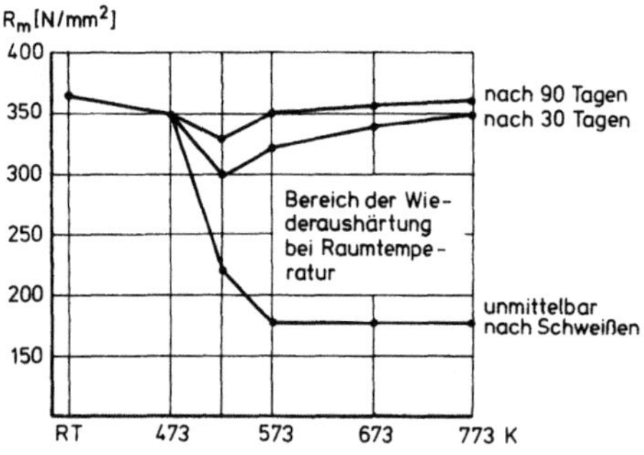

Abb. 4.1 Wiederaushärtung von AlZn4,5 Mg1 nach einem Wärmestoß

Durch Wärmebehandlung nach dem Schweißen kann die Festigkeit der Wärmeeinflußzone bei aushärtbaren Legierungen wieder fast auf die ursprüngliche Höhe des Grundmaterials gebracht werden. Bei abgetragener Nahtraupe würde der schwächste Querschnitt die Naht selbst sein (Abb. 4.2). Bei normalerweise belassener Nahtraupe bricht die Verbindung meist in der Übergangszone an der Nahtgrenze. Die Festigkeitseigenschaften im geschweißten Zustand kann man bei Legierungen des

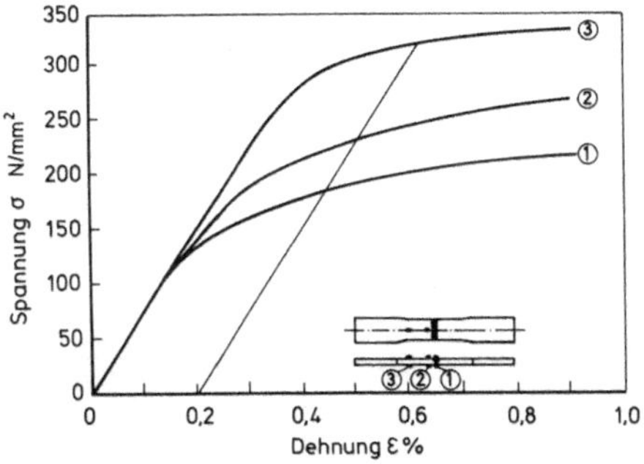

Abb. 4.2

Festigkeitsverhalten einer Schweißverbindung aus AlZn4,5Mg1 F35/S-AlMg5

① Nahtzone $\sigma_{0,2}$ = 183 N/mm²

② WEZ $\sigma_{0,2}$ = 230 N/mm²

③ Grundmaterial $\sigma_{0,2}$ = 317 N/mm²

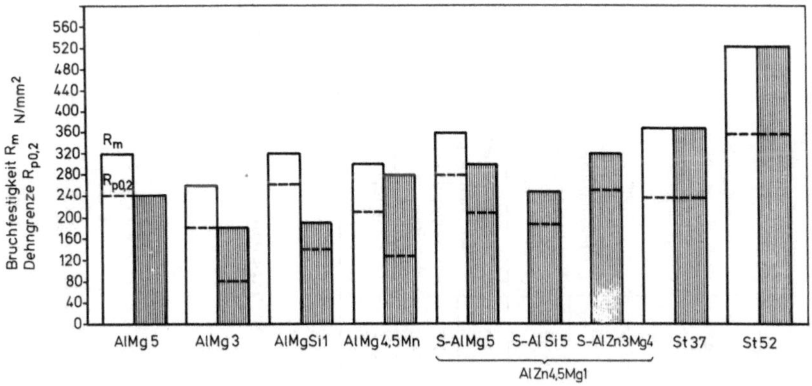

Abb. 4.3 Festigkeit von Grundmaterial und Schweißverbindung (Stumpfnaht)

Typs AlMgSi erhöhen, indem man entweder eine höhere Schweißgeschwindigkeit wählt oder – sofern zur Aufnahme höherer Beanspruchungen erforderlich und wegen der Konstruktionsabmessungen noch möglich – das Material im weichen Zustand schweißt und anschließend, evtl. sogar noch nach erneutem Lösungsglühen, auslagert. Höchste Festigkeitsewerte können dann erreicht werden, wenn auch der Zusatzwerkstoff auf eine Wärmenachbehandlung reagiert. Im Zusammenhang mit den selbst-aushärtbaren AlZnMg-Legierungen können artgleiche Zusatzwerkstoffe verwendet werden, durch die eine Verbesserung bis zu 20 % in den Festigkeitswerten der Schweißverbindung erzielt werden kann (Abb. 4.3).

Für die häufig vorkommenden Legierungen des konstruktiven Ingenieurbaus werden in Abb. 4.4 die Festigkeitswerte für das Grundmaterial und die Schweißverbindung als Stumpfstoß angegeben. Die Zusatzwerkstoffe entsprechen den Angaben des Abschnittes 6.2.1.

Aluminium-legierung (E DIN 4113)	Zustand	Fügeteil R_m N/mm²	Fügeteil $R_{p0,2}$ N/mm²	Fügeteil A_5 %	Typ	Stumpfnaht R_m N/mm²	Stumpfnaht $R_{p0,2}$ N/mm²	Ausgangszustand	Festigkeit in der WEZ	Möglichkeit der Festigkeitssteigerung in der WEZ
AlMg2Mn0,8	F20 F23	200 230	120 140	10 9	nicht aushärtbar	180	80	weich (Rekristallisationsgefüge)	keine Veränderung	keine
AlMg3	F18 F24	180 240	80 190	20 5		180	80	halbhart, hart (kaltverfest. Walzgefüge)		
AlMg4,5Mn	F27 G31	275 310	125 205	17 10		275	125		Entfestigung	
AlMgSi0,5	F22	220	160	12	aushärtbar	120	80	kaltausgehärtet warmausgehärtet (ausgehärtetes Rekristallisationsgefüge)	Entfestigung	Lösungsglühen Abschrecken Auslagern
AlMgSi1	F28 F32	275 315	200 255	12 10		160 190	120 140			
AlZn4,5Mg1	F35	350	275	10		280	210	kaltausgehärtet warmausgehärtet	Entfestigung	selbsttätige Wiederaushärtung

Abb. 4.4 Einige typische Aluminiumlegierungen für Schweißkonstruktionen und ihre Eigenschaften

Kehlnaht-Verbindungen

Kehlnähte werden durch eine Kombination von Scherkräften und Zugkräften bzw. Momenten beansprucht, da hier in der Regel keine Symmetrie und direkte Kraftübertragung wie bei Stumpfnähten vorliegt. Die Festigkeit von Flanken- und Stirnkehlnahtverbindungen hängt in entscheidendem Maß von der Festigkeit des verwendeten Zusatzwerkstoffes ab.

4.2 Festigkeit bei schwingender Beanspruchung

Die Feststellung des Ermüdungsverhaltens geschweißter Aluminiumverbindungen ist von ausschlaggebender Bedeutung für die Weiterentwicklung konstruktiver Details und für die sinnvolle Anwendung von Aluminiumkonstruktionen in der Praxis. Bauteile, die einer vorwiegend nicht-ruhenden Belastung ausgesetzt werden, können durch Dauerbruch versagen, der bei Beanspruchungen unterhalb der Zugfestigkeit auftritt.

Die Abschätzung des Ermüdungsverhaltens ist hauptsächlich ein Problem der Korrelation der Eigenschaften schwingbeanspruchter Konstruktionsteile gleichen Materials bei Variation der Form und der Belastungsbedingungen. Bei vielen verschiedenartigen technischen Problemen ist es möglich, nach einer endlichen Anzahl von typischen Konstruktionsformen – im Falle der geschweißten Konstruktionen von Schweißnaht- und Verbindungsformen – und Belastungscharakteristiken zu ordnen und dabei rationell zu allgemeingültigen Regeln zu gelangen. Schließlich kann man durch die Zuordnung von entsprechenden Sicherheiten, die heute nach den Gesichtspunkten einer statistischen Ausfallwahrscheinlichkeit zu bestimmen sind, zu bei der Bemessung als zulässig anzunehmenden Beanspruchungen gelangen. Schwingfestigkeitsuntersuchungen sind jedoch zeitraubend und kostspielig; bemerkenswert ist auch die Tatsache, daß die Ergebnisse von Schwinguntersuchungen oft besonders breite Streubänder aufweisen, die die Interpretation der Daten entscheidend beeinflussen. Wirtschaftliche Überlegungen sowie der Wunsch einer optimalen konstruktiven Ausbildung haben die Anwendung von Methoden der Wahrscheinlichkeitsrechnung und der mathematischen Statistik bei der regressionsanalytischen Bestimmung der funktionalen Abhängigkeit zwischen Beanspruchung und Lebensdauer erforderlich gemacht. Besonders im Leichtbau mit optimal dimensionierten tragenden Querschnitten und damit relativ hohen Nennspannungen der Ermüdungsbelastungen ist ein solches Vorgehen wichtig.

Relativ umfangreiche Untersuchungsergebnisse mit geschweißten Aluminiumverbindungen wurden in den letzten zwanzig Jahren mit verbreiteter Anwendung der MIG- und WIG-Schweißverfahren bei tragenden Konstruktionen des Ingenieurbaus sowohl bei der Industrie als auch bei Forschungsanstalten gesammelt. Umfassende und vergleichende Analysen dieses Materials werden z.Z. noch unternommen mit dem Zweck, in den nächsten Jahren auch auf dem Gebiet der Betriebsfestigkeit, also für tatsächlich vorkommende Beanspruchungen, in Abhängigkeit von der Gestaltfestigkeit Lebensdauerlinien mit zugehörigen Konfidenzbereichen für typische Aluminiumlegierungen und Schweißverbindungsformen in Form von Bemessungsrichtlinien aufzustellen.

Die in diesem Abschnitt enthaltenen Angaben zur Schwingfestigkeit von Aluminium-Schweißverbindungen dürfen zunächst nicht auf andere Fälle von Naht- oder Verbindungsform, Beanspruchungsart oder Legierung übertragen werden. Sie gelten jeweils nur im Zusammenhang mit den angegebenen Versuchsparametern und dienen hauptsächlich der Charakterisierung des Schwingfestigkeitsverhaltens in Abhängigkeit von der Legierung und der Schweißnahtform.

Die Schwingfestigkeit geschweißter Verbindungen und Bauteile wird von folgenden Größen abhängen:

a) Eigenschaften des Grundwerkstoffs (mechanische und chemische Eigenschaften der jeweiligen Legierung).
b) Beanspruchung (Größe, Art, Weise und Frequenz der Betriebslasten).
c) Spannungskonzentration, Gestaltfestigkeit (Nahtform, metallurgische und geometrische Kerben).
d) Schweißverfahren und Schweißparameter, thermische und mechanische Nachbehandlung der Verbindung.

Wichtige Einflußparameter unter c) und d) werden unter Abschnitt 4.3 Einfluß von Imperfektionen ausführlich behandelt. Hier sollte nur bemerkt werden, daß der bei weitem relevante Faktor auf das Ermüdungsverhalten einer Schweißverbindung die Nahtform und die äußere Naht- bzw. Verbindungsgeometrie ist. Imperfektionen im Nahtinneren (Nahtqualität) können sich normalerweise nur dann auswirken, wenn die äußeren Spannungskonzentrationen klein gehalten werden, also wenn beispielsweise die Nahtraupe abgetragen worden ist.

Die Zugfestigkeit R_m der im konstruktiven Ingenieurbau häufig zur Anwendung kommenden Legierungen bewegt sich zwischen 180 N/mm^2 und 350 N/mm^2. Die Grenzlastspielzahl kann für bestimmte Legierungen wie beim Stahl im Bereich von $2 \cdot 10^6$ Lastspielen liegen, jedoch wird die Dauerfestigkeit in den meisten Fällen erst zwischen 10^7 und 10^8 Lastspielen erreicht. Die Dauerfestigkeit erreicht für die weicheren Legierungen etwa die Hälfte der Zugfestigkeit; bei festeren Legierungen nimmt die Zunahme der Dauerfestigkeit bedeutend ab. Aluminiumlegierungen sind vor allem bei höheren Festigkeiten kerbempfindlicher. Die Dauerfestigkeitswerte für geschweißte Aluminiumverbindungen aus mehreren Legierungen sind trotz unterschiedlicher Zugfestigkeiten praktisch gleich. In Abb. 4.5 sind ertragbare Schwingfestigkeiten für das Grundmaterial, den Lochstab, stumpfgeschweißte Verbindungen und mit Kehlnähten geschweißte Kreuzstoßverbindungen für typische Aluminiumlegierungen zusammengestellt.

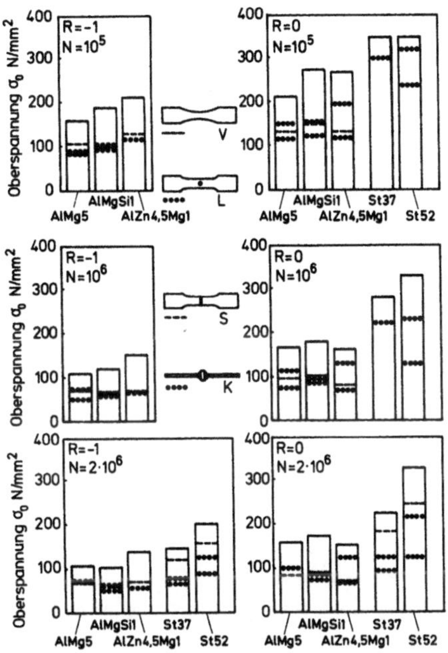

Abb. 4.5 Vergleich des Schwingfestigkeitsverhaltens ($P_{ü}$ = 50 %) bei verschiedenen Kerbformen und Werkstoffen

Gleichzeitig wird auch der Einfluß der Beanspruchungshöhe auf die Lebensdauer demonstriert. Die Beanspruchungsart (axial, Biegung, Torsion, etc.) wird auch eine Rolle spielen, wenn gleich bemerkt werden muß, daß das Ermüdungsverhalten eigentlich durch die örtliche Beanspruchungsgröße unmittelbar an der Schweißnahtkerbe charakterisiert wird. Letztere kann dieselbe für verschiedene Nenn-Beanspruchungen sein.

Die Frequenz der Beanspruchung oder eventuelle Restperioden können in der Praxis nur insofern von Bedeutung werden, wenn gleichzeitig Korrosionsgefahr besteht. Erfahrungen hierzu sind jedoch noch nicht ausreichend vorhanden.

Bei tiefen Temperaturen ist auch bei der Schwingfestigkeit von geschweißten Aluminiumverbindungen eine Zunahme zu verzeichnen (Abb. 4.6 und 4.7).

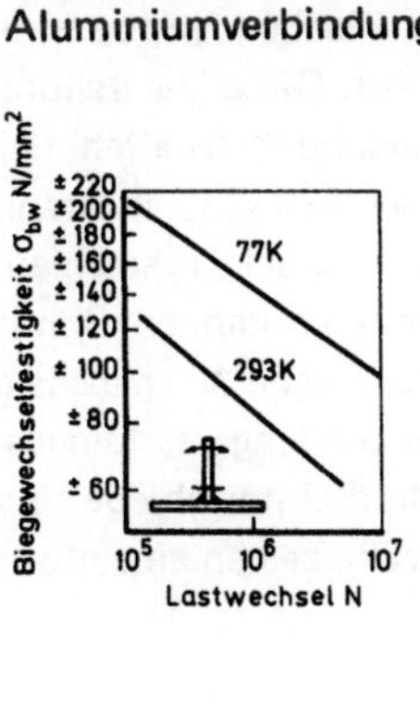

Abb. 4.6 Zunahme der Wechselbiegefestigkeit einer Schweißverbindung mit sinkender Temperatur (AlMg-Legierung mit etwa 4,5 % Mg und 0,5 % Mn, nach Durham bzw. Al-Taschenbuch)

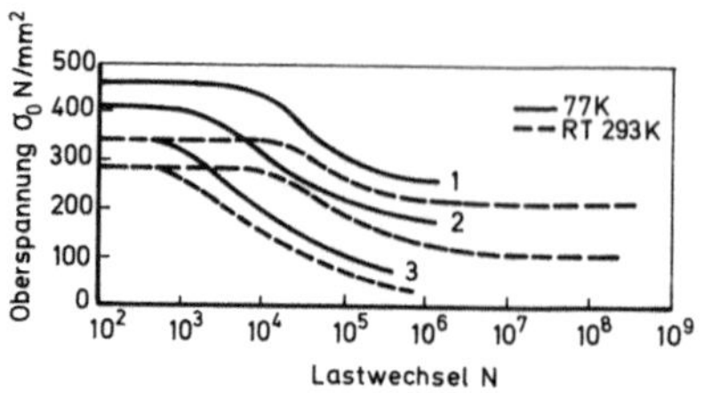

Abb. 4.7 Wöhlerkurven für AlMg4,5Mn bei Raumtemperatur und bei 77 K
Beanspruchungsart: axial, R = 0, Blechdicke ca. 22 mm
1. Grundwerkstoff 2. Stumpfgeschweißt, x-Naht 3. Gekerbt, $\alpha_k > 12$
(nach Aluminium-Taschenbuch)

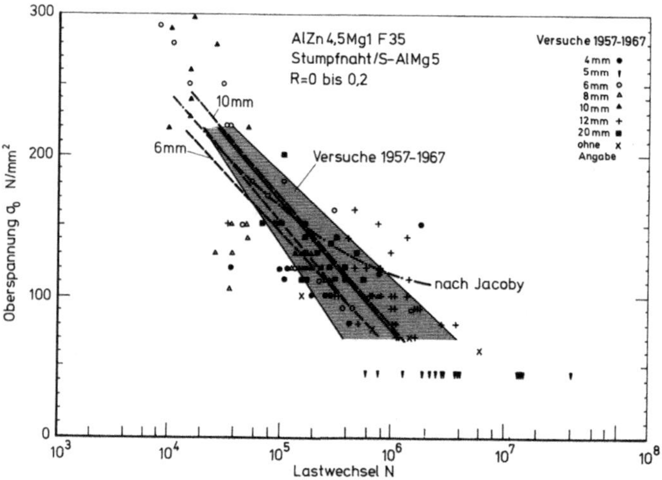

Abb. 4.8 Schwingfestigkeitsverhalten von Quer-Stumpfnähten aus AlZn4,5Mg1

Für *Stumpfnaht*-Verbindungen liegen umfangreiche Versuchsergebnisse vor. Abb. 4.8 zeigt eine vergleichende Auswertung solcher quer-beanspruchter Verbindungen aus AlZnMg1 in verschiedenen Blechdicken. Bei dünneren Blechen wurde eine V-Naht, bei den dickeren, ab ca. 10 mm, eine X-Naht ausgeführt. Diese Darstellung vergleicht zahlreiche Einzelergebnisse aus verschiedenen Forschungsarbeiten der Jahre 1957–1967 mit umfangreichen Untersuchungen an der Versuchsanstalt Stahl, Holz und Steine, Universität Karlsruhe. Schweißparameter sind dabei unterschiedlich, auch bezüglich der Nahtqualität ist eine gewisse Streubreite vorhanden. Somit können den errechneten Überlebenswahrscheinlichkeiten praxisnahe Verhältnisse entnommen werden. Längs-beanspruchte Stumpfnähte weisen bei längerer Lebensdauer eine um ca. 15–20 % höhere Schwingfestigkeit auf. Diese Unterschiede sind unterhalb 10^5 Lastspielen nicht mehr signifikant. Dünnere Bleche zeigen eine etwas höhere Schwingfestigkeit als dickere.

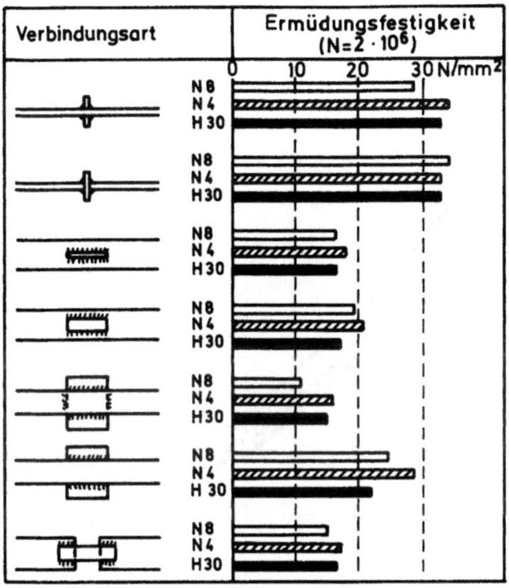

Abb. 4.9 Ermüdungsfestigkeit unterschiedlicher Schweißverbindungen und Legierungen (N8 entspricht AlMg4,5Mn, N4 entspricht AlMg2, H30 entspricht AlMgSi1)

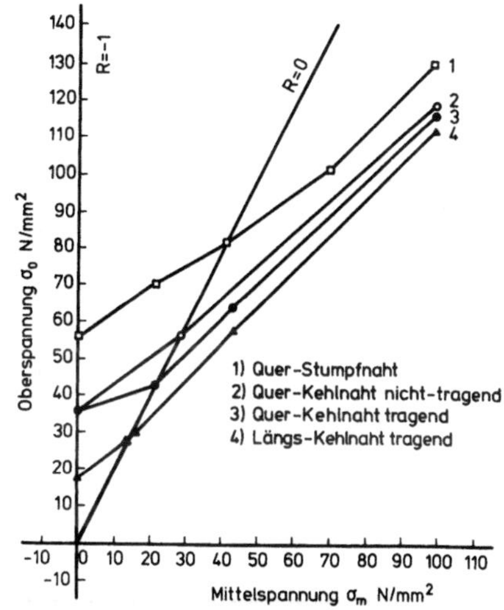

Abb. 4.10 Smith-Diagramm für verschiedene Schweißnahtformen

Es liegen viel weniger Ergebnisse bei Kehlnahtverbindungen vor; zudem sind die geometrischen Verhältnisse sowie die Beanspruchungsverhältnisse dieser Verbindung noch variabler als bei den Stumpfnähten. Grundsätzlich kann man jedoch Kehlnähte in folgende Kategorien einordnen: tragende Quer-Kehlnähte (sog. Kreuzstöße), nicht-tragende Quer-Kehlnähte, tragende bzw. nicht-tragende Längs-Kehlnähte. Die Abb. 4.9 und Abb. 4.10 stellen eine Zusammenfassung von Dauerfestigkeitswerten bei $N = 2 \cdot 10^6$ Lastspielen für verschiedene Kehlnahtverbindungen auch in Abhängigkeit vom Beanspruchungsverhältnis dar. Dabei erkennt man, daß der Legierungstyp praktisch keine Rolle mehr auf die Schwingfestigkeit bei höheren Lebensdauerwerten ausübt.

Abb. 4.11 bis Abb. 4.13 geben ertragbare Schwingfestigkeitswerte aus umfassenden Auswertungen für Stumpfnaht- und Kreuzstoßverbindungen aus den häufig im konstruktiven Ingenieurbau verwendeten Legierungen AlZnMg, AlMgSi und AlMg4,5Mn wieder.

Es existiert nur spärliche Information über das Ermüdungsfestigkeitsverhalten von größeren geschweißten Aluminiumbauteilen oder -konstruktionen. Als ein Beispiel für die Frage der Übertragbarkeit von Versuchsergebnissen aus kleineren Bauteilen

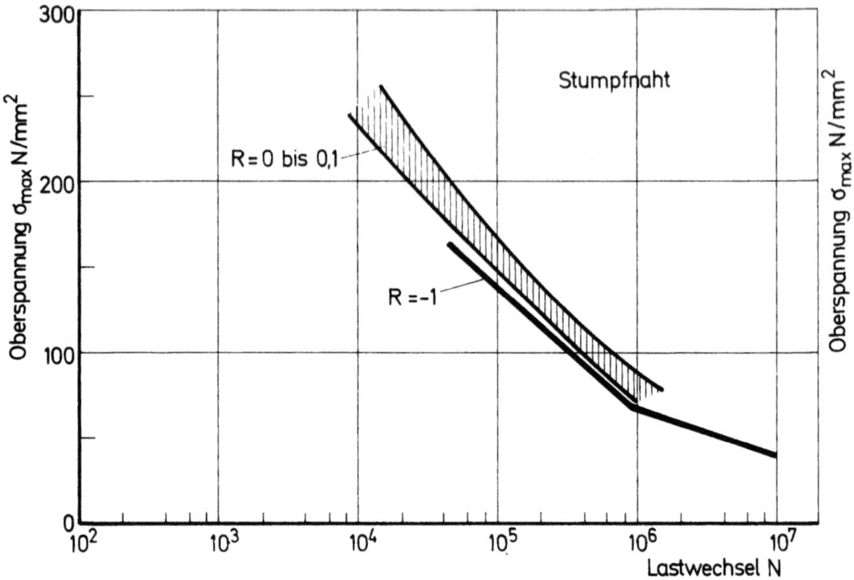

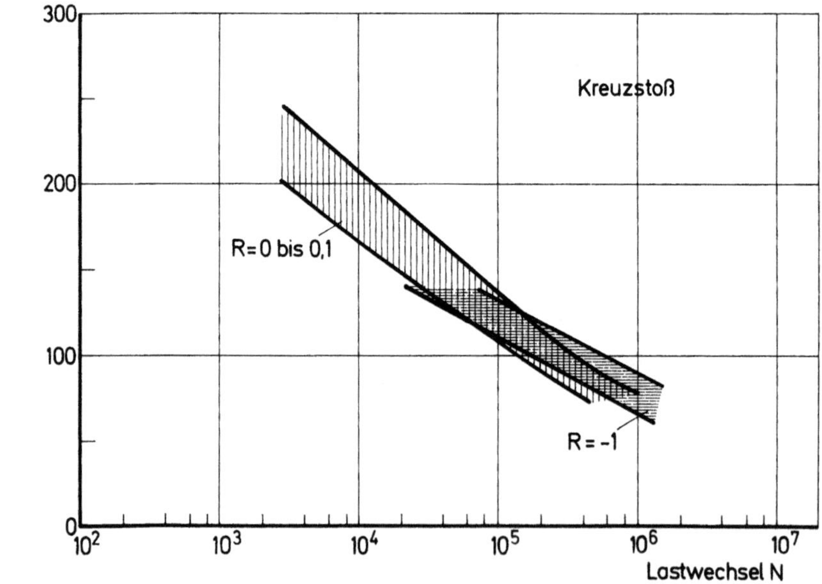

Abb. 4.11 Wöhler-Schaubilder $\log N = a \cdot \sigma + b$ bei $P_ü$ = 50 % für AlZn4,5Mg1

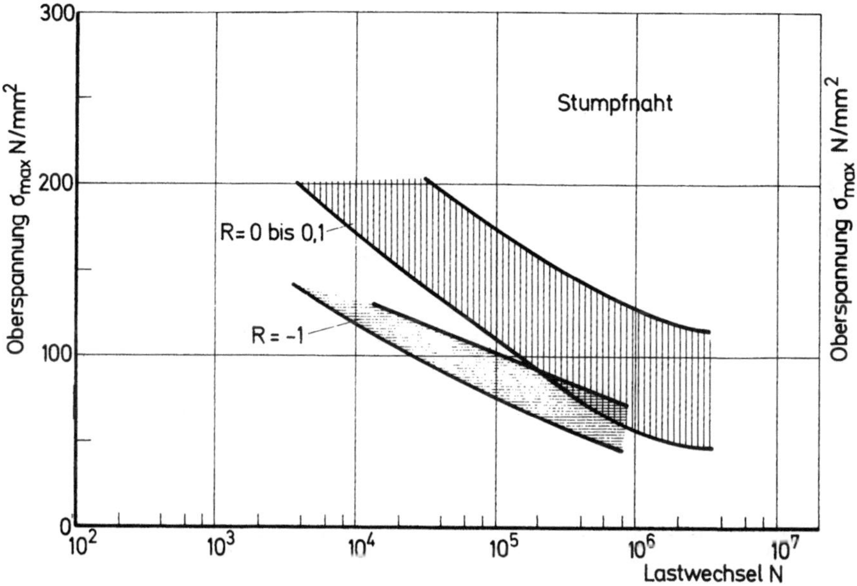

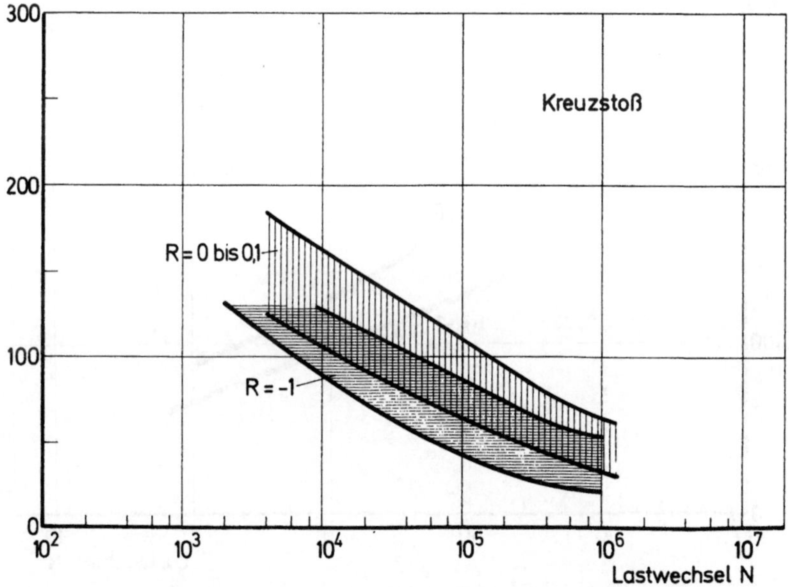

Abb. 4.12 Wöhler-Schaubilder $\log N = a \cdot \sigma + b$ bei $P_ü = 50\ \%$ für AlMg4,5Mn

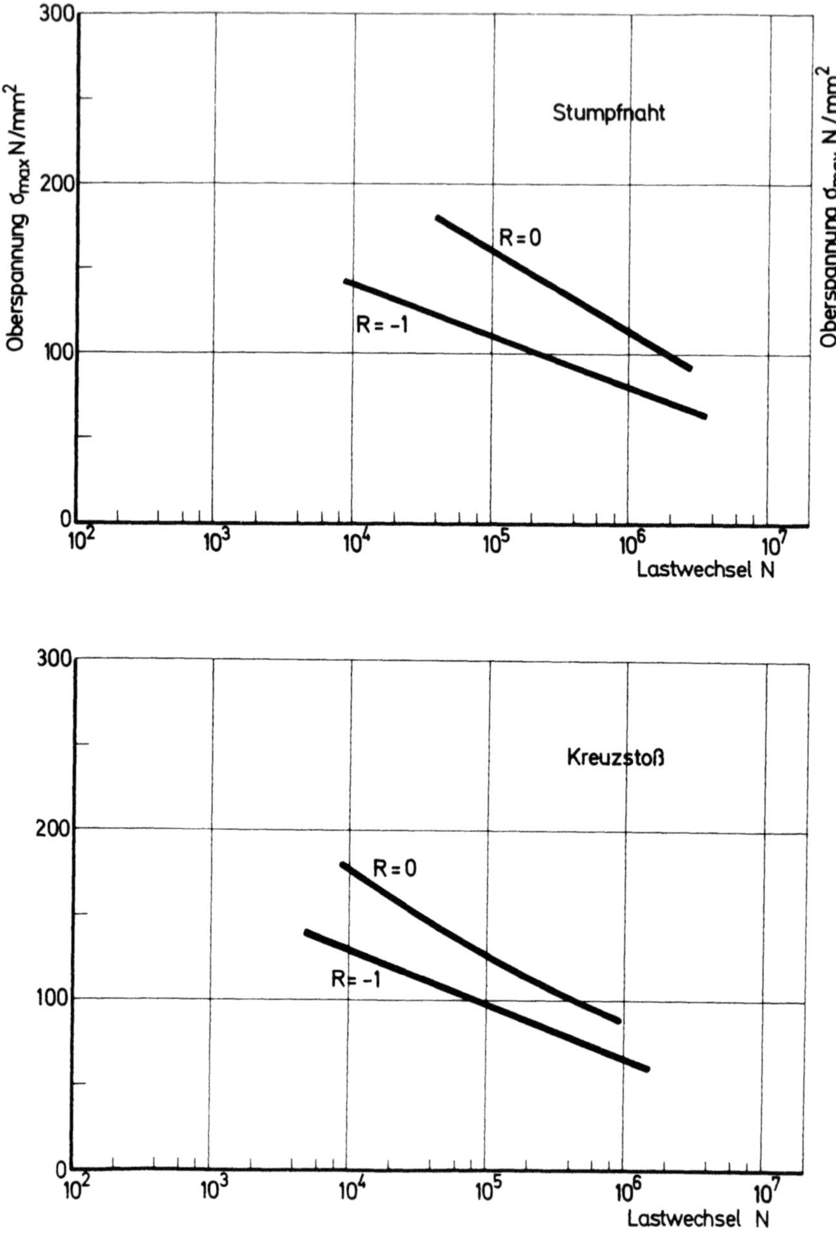

Abb. 4.13 Wöhler-Schaubilder $\log N = a \cdot \sigma + b$ bei $P_ü = 50\ \%$ für AlMgSi1

oder Prüfkörpern auf größere Konstruktionsteile mag Abb. 4.14 dienen. Das Dauerschwingfestigkeitsverhalten verschiedener Verbindungsmöglichkeiten der Aluminiumlegierung AlZnMg – genietete, geschraubte, HV-verschraubte, geklebte, VK-verbundene – wird unterschiedlich geschweißten Verbindungen oder Konstruk-

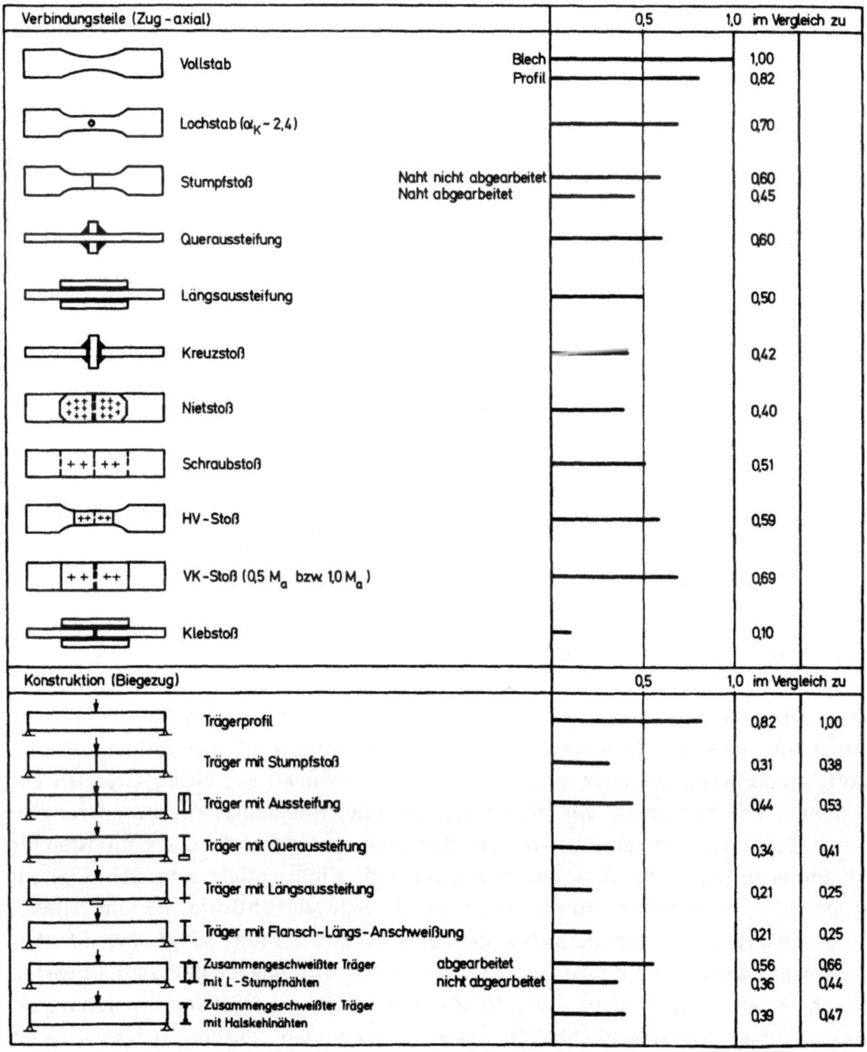

Abb. 4.14 Vergleich des Schwingfestigkeitsverhaltens von AlZn4,5Mg1 F35 ($R = +0{,}1$; $P_ü = 50\,\%$; $N = 2 \cdot 10^6$)

	Schwellfestigkeit σ_{Sch} in N/mm²	Schwellfestigkeit in %-Stumpfnaht unbearbeitet
	90-95	175
	60-70	125
	50-55	100
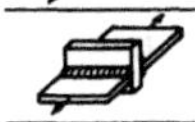	45-60	90
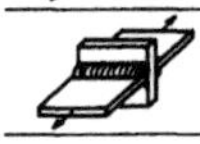	40-60 bezogen auf Stabquerschnitt (σ)	95
	40-50 bezogen auf Nahtquerschnitt (τ)	85
	42-45 bezogen auf Stabquerschnitt (σ)	85
	42-45 bezogen auf Stabquerschnitt (σ)	85
	50-55 bezogen auf Stabquerschnitt (σ)	100

Abb. 4.15 Schwingfestigkeit von Grundwerkstoff und Schweißverbindungen aus AlMg5 F28. Axialbeanspruchung, R = 0, N = 10^7, Lastwechsel (nach Neumann, Aluminium-Taschenbuch)

tionen gegenübergestellt. Für den Werkstoff AlMg5 ist ein entsprechender Vergleich verschiedener Schweißnahtausführungen der Abb. 4.15 zu entnehmen.

4.3 Einfluß von Imperfektionen

Aluminium ist in geschmolzenem Zustand ein besonders aktives Metall und reagiert sofort mit anderen Elementen – schädlich sind vor allem Sauerstoff und Wasserstoff. Imperfektionen oder auch Schweißfehler können aus vielen Gründen vorkommen. Oft hängen sie von Vorbereitungs- oder Reinigungsprozeduren vor dem Schweißen oder von falsch gewählten Schweißparametern ab. Die häufigsten Erscheinungsformen sind: Risse, nicht ausreichende Eindringtiefe einer Schweißnaht, Bindefehler, Einschlüsse, Poren, abweichende Schweißnahtform, Exzentrizitäten, Einbrandkerben, im Kraftbereich endende Schweißnähte oder aufgeschweißte Aussteifungen sowie metallurgische Diskontinuitäten. Im allgemeinen sind Imperfektionen bei vorwiegend nicht ruhender Beanspruchung gravierender. Entstehung der Schweißfehler sowie Möglichkeiten, diese zu vermeiden, wurden in Kapitel 3 besprochen. Hier hingegen werden Auswirkungen auf das statische bzw. dynamische Festigkeitsverhalten der Schweißverbindungen zusammengestellt. In den meisten

Fällen können quantitative Angaben über nur bestimmte Fügeteilwerkstoffe, Blechdicken, Schweißparameter etc. gemacht werden. Jedoch sind diese Angaben bezüglich des Einflusses von Imperfektionen auf mechanische Eigenschaften von Schweißverbindungen als Entscheidungskriterien in der Praxis allgemeingültig, sofern keine größere Extrapolation in der Werkstoffestigkeit vorgenommen wird.

4.3.1 Risse

Die am häufigsten beobachteten Risse in Aluminiumschweißverbindungen sind Endkraterrisse, die durch plötzliches Abstellen des Lichtbogens, d.h. der Wärmezufuhr entstehen können. Sie sind sehr fein, stellen jedoch ein ernstes Problem dar, da sie sich an einem Spannungskonzentrationspunkt befinden. Endkraterrisse verlaufen meist strahlenförmig, Längsrisse sind nicht oft anzutreffen; manchmal kommen Schweißrisse vor.

Übermäßig häufig vorkommende oder große Risse werden i.a. nicht toleriert; wiederholte kleine, feine Risse können andererseits unangenehme Folgen haben, da sie schwer zu entdecken sind. Der Einfluß eines bestimmten Risses auf die Festigkeit einer Verbindung wird in hohem Maße von der Beanspruchungsart abhängen. Risse stellen flächenförmige Imperfektionen dar, ähnlich wie Bindefehler oder nicht ausreichende Eindringtiefe.

Bei ruhender Beanspruchung wird die Abminderung der Festigkeit proportional zum Anteil der Risse an der Querschnittsfläche sein. Die Kerbzähigkeit wird vor allem bei kleineren Rissen darunter nicht leiden, da die meisten schweißbaren Aluminiumlegierungen ein ausreichend hohes Verformungsvermögen besitzen. Bei schwingender Beanspruchung ist jedoch Vorsicht geboten, da schon 0,5 mm tiefe Risse an der Oberfläche die Schwingfestigkeit um mehr als auf die Hälfte reduzieren können. Schweißgut ist sogar noch empfindlicher.

4.3.2 Mangelhaftes Durchschweißen

Nicht voll ausgefüllte Querschnitte bei einseitigem oder doppelseitigem Schweißen oder kein richtiges Erfassen der Nahtwurzel bei Kehlnähten stellen einen unangenehmen Defekt sowohl bei statischer als auch bei schwingender Beanspruchung dar. Bei Doppelkehlnähten kann andererseits durch ein komplettes Durchschweißen wegen der dann erforderlichen relativ hohen Wärmemenge eine zu große Festigkeitsabminderung in der WEZ resultieren; ein Versagen in der WEZ ist dann nicht auszuschließen. Durch nicht ausreichende Eindringtiefe der Schweißnaht entsteht eine Kerbstelle, die bei einseitig geschweißter Verbindung bis zu einer freien Oberfläche hin reicht.

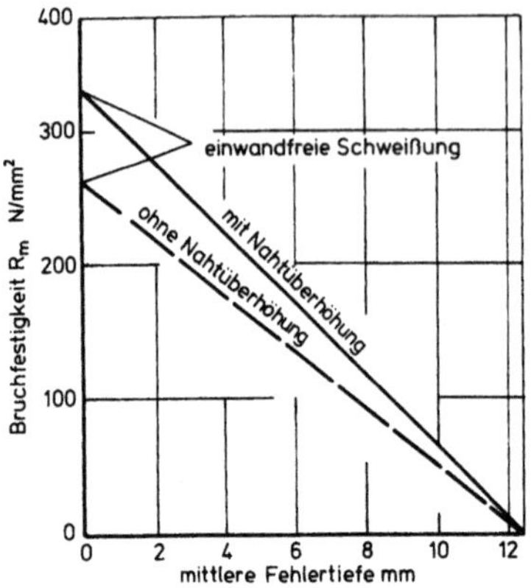

Abb. 4.16 Einfluß der Tiefe mangelnder Durchschweißung. Fügeteile aus NP 5/6 (entspricht AlMg4,5Mn), 12 mm dick (nach Dinsdale und Young)

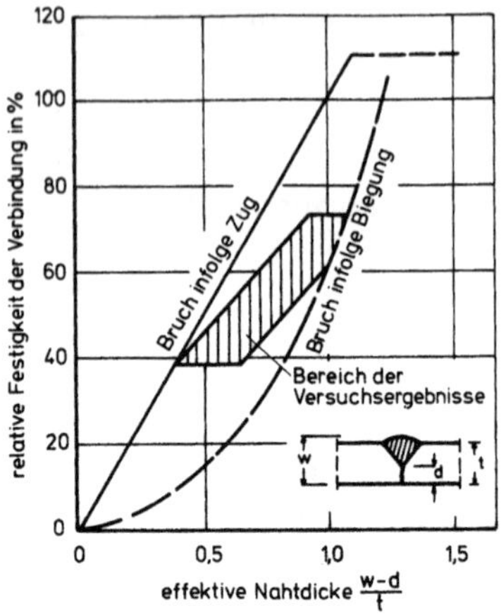

Abb. 4.17 Einfluß mangelnder Durchschweißung auf die statische Festigkeit. Aluminiumlegierung NP8 (AlMg4,5Mn; nach Rogerson)

Die statische Festigkeit fällt mit zunehmender Fehlergröße etwa linear ab (Abb. 4.16). Auch bei unterbrochenen Durchschweißungsfehlern scheint diese Abhängigkeit eher von der Fehlergröße, d.h. der Tiefe des Defekts, als von der prozentualen Abminderung der Querschnittsfläche geprägt zu sein. Einseitige Fehler üben wegen der zusätzlich durch Exzentrizität bedingten Biegebeanspruchung einen noch größeren Einfluß aus (Abb. 4.17).

Auch die Schwingfestigkeit wird stärker abfallen, es gilt jedoch, daß relativ kleine Durchschweißungsfehler (nach Rogerson kleiner als 7 % der Fügeteildicke) durch andere primäre Kerbfaktoren überschattet werden. Dinsdale hat z.B. bei einer Lebensdauer von 10^6–10^7 Lastspielen und Schweißverbindungen aus NP 8 mit mangelnder Durchschweißung von 20 % eine Festigkeitsminderung von 33 % bei belassener und 60 % bei abgearbeiteter Schweißnahtraupe beobachtet.

Sofern es sich um Schweißverbindungen mit niedriger Duktilität handelt, kann die Fehlergröße in Abhängigkeit von bruchmechanischen Parametern ausgedrückt werden, da hier ein Defekt mit scharfen Umrissen vorliegt.

4.3.3 Bindefehler

Oft durch vom Lichtbogen nicht beseitigte Oxidhautreste hervorgerufen, wird dieser Fehler keinen ähnlichen Einfluß auf die Festigkeit haben wie Porosität oder mangelnde Durchschweißung. Quantitative Versuchsergebnisse liegen jedoch nicht vor; dieser Fehler läßt sich auch sehr schwer entdecken. Zn-haltige Legierungen sind besonders anfällig; durch höhere Stromstärke und Schweißgeschwindigkeiten bzw. richtige Nahtkantenvorbereitung läßt sich diese Gefahrenquelle weitgehend beseitigen.

4.3.4 Porosität

Eingefangenes Gas kann zu Hohlräumen in der Schweißung führen. Hierbei handelt es sich ausschließlich um Wasserstoff, der aus Verunreinigungen an der Oberfläche der zu schweißenden Teile oder der Schweißdrähte stammen kann. Auch winzige Wasserstoffanteile führen zu beträchtlicher Porosität der Schweißnaht. Diese Poren sind meist kugelförmig ausgebildet und ihre Lage sowohl in der Schweißnaht wie untereinander ist von großer Bedeutung auf die spätere Festigkeit der Verbindung. Eine mehr oder weniger lückenlose Porenweite dürfte bei tragenden, hochbeanspruchten Nähten gar nicht zugelassen werden.

Bei der Schweißnahtprüfung wird nach bestimmten Güteklassen unterschieden, die mehr oder weniger willkürlich angenommen wurden. Um den Einfluß der Porosität auf mechanische Eigenschaften beschreiben zu können, braucht man quantitative Angaben. Hierbei kann man entweder die Anzahl der Poren je Längeneinheit der Schweißnaht angeben, manchmal in Klassen je nach Porendurchmesser unterschieden, oder den prozentualen Anteil der Porosität im Querschnitt oder im Nahtvolumen ermitteln. Aus früheren Beobachtungen wollte man keinen Einfluß der Porosität auf die statische Festigkeit der Verbindung erkannt haben. Neuere umfangreiche Untersuchungen zeigen jedoch, daß auch kleinere Porenanteile einen signifikanten Einfluß ausüben können. Die in Abb. 4.18 wiedergegebenen Beobachtungen zeigen eine lineare Abhängigkeit der Festigkeit vom prozentualen Poren-

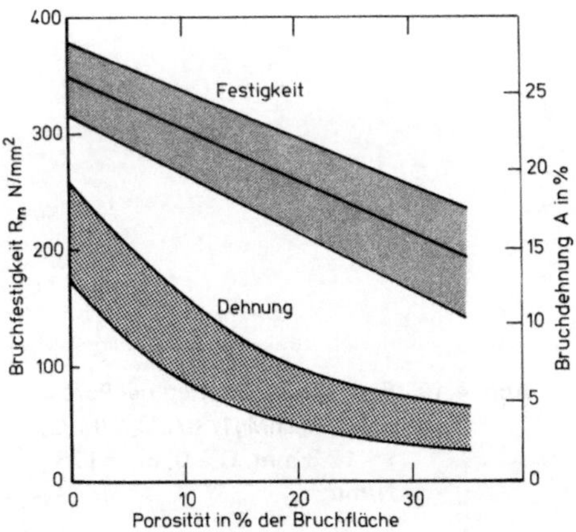

Abb. 4.18 Abhängigkeit der Bruchfestigkeit und Dehnung von der Porosität; AlZnMg1/S-alMg5/MIG, t = 12 mm, Nahtüberhöhung entfernt

anteil auf der Bruchfläche. Es wurden Porendurchmesser ab 0,1 mm ausgewertet. Somit verursacht 10 % Porosität eine Festigkeitsabnahme von ca. 18 %. Würde man dabei nur größere Poren berücksichtigen, so verdoppelt sich der Wert der Festigkeitsabnahme. Schweißverbindungen mit abgearbeiteter Nahtüberwölbung sind erwartungsgemäß empfindlicher gegen Porosität. Die Porenlage, ob tief in der Naht oder in den oberen Schichten in unmittelbarer Nähe der Oberfläche, hat keinen Einfluß auf die statische Festigkeit. Wie Beobachtungen mit anderen Metallen zeigen, können Poren je nach ihrer Lage einen Kerbfaktor zwischen 2 und 5 aufweisen. Da jedoch die meisten Aluminiumlegierungen, wie schon festgestellt, eine hohe Duktilität besitzen, wirkt sich diese Tatsache bei der statischen Festigkeit oder der Kerbfestigkeit, zumindest bis zu einem bestimmten Anteil an Porosität, nicht nachteilig aus.

Grundsätzlich anders liegen jedoch die Verhältnisse bei einer wiederholten Belastung. Poren mit zunehmendem Durchmesser werden wachsenden Einfluß auf die dynamische Festigkeit ausüben. Eine Porosität von 10 % kann die Lebensdauer um einen Faktor 10 abmindern (Abb. 4.19). Verteilung und Lage der Poren spielen auch eine bedeutende Rolle. Einzelne verstreute Poren oder Porennester sind nicht so gefährlich wie zeilenförmig angeordnete Poren. Mit der Nähe zur Oberfläche nimmt auch der ungünstige Einfluß zu. Da die Nahtüberwölbung einen sehr schwerwiegenden Defekt bei schwingender Beanspruchung darstellt, überschattet dieser den Einfluß einer niedrigeren Porosität.

4.3.5 Einschlüsse

Einschlüsse als Oxid-, Schlacken-, Wolfram- und Flußmittelverunreinigungen sind in der Regel klein und oft auch globular. Ihr Einfluß auf die statische und dynamische Festigkeit von Schweißverbindungen wird gering sein und demjenigen von Poren oder Bindefehlern entsprechen.

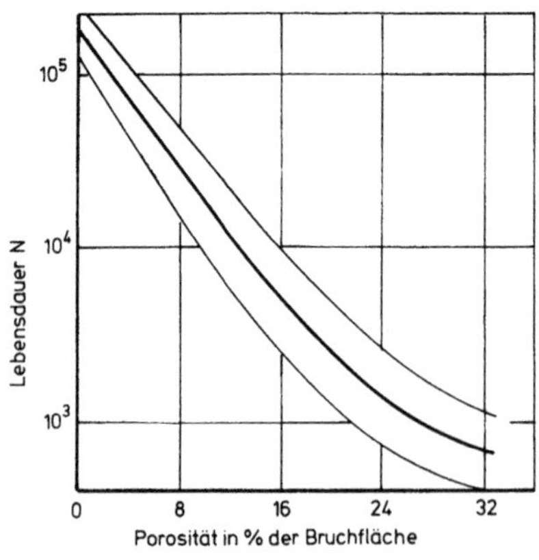

Abb. 4.19 Ermüdungsverhalten bei Porosität; AlZnMg1/S-AlMg5/MIG, t = 12,3 mm, R = 0, σ_0 = 175 N/mm^2

4.3.6 Nahtüberwölbung

Die Nahtüberwölbung z.B. bei der Stumpfnaht, bedeutet zunächst eine Vergrößerung des wirksamen Querschnitts des Zusatzwerkstoffes; gleichzeitig jedoch stellt sie eine Diskontinuität, eine Kerbstelle am Übergang vom Grundwerkstoff des angeschlossenen Bleches zum Zusatzwerkstoff der Schweißnaht dar. Handelt es sich um solche Schweißverbindungen, bei denen das Zusatzmaterial der Naht das schwächste Glied darstellt – das ist der Fall bei den Aluminium-Schweißverbindungen –, so kann die Querschnittsvergrößerung durch die Nahtüberwölbung die aufnehmbare Last der Naht soweit erhöhen, daß die Verbindung nun an der nächstschwachen Stelle, i.a. ist das die wärmebeeinflußte Zone des Grundmaterials, versagt. Im Falle der statischen Belastung ergibt sich eine bis zu 20 % höhere Festigkeit der Verbindung durch die Nahtüberwölbung. Der negative Einfluß der Nahtüberwölbung auf die Schwingfestigkeit ist aus verschiedenen Untersuchungen quantitativ anzugeben. Abb. 4.20 zeigt, daß je schärfer der Winkel zwischen Nahtüberwölbung und Fügeteiloberfläche, umso niedriger die ertragbare Schwingfestigkeit bei einer bestimmten Lebensdauer. Entsprechend wird mit Entfernung der Nahtüberwölbung eine Erhöhung der Schwingfestigkeit eintreten (Abb. 4.21), die im Bereich der Dauerfestigkeit Werte um 50 % erreichen kann. Die X-Nahtausführung zeigt sogar eine Verbesserung der Eigenschaften um 100 %. Trotz dieser experimentell beobachteten Ergebnisse wird vor einem generellen Abarbeiten der Nahtüberwölbung in der Praxis gewarnt, da durch diese Maßnahme andererseits Innenporen, Bindefehler oder Risse näher an die Oberfläche herangeholt werden können. Außerdem kann durch das Abarbeiten auch eine in ihrer Auswirkung besonders bei schwingender Beanspruchung sehr unangenehme Kerbe am Nahtfluß entstehen, die dann noch ungünstiger als die Nahtüberwölbung wirken kann. Eine mäßige Nahtüberwölbung mit sanftem Übergang zur Blechoberfläche ist in jedem Fall zu bevorzugen.

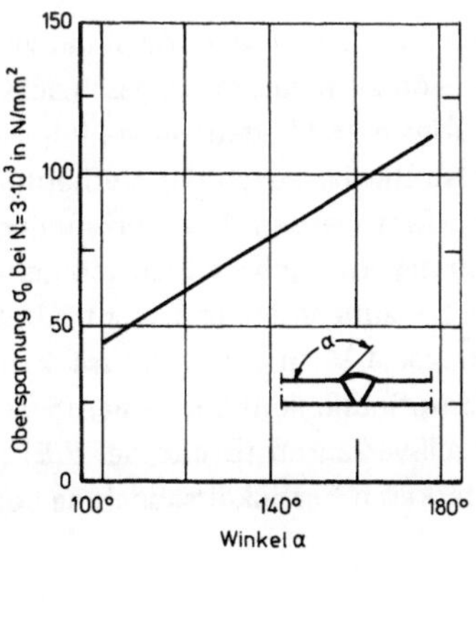

Abb. 4.20 Einfluß der Nahtform auf die Ermüdungsfestigkeit. NP 5/6 (AlMg4,5Mn), t = 9,5 mm (nach Dinsdale und Young)

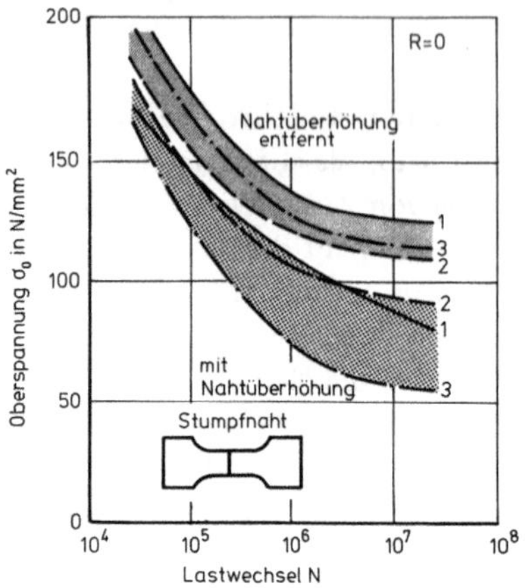

Abb. 4.21 Ermüdungsfestigkeit mit und ohne Nahtüberhöhung für AlMg4,5Mn/S-AlMg5/MIG (nach Mindlin)

1. V-Naht, 1 Lage, t = 6,3 mm
2. V-Naht, 2 Lagen, t = 9,5 mm
3. X-Naht, 2 Lagen, t = 9,5 mm

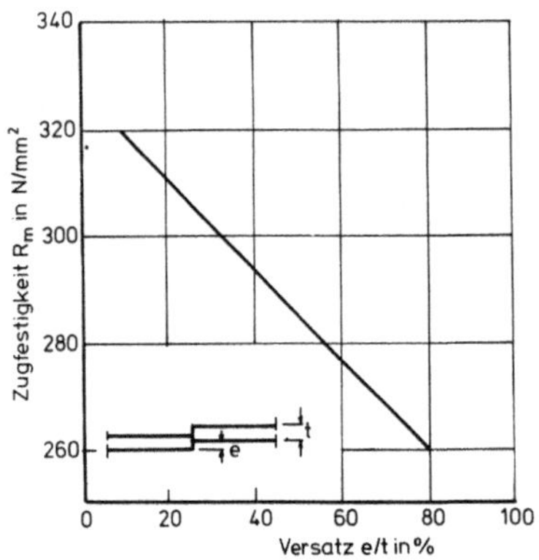

Abb. 4.22 Einfluß der Exzentrizität auf die Zugfestigkeit AlMgSi1/S-AlSi5; WIG, t = 2,5–3,2 mm (nach Bandelin)

4.3.7 Exzentrizität

Aus einer Reihe von geometrischen Imperfektionen bezüglich der Verbindungsgeometrie wird hier stellvertretend die Exzentrizität von zwei zusammengeschweißten Fügeteilen betrachtet. Die Exzentrizität, als häufigste und bedeutendste Imperfektion dieser Art, kann im Falle stumpfgeschweißter Bleche durch das Verhältnis des seitlichen Versatzes zur Blechdicke quantitativ erfaßt werden. Die Verbindung hat zusätzlich zu der planmäßigen axialen Beanspruchung nun auch ein Biegemoment aufzunehmen. Die statische Festigkeit nimmt linear bei zunehmender Exzentrizität ab (Abb. 4.22). Es fehlen noch ausreichend untermauerte Versuchsergebnisse über die in einigen Untersuchungen beobachtete höhere Empfindlichkeit bei Legierungen höherer Festigkeit bzw. in Abhängigkeit vom Schweißverfahren (Breite der WEZ) sowie quantitative Angaben zur erwartungsgemäß stärkeren Festigkeitsabnahme bei schwingender Beanspruchung.

4.3.8 Metallurgisch bedingte Störstellen

Durch die Schweißverbindung zweier Fügeteile entstehen in oder unmittelbar neben der Naht Zonen unterschiedlicher Struktur und Eigenschaften gegenüber dem ungeschweißten Grundmaterial. Diese Zonen stellen metallurgisch bedingte Störstellen dar, die fallweise einen entscheidenden Einfluß auf die mechanischen Eigenschaften der Verbindung ausüben können und von einer Reihe von Parametern abhängen, wie die Zusammensetzung von Grund- und Schweißdrahtmaterial, Schweißverfahren und Schweißparameter sowie Vor- oder Nach-(mechanisch-thermische) Behandlung. Für die Belange des konstruktiven Ingenieurbaus genügt es zunächst, sowohl bei nicht-aushärtbaren als auch bei aushärtbaren Aluminiumlegierungen drei Zonen innerhalb einer Schweißverbindung zu unterscheiden: Nahtzone und benachbarte Wärmeeinflußzone, mit in der Regel niedrigeren Festigkeitswerten, und unbeeinflußtes Grundmaterial. Hochfeste Aluminiumwerkstoffe können in Schweißverbindungen nicht voll ausgenutzt werden, da die hier ertragbaren Werte bis auf die Hälfte sinken können. Durch Verwendung von selbst-aushärtenden Schweißdrahtwerkstoffen ist eine Möglichkeit der Steigerung der Verbindungsfestigkeit gegeben. Eine Verbesserung der Festigkeitseigenschaften ist jedoch oft mit einer Verschlechterung der Kerbzähigkeit bzw. mit einer erhöhten Anfälligkeit an Korrosion verbunden.

In Verbindung mit nicht-aushärtbaren Werkstoffen braucht die Festigkeit des Schweißgutes nicht höher als die Festigkeit des Grundmaterials im weichen Zustand sein, da letztere der Festigkeit in der WEZ entspricht. Bei aushärtbaren Legierungen kann die WEZ noch gewisse Reserven besitzen, die Festigkeit des Schweißgutes wird jedoch in der Praxis dieselbe wie bei nicht-aushärtbaren Legierungen sein. Die Festigkeit der Naht wird auch von dem Aufmischungsverhältnis Schweißdraht – Grundmaterial beeinflußt.

Die bei wiederholter Beanspruchung zu erwartende stärkere Beeinflussung der Schwingfestigkeit durch die Mikrostruktur kommt bei geschweißten Aluminiumverbindungen nicht zum Ausdruck. Geometrische Faktoren üben einen viel stärkeren Einfluß aus, so daß die Dauerschwingfestigkeit für einen breiten Bereich der statischen Festigkeit ungefähr gleich hohe Werte aufweist. Sofern geometrische Kerben ausgeschaltet werden können, wird das Schweißgut die niedrigsten Werte in der Verbindung aufweisen. Schließlich wird nochmals betont, daß die Eigenschaften einer Schweißverbindung nicht nur von der metallurgischen Struktur der verschiedenen Zonen sondern auch von der Ausbreitung dieser Zonen und deren jeweiligen Positionen in der Konstruktion abhängen werden. In der Praxis werden bei Gebrauchslasten die Auswirkungen sowohl von Längs- als auch von Quernähten in einem Bauteil vernachlässigbar klein sein. Sofern eine ausreichende Sicherheit gegenüber der Bruchgrenze noch gegeben ist, darf die Beanspruchung örtlich bis an die Streckgrenze steigen.

4.4 Einfluß von Korrosion

Viele Aluminiumlegierungen können geschweißt werden ohne Einbußen an Korrosionswiderstand. Das Schweißverfahren übt allgemein auf den Korrosionswiderstand keinen Einfluß aus.

Aluminiumatome liegen auf einem hohen Energieniveau im Gitterverband des metallischen Zustandes und werden, solange keine Schutzschicht vorhanden ist, sofort in den energieärmeren Zustand des Oxides übergehen. Die natürliche Oxidhaut bildet einen dichtschließenden, widerstandsfähigen Film an der Oberfläche, der, wenn intakt, vor weiterem Korrosionsangriff schützt. Es wird oft von Aluminium erwartet, daß es völlig immun gegen Korrosion sein soll. In der Praxis kann es jedoch beim Zusammenwirken bestimmter Ursachen zu Korrosionserscheinungen kommen. Von den verschiedenen möglichen Korrosionsangriffsformen werden hier die Spannungsrißkorrosion (SRK) und die Schichtkorrosion bei geschweißten Aluminiumverbindungen erwähnt. Die Spannungsrißkorrosion kann auch bei relativ niedrig beanspruchten Konstruktionsteilen beim Vorliegen eines Korrosionsmediums und bei bestimmten Gefügezuständen völlig unbemerkt zum totalen Schaden führen, besonders bei dynamisch belasteten Bauteilen, bei denen ein erster Anriß sehr rasch fortschreiten wird.

Unter *Spannungsrißkorrosion* bei metallischen Werkstoffen versteht man ein mehr oder weniger plötzliches Aufreißen unter gleichzeitiger Einwirkung eines Korrosionsmittels und einer Spannung, wobei die Anfälligkeit des Metalls gegen Spannungsrißkorrosion als Folge einer größeren Herabsetzung der mechanischen Eigenschaften zu verstehen ist als diese bei der getrennten, jedoch additiven Einwirkung beider Komponenten sich bemerkbar macht.

Vier Parameter beeinflussen das Werkstoffverhalten bei Spannungsrißkorrosion

a) die Legierungszusammensetzung,
b) der Gefügezustand,
c) die bereits erwähnten äußeren oder inneren Zugspannungen in der Nähe der Oberfläche, die Werte über 0,5 $R_{p0,2}$ annehmen,
d) das Korrosionsmedium (bereits feuchte Luft oder in der Oxidschicht adsorbierte Feuchtigkeit genügt).

Einige Aluminiumlegierungen besitzen aufgrund ihrer Zusammensetzung eine erhöhte Anfälligkeit gegenüber Spannungsrißkorrosion. Zu dieser Gruppe gehören hoch magnesiumhaltige Knetlegierungen (mit über 3,5 % Mg-Gehalt) sowie die bei hochbeanspruchten Konstruktionen bevorzugt eingesetzten AlZnMg- und AlZnMgCu-Legierungen. Dabei werden Konstruktionen des Ingenieurbaus und des Fahrzeugbaus, bei statischer und dynamischer Beanspruchung, häufig aus der Legierung AlZnMg 1 – besonders wegen der Selbstaushärtung nach dem Schweißen – hergestellt. AlMgSi 1-Legierungen weisen besonders hohen Korrosionswiderstand auch im geschweißten Zustand auf.

Die Spannungsrißkorrosion verläuft bei Aluminium immer interkristallin, also zwischen den Korngrenzen. Es handelt sich um eine verformungslose Trennung, wobei kein merklicher Gewichtsverlust oder Korrosionsprodukte erkennbar sind. Legierungszusammensetzung und Gefügezustand haben entscheidenden Einfluß auf SRK. Dabei wird das Phänomen immer nach einem komplexen Vorgang ablaufen unter Bevorzugung gewisser Teilmechanismen. Hiervon können manche durch Legierungszusammensetzung beeinflußt werden, andere wieder sind durch Wärmebehandlungen steuerbar. Werden z.B. Legierungen mit höherem Fremdmetallgehalt Temperaturen zwischen 473 K und 673 K ausgesetzt, so bilden sich an den Korngrenzen Ausscheidungen, während die Kornrandzonen selbst an Fremdmetall verarmt sind. Ähnliches passiert z.B. nach dem Lösungsglühen, wenn man nicht schnell genug abschreckt – örtlich kann dieser Zustand jedoch beim Schweißen vorkommen, oder, wenn man Vorwärmetemperaturen für das Schweißen innerhalb des kritischen Temperaturbereiches wählt. Außerdem ist das durch die Schweißwärme rekristallisierte Gefüge gegenüber SRK empfindlicher als Fasergefüge, da beim ersteren die Korngrenzen häufiger senkrecht zur Oberfläche zu verlaufen vermögen, was den Rißfortschritt begünstigt. Legierungszusätze an Chrom, Zirkon, Vanadium, Silber sowie Mangan erhöhen die Rekristallisierungstemperatur, und so kann bei Warmverformung von Profilen und Blechen das Fasergefüge noch erhalten bleiben. Diese Zusätze wirken schließlich keimbildend auf die Ausscheidungen bei Abkühlung der Schmelze, was ein günstigeres Verhalten gegen SRK zur Folge hat. Durch rekristallisationshemmende Zusätze erhält man ein Subkorngefüge und somit wird der Rißfortschritt an den sich so ausbildenden Kleinwinkelkorngrenzen verzögert bzw. werden auch kritische Ausscheidungen an den Kleinwinkelkorngrenzen feiner.

Es muß bemerkt werden, daß es auch hochfeste Aluminiumlegierungen gibt, die resistent gegen SRK, aber empfindlich gegenüber normaler Korrosion sind oder *Schichtkorrosion.* Die Schichtkorrosion ist i.a. nicht gefährlich (sie tritt oft innerhalb der WEZ von Schweißverbindungen auf), weil sie nach einer gewissen Inkubationszeit abklingt. Es gibt außerdem heute einige wirksame Maßnahmen, um SRK oder Schichtkorrosion zu verhindern. SRK-empfindliches Material entsteht als Folge falscher Wärmebehandlungen und zu schroffer Abkühlung nach dem Erwärmen; eine Abstimmung aller thermischen Behandlungen aufeinander ist hier unbedingt erforderlich. Zur Vorbeugung gegen Schichtkorrosion wird für geschweißte Konstruktionen z.B. eine Wärmenachbehandlung von 393 K für eine Dauer von 24 Stunden empfohlen.

4.5 Einfluß von Temperatur

Die Festigkeitseigenschaften von Schweißverbindungen bei Temperaturen ober- oder unterhalb der Raumtemperatur folgen insbesondere bei nicht-aushärtbaren

Werkstoffen im wesentlichen dem Verhalten des Grundmaterials im weichen Zustand.

Höhere Temperaturen

Es ist bei höheren Temperaturen eine Abnahme von Zugfestigkeit, Dehngrenze und Härte sowie eine Zunahme der Verformbarkeit zu verzeichnen, wobei der Grad der Änderung von der Zusammensetzung und dem Zustand des Werkstoffs abhängt. Höhere Temperaturen können einerseits Zustandsänderungen mit einer irreversiblen Festigkeitsabnahme hervorrufen; dieser Vorgang entspricht natürlich dem Einfluß durch das Schweißen selbst, dementsprechend können solche Zustände bei geschweißten Verbindungen nur insofern von Bedeutung sein, als es sich um nach dem Schweißen durch Wärmebehandlung wiederverfestigte Verbindungen handelt. Andererseits kann aber durch Wärmewirkung auch eine Intensivierung von Kriechvorgängen stattfinden. Hier spielt jedoch auch der Faktor Zeit eine wesentliche Rolle (bei der Bemessung von Bauteilen wird der Zeitfaktor berücksichtigt, siehe unter Kap. 6, Berechnung und Gestaltung) und im Rahmen des konstruktiven Ingenieurbaus wird man im allgemeinen Temperatureinflüsse nicht berücksichtigen brauchen, zumal wesentliche Änderungen der Festigkeitswerte erst ab ca. 353 K zu erwarten sind.

Tiefe Temperaturen

Durch das kubisch-flächenzentrierte Gitter von Aluminium kann die insbesondere bei ferritischen Stählen bekannte unangenehme Abnahme der mechanisch-technologischen Eigenschaften bei tiefen Temperaturen nicht eintreten. Im Gegenteil wird sogar eine Zunahme von Zugfestigkeit, 0,2 %-Dehngrenze und Bruchdehnung auch bei Temperaturen bis 77 K festgestellt. Geschweißte Verbindungen zeigen ein analoges Verhalten (Abb. 4.23). Auch bei noch tieferen Temperaturen zeigen Aluminiumlegierungen i.a. Bruchdehnungswerte, die über denjenigen bei Raumtemperatur liegen. Zugfestigkeit und 0,2-Grenze steigen ebenfalls an. Durch diese Eigenschaften sind geschweißte Aluminiumkonstruktionen, z.B. aus AlMg4,5Mn, besonders gut bei der Fertigung von Behältern für den Flüssigerdgastransport geeignet.

4.6 Kerbschlagzähigkeit

Das Verhalten von geschweißten Verbindungen bei schlagartiger Beanspruchung ist gut, insbesondere für nicht-aushärtbare Werkstoffe. Mit zunehmender Schlaggeschwindigkeit nimmt die Kerbschlagzähigkeit zu. Diese hängt auch nur wenig von der Temperatur ab (Abb. 4.24). AlMg- und AlMgSi-Legierungen zeigen bei 77 K gleichhohe Werte wie bei Raumtemperatur. AlZnMg-Legierungen erreichen hier etwa 2/3 der Werte bei Raumtemperatur. Abb. 4.25 zeigt den Verlauf der Kerb-

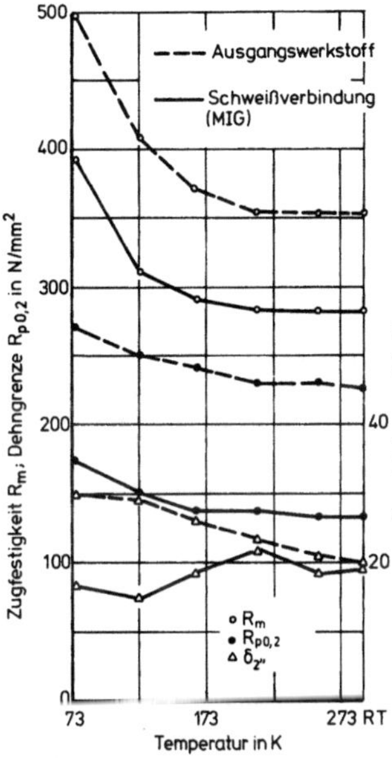

Abb. 4.23 Festigkeitseigenschaften bei tiefen Temperaturen

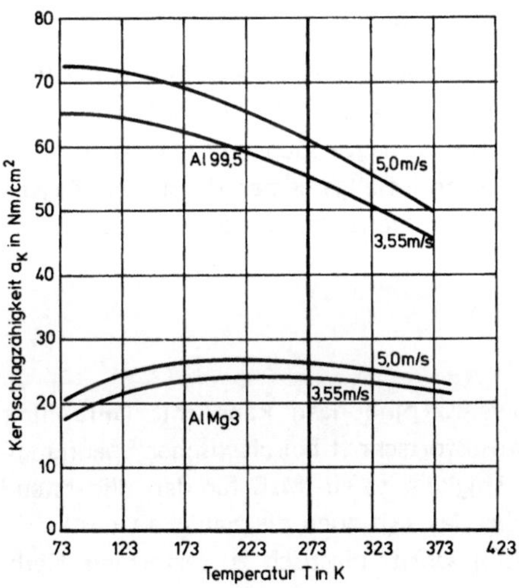

Abb. 4.24 Einfluß der Temperatur und Schlaggeschwindigkeit auf die Kerbschlagzähigkeit von Schweißnähten, MIG-Schweißung, DVM-Probe (nach Puschner, Aluminium-Taschenbuch)

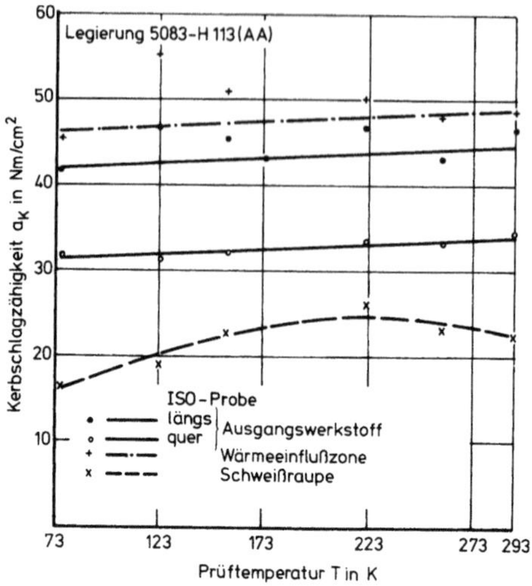

Abb. 4.25 Einfluß der Probenlage mit Entnahmestelle auf die Zähigkeits-Temperaturkurven von Schweißverbindungen (nach Ollemann und Wolfer, Aluminium-Taschenbuch)

schlagzähigkeit von der Temperatur bei Schweißverbindungen aus der amerikanischen Legierung 5083 (entspricht AlMg4,5Mn); zu beachten sind hierbei die besonders hohen Werte für die WEZ, die Schweißnaht dagegen zeigt als gegossener Werkstoff die niedrigsten Kerbschlagzähigkeitswerte.

Bei manchen Aluminiumlegierungen bzw. Festigkeitszuständen können die Prüfkörper im Kerbschlagversuch nicht brechen, sie biegen sich nur stark durch und liefern somit hohe Zähigkeitswerte. Der Kerbschlagversuch hat bei Aluminiumlegierungen keine hohe Aussagekraft und kann im allgemeinen durch den Zugversuch ersetzt werden. Er sollte nur bei Vergleichsuntersuchungen angewandt werden.

4.7 Bruchverhalten

Das Bruchverhalten von Aluminiumschweißverbindungen kann mit Hilfe ihrer Widerstandsfähigkeit gegenüber instabilen Rißfortschritt bei elastischer Spannungsverteilung beschrieben werden. Die Rißzähigkeit ist ein Maß für den Widerstand gegen instabilen Rißfortschritt. Entsprechendes sagt auch die Fähigkeit des Werkstoffes sich örtlich ohne Anriß oder Rißfortschritt plastisch zu verformen. Kerbzähigkeitsuntersuchungen können auch die Widerstandsfestigkeit gegen Rißfortschritt beschreiben. Sie sind jedoch nur bei Materialien mit relativ niedrigem Verformungsvermögen mit Erfolg anwendbar. Die meisten Aluminiumlegierungen weisen eine so hohe Duktilität auf, daß diese Prüfung im allgemeinen nicht signifikant ist. Als Werkstoffkennwert bezeichnet die Kerbzähigkeit die Fähigkeit von

Schweißnähten sich plastisch zu verformen und so eine Spannungsumlagerung auf benachbarte Bereiche zu erlauben.

Das Verhältnis der Kerbzugfestigkeit zu Werkstoffkennwerten aus dem normalen Zugversuch erlaubt eine bessere Aussage über die Fähigkeit des Werkstoffes sich örtlich zu verformen. Das Verhältnis von Kerbzugfestigkeit zur 0,2-Grenze ermöglicht für eine größere Anzahl von Kerbformen, Legierungen und Werkstoffzuständen eine ziemlich einheitliche Bewertung. Es muß jedoch betont werden, daß das Werkstoffverhalten bei einer bestimmten Kerbe in Abhängigkeit vom spezifischen Betriebsverhalten bekannt sein muß, damit man eine Aussage machen kann, die über den Rahmen einer vergleichenden Bewertung hinausgeht.

Der Widerstand des Werkstoffes gegen überkritischen Rißfortschritt eines bereits vorhandenen Risses ausgedrückt mit den Rißzähigkeitsparametern (Spannungsintensitätsfaktor K und Rißausbreitungskraft G) gibt direkte Beziehungen zwischen der Bruchlast eines Bauteils und der Größe von Rissen an; diese Kennwerte können bei der Bemessung von Bauteilen direkt eingesetzt werden. Die Verfahren der Bruchmechanik sind vor allem bei hochfesten Werkstoffen anzuwenden, wo die Annahme, daß der instabile Rißfortschritt unter rein elastischer Beanspruchung stattfindet, besonders zutrifft. Die relativ hohe Duktilität der meisten Aluminiumlegierungen erschwert zunächst die Anwendung der Bruchmechanik in vielen Bereichen des konstruktiven Ingenieurbaus. In der Praxis sind jedoch Inhomogenitäten im Werkstoff, Imperfektionen durch die Verarbeitung oder die Fügeverfahren, also Risse, die durch zerstörungsfreie Prüfmethoden nicht ohne weiteres zu entdecken sind und die vor allem bei Schwingbeanspruchung durch Rißfortschritt eine besondere Gefahr darstellen.

Im letzten Fall kann eine bruchmechanische Analyse wertvolle Einsicht in das Werkstoffverhalten bieten. In den letzten Jahren sind auch Prüfverfahren entwickelt worden, bei denen statt der Rißzähigkeitsparametern die Rißfortschrittsenergie – der auf der Anfangsquerschnitt bezogene, für den Rißfortschritt erforderliche Energiebetrag – als charakteristisches Maß für den Widerstand gegen Rißfortschritt ermittelt wird. Bei dem hier verwendeten Aufreißversuch sind die ermittelten Größen nicht mehr vom Auftreten einer reinen elastischen Beanspruchung und eines rasch fortschreitenden Risses abhängig. Somit kann dieser Versuch mit Erfolg auch bei sehr duktilen Werkstoffen zur vergleichenden Bewertung herangezogen werden. Eine Abhängigkeit von den Probenabmessungen und der Probengeometrie bleibt bestehen.

Unabhängig vom Prüfverfahren zur Feststellung der charakteristischen bruchmechanischen Eigenschaften kann man feststellen, daß je nach Zusatzwerkstofftyp Aluminiumschweißverbindungen mindestens so hohe Werte erreichen wie das Grundmaterial. Nicht-aushärtbare Werkstoffe, bei denen eine relativ schmale aufgeweichte Zone beiderseits der Naht vorkommt, weisen für Schweißnähte die selben Werte für den Widerstand gegen instabilen Rißfortschritt wie das weiche Grundmaterial und in jedem Fall höhere Werte als der katlverfestigte Fügeteilwerkstoff auf. Entsprechendes kommt auch bei aushärtbaren Werkstoffen vor; auch hier ist die Rißzähigkeit oder die Kerbzähigkeit bedeutend höher als diejenige des ausgehärteten Grundmaterials. Wärmebehandlungen und Auslagern nach dem Schweißen erhöhen die Festigkeit der Schweißverbindung und gleichen die Unterschiede der bruchmechanischen Kennwerte gegenüber dem Grundmaterial aus.

Eine vergleichende Bewertung von geschweißten Aluminiumverbindungen ist aus der Abb. 4.26 ersichtlich.

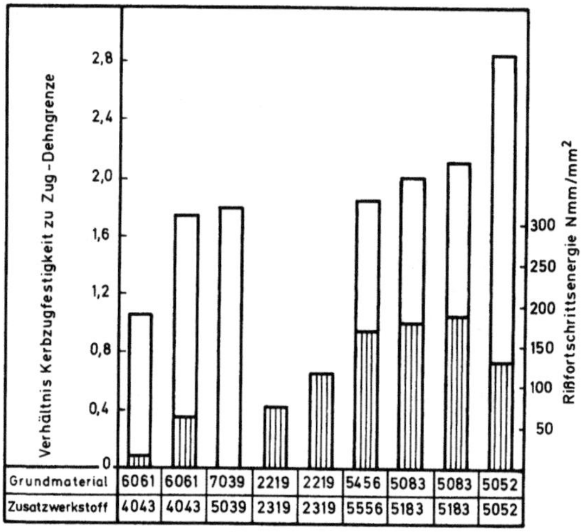

Abb. 4.26 Zur Kerbzähigkeit verschiedener Aluminiumlegierungen bzw. Schweißverbindungen (6061 ≙ AlMgSi1; 7039 ≙ AlZnMg3; 2219 ≙ AlCu6,3Mn0,3; 5456 ≙ AlMg5; 5083 ≙ AlMg4,5Mn; 5052 ≙ AlMg3)

5 Werkstoffprüfung

5.1 Mechanisch technologische Werkstoffprüfung

Die Aufgabe der mechanisch technologischen Werkstoffprüfung ist die Ermittlung von Werkstoffkennwerten. Diese Kennwerte sollen mit möglichst geringem Aufwand reproduzierbar zu ermitteln sein. Die Versuchsdurchführung wird unter Berücksichtigung dieser Umstände so gewählt, daß die gefundenen Meßwerte möglichst physikalisch gedeutet werden können. Allerdings gelingt nur in wenigen Fällen eine eindeutige exakte physikalische Interpretation der gemessenen Kennwerte. Die weitaus größte Zahl der Werkstoffkennwerte sind Vergleichswerte, die zudem das Verhalten der Werkstoffe im Bauteil nur annähernd beschreiben können. Bei der Ermittlung von Werkstoffkennwerten an Schweißverbindungen stößt man wegen des inhomogenen bzw. auch anisotropen Verhalten der Schweißnaht und deren Wärmeeinflußzonen – WEZ – auf zusätzliche Schwierigkeiten. Der Lage der Proben zur Schweißnaht ist bei der Interpretation der Kennwerte besondere Beachtung zu schenken. In der Regel müssen zur Ermittlung der Kennwerte aus Bauteilen oder den zu untersuchenden Werkstoffen Proben entnommen werden, so daß infolge der zumindest teilweisen Zerstörung der untersuchten Probestücke die gefundenen Kennwerte nur über Analogieschlüsse auf ähnlich hergestellte Baukörper übertragen werden können. Da die Werkstoffkennwerte sowohl von der Geometrie der Probekörper, als auch von der Versuchsdurchführung beeinflußt werden, muß für die Versuchstechnik, um die Reproduzierbarkeit zu gewährleisten, eine detaillierte Normung durchgeführt werden.

5.1.1 Festigkeitsprüfungen

Ein zentrales Problem bei der Dimensionierung von Bauteilen ist die Festigkeit der einzelnen Bauglieder gegen äußere Kräfte. Das Verhalten von metallischen Werkstoffen bei einachsiger statischer Zugbeanspruchung kann anhand der Versuchsergebnisse des Zugversuches abgeschätzt werden. Daneben liefert der Zugversuch Grundinformationen für alle mechanischen Beanspruchungen in Bauteilen. Der Zugversuch an Aluminiumwerkstoffen wird an prismatischen, nach DIN 50125 – Grundwerkstoff – DIN 50123 und DIN 50127 – Schweißnähte – genormten Proben durchgeführt. Die Belastung erfolgt mit Zerreißmaschinen, die z.T. sowohl eine verformungsgesteuerte – konstante Dehnungszunahme pro Zeiteinheit – oder kraftgesteuerte – konstante Lastzunahme pro Zeiteinheit – Versuchsdurchführung ermöglichen. Die z.Z. noch weitaus größte Zahl der zur Verfügung stehenden hydraulischen Zerreißmaschinen sind im Wesentlichen verformungsgesteuert, wobei allerdings wegen der Kennlinien der dabei verwendeten Pumpen der unproportionalen Reibungsverluste und der Speicherung von elastischer Energie im Hydrauliksystem und der Zerreißmaschine nicht für die gesamte Dauer des Versuches eine konstante Dehngeschwindigkeit vorliegt. Bei den Aluminiumwerkstoffen werden die Werkstoffkennwerte allerdings nur geringfügig durch die Art der Belastung beeinflußt, wenn die nach DIN 50145 angegebenen Versuchsbedingungen eingehalten werden.

Kraft-Verlängerungs-Diagramm

Durch gleichzeitige Aufzeichnung der an den Zugproben wirkenden Kraft und der über eine bestimmte prismatische Meßlänge gemessenen Verlängerung wird das Kraft(F)-Verlängerungs(Δl)-Diagramm gewonnen. Dabei können die Dehnwerte mit Hilfe von speziellen Dehnwertaufnahmen – z.B. induktive Wegaufnehmer oder Dehnungsmeßstreifen – so genau bestimmt werden, daß der elastische Bereich und der Übergangsbereich zum plastischen Bereich mit für die praktische Anwendung befriedigender Genauigkeit abgebildet werden können. Abb. 5.1 zeigt ein für Aluminiumwerkstoffe typisches Diagramm mit kontinuierlichem Übergang vom elastischen in den plastischen Bereich.

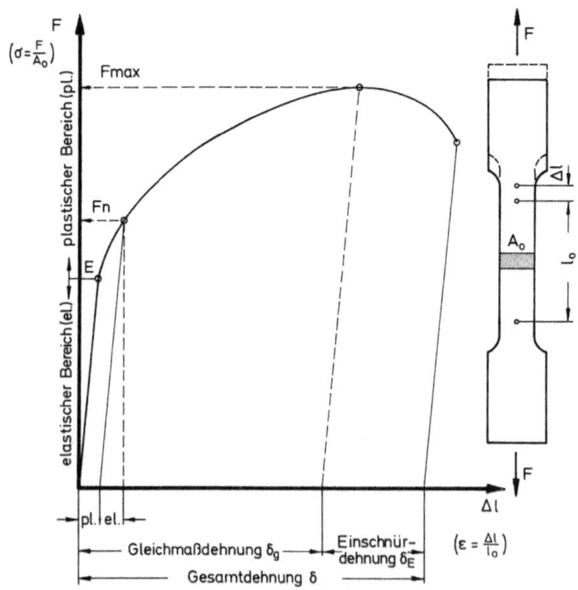

Abb. 5.1 Kraft-Verlängerungs-Diagramm des Zugversuches

Durch Umrechnung der Größen F und Δl in $\sigma = F/A_0$ und in $\epsilon = \Delta l/l_0$ kann daraus auch das auf den Ursprungsquerschnitt bezogene Spannungs-Dehnungs-Diagramm ermittelt werden.

Zugfestigkeit R_m

Die Maximallast F_{max} des Kraft-Verlängerungs-Diagrammes, bezogen auf den Urspungsquerschnitt A_0, ergibt die von der Probe maximal ertragbare Spannung, wenn auch bei dieser Spannung der Bruch noch nicht eintritt, ist eine Laststeigerung dennoch nicht mehr möglich. Die Zugfestigkeit ist definiert mit

$$R_m = \frac{F_{max}}{A_0}$$

Formdehngrenzen

Wird der Zugversuch bei einer beliebigen Last unterbrochen, federt die durch die Kraft verlängerte Probe in ihre ursprüngliche Länge zurück, wenn der Elastizitätspunkt nicht überschritten wurde. Wird die Probe z.B. von der Last F_n ausgehend entlastet, so federt nur ein Teil der unter Last gemessenen Verlängerung zurück. Es bleibt ein Anteil an Verformung auch nach der Entlastung. Dieser Anteil wird als plastischer Verformungsanteil bezeichnet. Unter der Voraussetzung, daß sich die plastische Verformung gleichmäßig über die gesamte Meßlänge l_0 einstellt, kann dieser auch prozentual — bezogen auf l_0 — ausgedrückt werden. Da einerseits die genaue Ermittlung des Punktes E aus versuchstechnischen Gründen schwierig ist und andererseits im Hinblick auf das Tragverhalten von Bauteilen geringe plastische Deformationen in den meisten Fällen toleriert werden können, führt man für die praktische Bemessung als Übergangsgrenze zwischen den elastischen und den plastischen Bereich Formdehngrenzen — Ersatzstreckgrenzen — ein. Im Bauwesen übliche Formdehngrenze im Zugversuch ist die 0,2 %-Dehngrenze. Als Spannung für die Formdehngrenze wird definiert

$$R_{pn} = \frac{F_n}{A_0} \quad \text{(z.B. n = 0,2 \%, 0,1 \%, 0,05 \%)}$$

F_n Kraft, bei der ein plastischer Dehnungsanteil von n-Prozent auftritt

Bruchdehnung

Neben den bisher erläuterten Spannungswerten, die für die Aussagen über das Tragverhalten von Bedeutung sind, kann die nach dem Zerreißen aufgetretene bleibende Verlängerung der Zugprobe im Meßlängenbereich l_0 Aussagen über das plastische Verformungsvermögen liefern. Die Bruchdehnung wird als prozentuale Längenänderung der Meßlänge nach dem Zerreißen der Probe bestimmt.

$$\delta = \frac{l_1 - l_0}{l_0} \cdot 100\,\% = \frac{\Delta l}{l_0} \cdot 100\,\%$$

Dabei muß berücksichtigt werden, daß sich der Gesamtdehnungswert der Bruchdehnung aus der Gleichmeßdehnung und der Einschnürdehnung zusammensetzt. Die Gleichmeßdehnung ist die plastische Dehnung der Probe, die sich gleichmäßig über die gesamte Meßlänge bis zum Erreichen der Höchstlast F_{max} einstellt. Als Einschnürdehnung bezeichnet man den Dehnungsanteil, der sich örtlich im Bereich der Bruchstelle nach dem Überschreiten von F_{max} ergibt. In Abb. 5.2 sind die plastischen Längsverformungen einer Zugprobe am Grundwerkstoff durch die Auftragung der partiellen – über kleine Meßstrecken, 5 mm Abstand – gemessenen Dehnungen dargestellt.

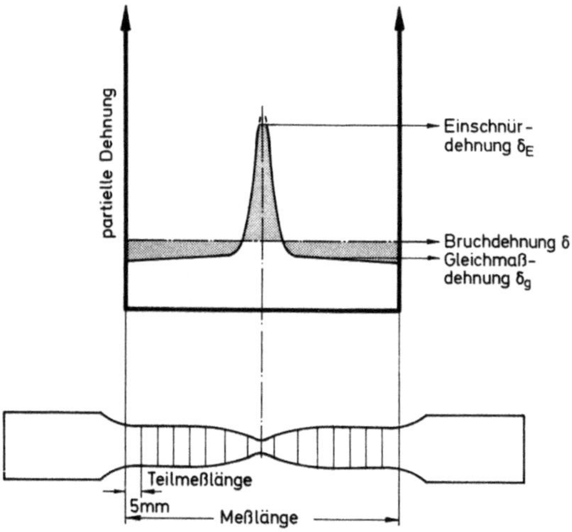

Abb. 5.2 Verteilung der partiellen Dehnung über die Meßlänge; Zugversuch am ungeschweißten Grundwerkstoff

Aus diesem Bild geht hervor, daß die Bruchdehnung der über die Meßlänge integrierte Mittelwert der partiellen Dehnungen ist. Daraus erklärt sich auch, daß die Bruchdehnung von der gewählten Meßlänge abhängig ist und bei gleichem Werkstoff und gleicher Versuchsdurchführung umso höher ist, je geringer die Meßlänge gewählt wurde, weil dann der Einfluß der Einschnürdehnung überwiegt. Bei Zugversuchen quer zu Schweißnähten mit WEZ können partielle Dehnungsverteilungen einen Überblick über das plastische Verformungsverhalten quer zur Schweißnaht vermitteln (Abb. 5.3).

Quereinschnürung

Neben der Bruchdehnung ist die prozentuale Verringerung der Bruchquerschnittsfläche ein Maß für das plastische Verformungsvermögen des geprüften Werkstoffes.

$$\psi = \frac{A_0 - A_l}{A_0} \cdot 100\,\%$$

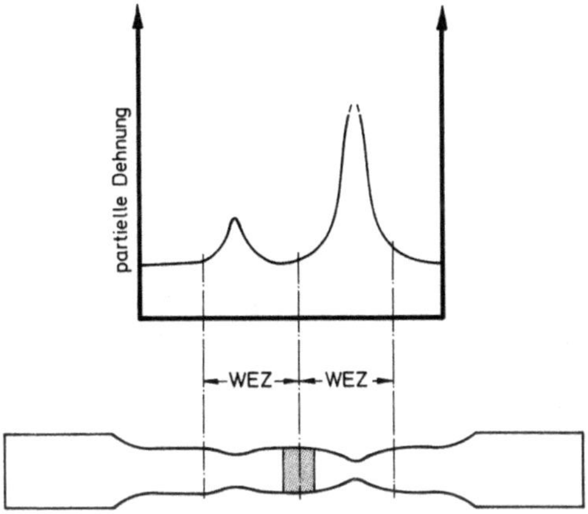

Abb. 5.3 Verteilung der partiellen Dehnung über die Meßlänge; Zugversuch quer zu einer Stumpfnaht

Elastizitätsmodul

Der Elastizitätsmodul beschreibt die Verformung im elastischen Bereich. Er ist der Proportionalitätsfaktor der elastischen Geraden im Spannungs-Dehnungsdiagramm.

$$\sigma = E \cdot \epsilon$$

$$E = \frac{\sigma}{\epsilon} = \frac{F}{A} \cdot \frac{l_0}{\Delta l} \quad (N/mm^2)$$

F beliebige Kraft, jedoch im Bereich der elastischen Geraden im σ-ϵ-Diagramm

Δl Dehnweg, die bei der gewählten Kraft P vorliegt

l_0 Meßlänge, über die Δl gemessen wurde

Der Elastizitätsmodul kann für einzelne Aluminiumlegierungen geringfügig verschieden sein und ist z.T. auch von der plastischen Vorverformung abhängig. Das bedeutet, daß die Entlastungs- und Belastungsgeraden im Kraft-Verlängerungs- bzw. σ-ϵ-Diagramm nicht in jedem Fall exakt parallel zur ersten Belastungsgeraden sind.

Zugversuche quer zu Aluminium-Schweißverbindungen

Die in der Regel quer zu den Schweißverbindungen angeordneten Zugproben, z.B. nach DIN 50123, ermöglichen das Versagen der Probe in der schwächsten Zone – Grundwerkstoff, WEZ oder Schweißgut –. Durch partielle Messungen des Dehnungsverhaltens mittels Dehnungs-Meßstreifen kann ein vertiefter Einblick in das z.T. stark unterschiedliche Spannungs-Dehnungs-Verhalten der Bereiche Grundwerkstoff, WEZ und reines Schweißgut gewonnen werden. Abb. 5.4 zeigt ein typisches Ergebnis einer solchen Prüfung.

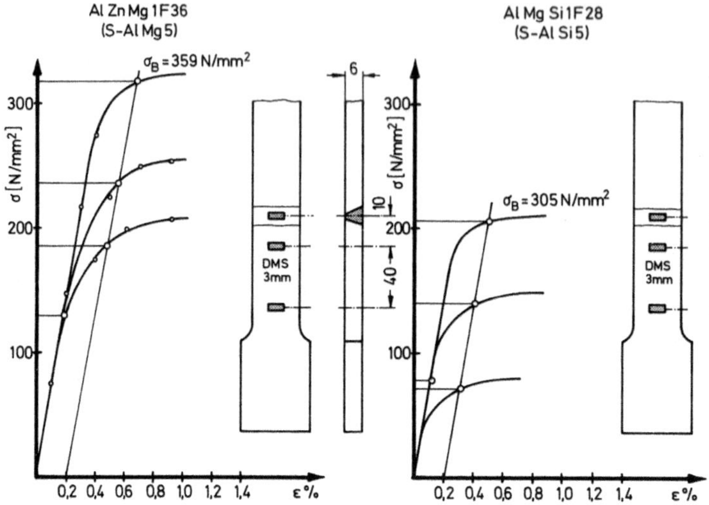

Abb. 5.4 Spannungs-Dehnungs-Verhalten quer zur Schweißnaht

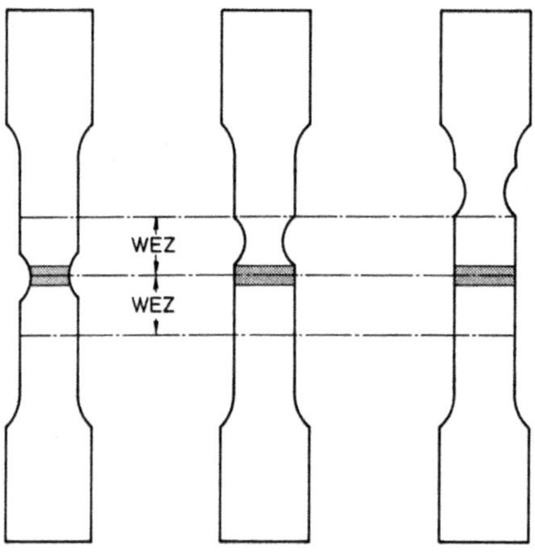

Abb. 5.5 Ermittlung der Zugfestigkeit im reinen Schweißgut, der WEZ und im unbeeinflußten Grundwerkstoff

Anhand derartiger Messungen sind genauere Aussagen über die Formdehngrenzen in den einzelnen Schweißnahtbereichen möglich. Um die Bruchspannungen der genannten Bereiche beurteilen zu können, müssen Proben mit gezielten Einkerbungen in diesen Zonen angefertigt werden (Abb. 5.5). Bei der Ermittlung der Zugfestigkeit sind dann allerdings die durch die Einkerbungen hervorgerufenen Formfaktoren zu berücksichtigen.

5.1.2 Prüfung des plastischen Verformungsvermögens

Das plastische Verformungsvermögen der Konstruktionswerkstoffe wird bei der spanlosen Bearbeitung, z.B. beim Abkanten, ausgenützt. Neben den berechneten Spannungen aus Betriebslasten wirken in Bauteilen meist auch Nebenspannungen, wie z.B. Eigenspannungen. Insbesondere an Kerbrändern können durch die Überlagerung örtlich hohe Spannungsspitzen entstehen. Diese Spannungsspitzen erreichen bei rein elastischen Werkstoffen sehr hohe Werte, so daß spontaner Rißfortschritt – Sprödbruch – eintreten kann. Nach der Erfahrung, als auch nach den Regeln der Bruchmechanik tritt dann ein Riß ein, wenn den angelegten Nennspannungen zugeordnete kritische Fehlergrößen bzw. Kerben vorliegen. Bei extrem unplastischen Werkstoffen – z.B. Glas – reichen relativ niedere Spannungen und kleine Fehlergrößen aus, den Sprödbruch auszulösen. Die Gefahr von Sprödbrüchen bei Werkstoffen mit hohem plastischen Verformungsvermögen ist gering, da hier ein Spannungsabbau infolge örtlicher Fließvorgänge möglich ist. Es wurde eine Reihe von Prüfmethoden entwickelt, um die Neigung zum Sprödbruch beurteilen zu können. Entscheidende Hinweise über das Sprödbruchverhalten und die Fähigkeit, Spannungsspitzen durch plastische Verformungen abzubauen, kann auch aus den klassischen Verformungskennwerten, wie z.B. Bruchdehnung, Gleichmaßdehnung, Einschnürdehnung, Quereinschnürung, Faltversuch und Kerbschlagbiegeversuch gewonnen werden. Die Ermittlung der Bruchdehnung und der Quereinschnürung wurde bereits beschrieben. Diese Kennwerte geben nur das Verhalten bei einachsiger Zugbeanspruchung wieder. Der Faltversuch, dessen Versuchsdurchführung in Abb. 5.6 dargestellt ist, kann die plastische Verformbarkeit bei ungleichförmiger Spannungsverteilung – Biegebeanspruchung – beschreiben.

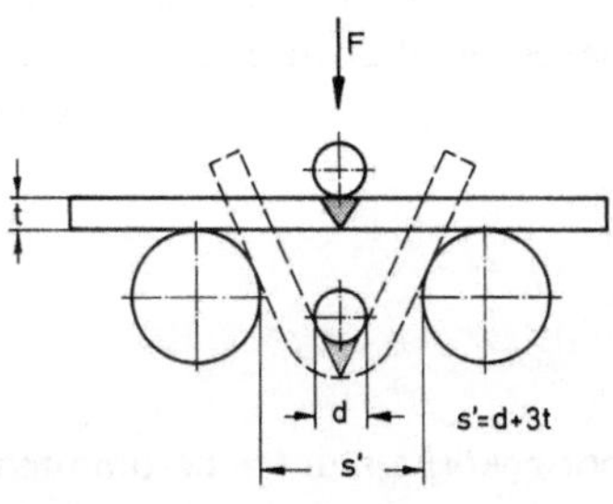

Abb. 5.6 Faltversuch quer zur Schweißnaht mit freier Verformungsmöglichkeit

Prüfgröße bzw. Kennwert hierbei ist der erreichte Biegewinkel bis zum ersten Anriß bei konstant gehaltenen Biegedorndurchmesser d, Rollenabstand *l* und Blechdicke t. Bei der Prüfung von Schweißverbindungen mit sehr unterschiedlichen plastischen Verformungsvermögen in den auf Biegung beanspruchten Zonen treten bei der üblichen Versuchsdurchführung nach Abb. 5.6 unübersichtliche Versuchsbedingungen durch Ausweichen der Probe auf. Dem kann man durch geführte Faltversuche

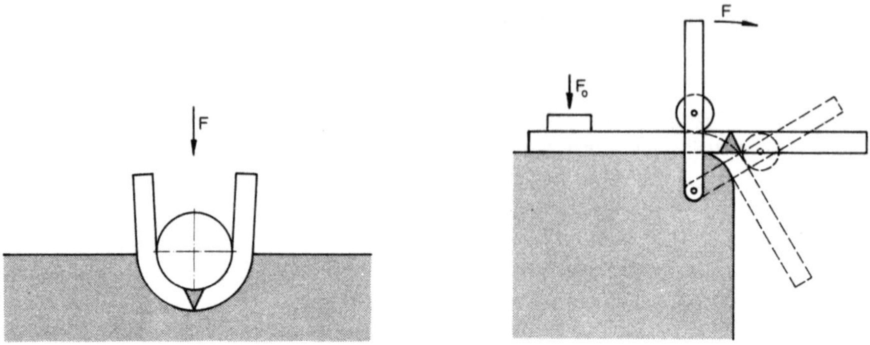

Abb. 5.7 Faltversuch quer zur Schweißnaht mit erzwungener Verformung

nach Abb. 5.7 begegnen. Allerdings ist bei diesen Versuchsdurchführungen nicht festzustellen, bei welchem Biegewinkel ein Bruch eintritt. Die Proben können nur nach erfüllt und nicht erfüllt eingeteilt werden.

Der Kerbschlagbiegeversuch zeichnet sich durch seine im Hinblick auf das Sprödbruchverhalten scharfen Prüfbedingungen – scharfer Kerb, hohe Belastungsgeschwindigkeit – aus. Daneben gestattet es der Versuchsaufbau und die Versuchsdurchführung, die Prüfung mit relativ geringem Aufwand bei verschiedenen Temperaturen durchzuführen. Alle Prüfverfahren zur Ermittlung des plastischen Verformungsvermögens sind bei Aluminiumwerkstoffen und deren Schweißverbindungen von untergeordneter Bedeutung, da die Aluminiumwerkstoffe – insbesondere die 6 Regellegierungen des Bauwesens – und in aller Regel auch ihre Schweißverbindungen bis hin zu tiefsten Temperaturen zäh sind bzw. nicht zum Sprödbruch neigen. Der Faltversuch dient vor allem mittels gekerbter Proben auch zur Aufdeckung von makroskopischen Schweißnahtfehlern und besitzt daher praktische Bedeutung.

5.1.3 Härteprüfung

Als Härte wird der Eindringwiderstand eines Eindringkörpers unter bestimmten Versuchsbedingungen definiert. Durch Härteprüfungen werden die geprüften Teile teilweise beschädigt. Für Bauteile, an welchen die entstandenen Härteeindrücke nicht stören, können die Härteprüfverfahren auch als zerstörungsfreie Prüfverfahren bezeichnet werden. Die gefundenen Härtewerte besitzen zunächst nur einen geringen Informationswert. Eine Aussage für das Verhalten der Werkstoffe in Bauteilen kann aus den Härtewerten nicht direkt abgeleitet werden. Die Härte ist als ein Maß für das plastische Fließ- und Verfestigungsvermögen bei mehrachsiger Druckbeanspruchung aufzufassen. Zwischen der Zugfestigkeit und der Härte besteht ein angenähert proportionaler Zusammenhang, $R_m = m \cdot HB$ (R_m in N/mm²; HB in N/mm²). Der Proportionalitätsfaktor m schwankt bei den sechs Regellegierungen nach DIN 4113 zwischen ca. 0,32 und 0,39. Auch innerhalb einer Legierungsgruppe kann der Umrechnungsfaktor m so ungenau sein, daß bei den Aluminiumlegierungen in aller Regel keine sichere Abschätzung der Festigkeit aus den Härtewerten möglich ist.

Trotzdem liefern Härtedifferenzen bzw. Härteverteilungen an einem Bauteil – z.B. Härteverteilung quer zu einer Schweißnaht – wertvolle Hinweise über Festigkeitsveränderungen. Aus den Härteverläufen quer zu einer Schweißnaht lassen sich die Breiten der WEZ feststellen. Für die praktische Anwendung ist vor allem die Brinellprüfung von Bedeutung. Die Vickersprüfung führt bei Prüflasten unter ca. 10 kp zu unbefriedigenden Ergebnissen, da die entstehenden relativ kleinen Eindrücke in der Größenordnung der Korndurchmesser liegen können und dadurch wegen der von Korn zu Korn unterschiedlichen Gitterorientierung relativ hohe Streuungen möglich sind.

Brinellprüfung

Das Verfahren ist genormt nach DIN 50351. Als Eindringkörper wird eine gehärtete Stahlkugel angewendet. Der Durchmesser der Kugel soll im Regelfall 10 mm, 5 mm oder 2,5 mm betragen. Die Härte wird definiert als die sich einstellende Flächenpressung bei der nach Abb. 5.8 dargestellten Versuchsanordnung.

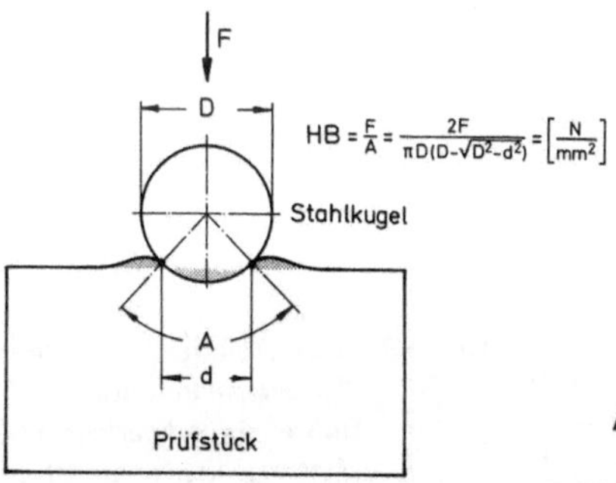

Abb. 5.8 Brinellhärteprüfung

Die Prüflast P wird so gewählt, daß Eindruckdurchmesser der Größe 0,2–0,7 D erreicht werden. Das wird erreicht, wenn die Prüfkraft nach der Beziehung

$$F = k \cdot D^2$$

F Prüfkraft

k Belastungsfaktor

D Kugeldurchmesser

ermittelt wird, wobei für k (Belastungsfaktor) der Wert 10 für weiche Aluminiumwerkstoffe oder 30 für harte Aluminiumwerkstoffe und Stahl eingesetzt wird. Durch das Eindringen der gehärteten Stahlkugel in den weicheren Werkstoff entsteht um den Bereich des Eindruckes eine plastisch verformte – verfestigte – Zone. Daher können die Härteeindrücke nicht in beliebig engen Abstand nebeneinander angeordnet werden. Der Mindestabstand beträgt 2,5 × d (d Eindruckdurchmesser). Das ist auch gleichzeitig die Mindestdicke der Probekörper, um den evtl. Einfluß der Unterlage auf das Prüfergebnis auszuschließen. Neben den Regeldurchmessern der Stahlkugel nach DIN 50 351 können auch andere Durchmesser – vor allem kleinere – sinnvoll sein, damit, um entsprechend kleine Eindrücke zu erhalten, auf engen Raum möglichst viele Eindrücke nebeneinander angeordnet werden können. Die entstehenden Eindruckdurchmesser müssen jedoch noch so groß sein, daß mehrere Körner – mit unterschiedlicher Kristallorientierung – erfaßt werden, um repräsentative Härtewerte zu erhalten. Trotz genügend großer Härteeindrücke, sorgfältiger Versuchsdurchführung und Prüfung eines homogenen Werkstoffes treten verfahrens- und versuchstechnisch begründete Streuungen auf. Abb. 5.9 zeigt eine statistische Auswertung mehrerer Härteeindrücke an Stahl und AlMgSi 1 F 32 unter verschiedenen Versuchsbedingungen.

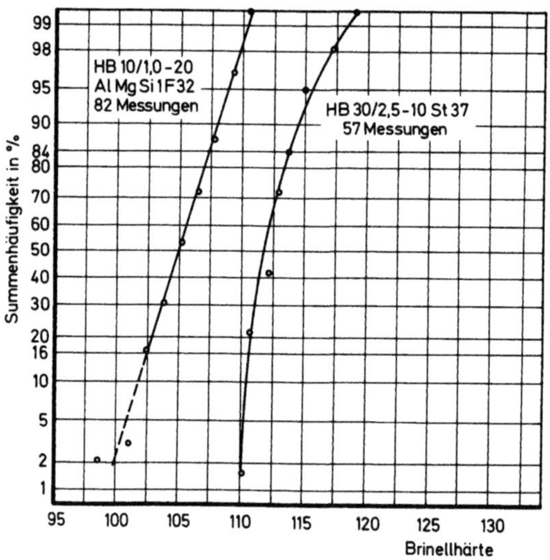

Abb. 5.9 Häufigkeitsverteilung der Härtewerte im unbeeinflußten Grundwerkstoff; Messungen an einem Blech

Aus dieser Darstellung kann abgelesen werden, daß für Aluminiumwerkstoffe, die der dort geprüften Legierung AlMgSi 1 F 32 entsprechen, auch Kugeldurchmesser von 1 mm zu befriedigend geringen Streuungen führen. Die wichtigste Anwendung für die schweißtechnische Praxis ist die Ermittlung von Härteverläufen quer zu Aluminiumschweißverbindungen. Abb. 5.10 zeigt drei Härteverläufe von Aluminiumlegierungen.

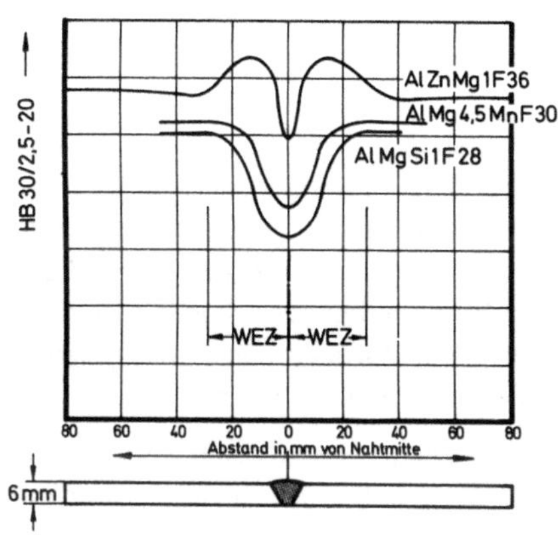

Abb. 5.10 Härteverläufe quer zur Schweißnaht

5.2 Korrosionsprüfungen

Die gute Korrosionsbeständigkeit der Aluminiumwerkstoffe ist für deren Anwendung oft ausschlaggebend. Ob im Einzelfall die auftretende Korrosionsbeanspruchung ohne unzulässige Schädigung ertragen werden kann, ist, wenn entsprechende Erfahrungen hierüber nicht vorliegen, meist nur durch anwendungsbezogene Korrosionsversuche abzuschätzen. Da die Korrosionseinwirkung am Bauwerk sich über längere Zeiträume erstrecken, die Versuche aber in relativ kurzen Zeiträumen abgeschlossen sein müssen, werden entweder verschärfte Prüfbedingungen gewählt oder Ergebnisse aus Kurzzeitversuchen hochgerechnet. Bei der Versuchsplanung ist bereits zu berücksichtigen, welche Art der Korrosion zu erwarten ist. Bei allen Versuchen, die auf geschweißte Bauteile übertragen werden sollen, muß auf dem im Bereich von Schweißnähten vorhandenen mehrachsigen Eigenspannungszustand Rücksicht genommen werden, der bei relativ kleinen Proben meist nicht vorliegt. Die Laborprüfungen erfolgen meist mittels Versuchsaufbauten, die es gestatten, die Konzentration der angreifenden Medien konstant zu erhalten. Bei einigen Prüfungen wird allerdings darauf verzichtet, und auch die Veränderung des angreifenden Mediums durch die entsprechenden Korrosionsprodukte für die Auswertung des Verhaltens mit herangezogen. Soll neben dem Einfluß von Eigenspannungen auch die Wirkung von aufgeprägten Spannungen untersucht werden – bei Spannungsrißkorrosion und Ermüdungskorrosion – sind die Versuchsaufbauten wegen der dabei notwendigen Belastungseinrichtungen kompliziert. Ähnlich wie bei der mechanisch technologischen Werkstoffprüfung muß auch hier durch eine strenge Normung der Versuchsdurchführung dafür gesorgt werden, daß die gewonnenen Ergebnisse vergleichbar sind. Die zu beachtenden Definitionen bei Klimabeanspruchungen sind in DIN 50 010 geregelt.

5.2.1 Naturversuch

Die verläßlichsten Angaben sind aus wirklichkeitsnahen Versuchen unter natürlichen, den Betriebsbeanspruchungen entsprechenden Bedingungen zu gewinnen. Sie sind jedoch zeitraubend. Oft können nicht alle während des Betriebes denkbaren Korrosionsbelastungen bei der Durchführung weniger Versuche simuliert werden. Ein typisches Beispiel für Naturversuche sind Bewitterungsversuche an Industrieatmosphäre oder Versuche, bei welchen Parallelproben aus dem zu untersuchenden Werkstoff an Bauten in exponierter Position befestigt werden.

Beurteilungskriterien bei der Auswertung sind Gewichtsveränderungen sowie die sich einstellende Oberflächenbeschaffenheit und die Beschaffenheit der entstehenden Korrosionsprodukte. Bei der Hochrechnung der Ergebnisse ist zu beachten, daß die Korrosionsgeschwindigkeit, z.B. ausgedrückt in Gewichtsverlust pro Oberfläche und Zeiteinheit in Abhängigkeit von der Zeit, sowohl progressiv, bei korrosivem Charakter der entstehenden Korrosionsprodukte, als auch degressiv, bei Schutzwirkung der gebildeten Korrosionsprodukte, sein kann.

5.2.2 Chemische Korrosionsuntersuchungen ohne zusätzliche mechanische Beanspruchung DIN 50 905 (Teil 1 bis 4)

Um das Verhalten von verschiedenen Metallen beim Angriff eines Mediums oder eines Metalles in verschiedenen Medien vergleichen zu können, führt man chemische Korrosionsuntersuchungen in Form von Laborversuchen durch. Die Vergleichsuntersuchungen können auf die tatsächliche Beanspruchung nur dann übertragen werden, wenn Versuchswerte für Vergleichswerkstoffe und Vergleichslösungen vorliegen, deren Verhalten gegenüber der tatsächlichen Beanspruchung bekannt sind. Der Werkstoffzustand ist den Verhältnissen am zu beurteilenden Bauwerk anzupassen. So genügt es z.B. nicht, nur auf die chemische Analyse Rücksicht zu nehmen. Der Zustand des Werkstoffes, der Oberfläche, die Gefügebeschaffenheit und die im speziellen Fall vorliegenden Schutzschichten sowie die Größe der Probekörper, sind z.B. den Korrosionsablauf wesentlich beeinflussende Faktoren. Die nach diesen Versuchen gewonnenen, in DIN 50 905 T2, 3 beschriebenen Korrosionsgrößen, bei gleichmäßiger bzw. ungleichmäßiger Korrosion, können daher nur Anhaltswerte für das reale Verhalten der Werkstoffe im Bauteil sein.

5.2.3 Korrosionsprüfung von Leichtmetallen mit zusätzlicher mechanischer Beanspruchung DIN 50 908

Die Einzelheiten der Prüfung bei gleichzeitiger Einwirkung statischer Spannungen und korrosiver Medien auf Aluminiumlegierungen sind in DIN 50 908 beschrieben. Bei allen darin enthaltenen Probeformen bzw. deren Belastung werden Biegespannungen erzeugt. Mit diesen Probeformen können die Bedingungen bei relativ großer plastischer Verformung des Werkstoffes gut nachgeahmt werden. Wirklichkeitsnäher sind Versuche mit einachsiger, axialer Zugbeanspruchung im rein elastischen Bereich. Derartige Versuche erfordern einen erhöhten Versuchsaufwand. In Abb. 5.11 ist eine derartige Versuchseinrichtung dargestellt.

Abb. 5.12 zeigt an einem speziellen Beispiel die unterschiedlichen Prüfergebnisse bei der Anwendung von Biegespannungen und axialen Zugspannungen bei gleichen Versuchsbedingungen.

5.3 Metallographische Prüfverfahren

Die metallographischen Prüfverfahren sollen einen Einblick in den Gefügeaufbau der Werkstoffe vermitteln. Je nach der bei der Untersuchung angewendeten Vergrößerung unterscheidet man mikroskopische (über ca. 50fache) und makroskopische (unter ca. 50fache) Arbeitsmethoden. Durch mikroskopische Untersuchun-

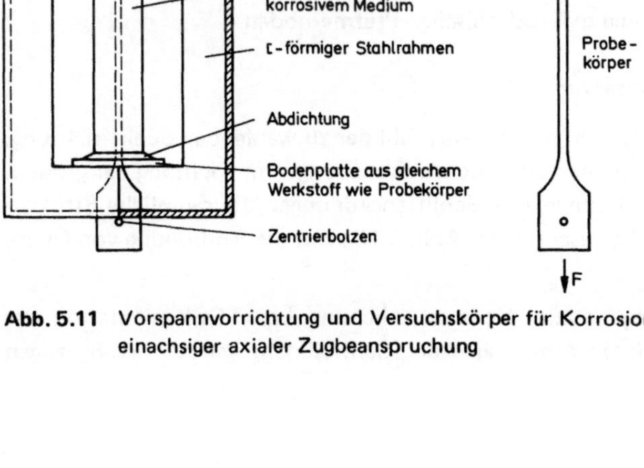

Abb. 5.11 Vorspannvorrichtung und Versuchskörper für Korrosionsprüfung mit zusätzlicher einachsiger axialer Zugbeanspruchung

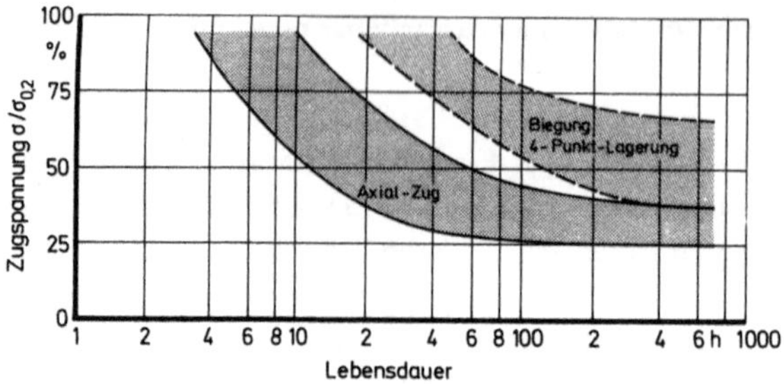

Abb. 5.12 Vergleich der Spannungsrißkorrosions-Anfälligkeit durch Zug bzw. Biegezug mit konstanter Last (nach Brenner und Gruhl); Werkstoff: AlZn5,3Mg3,7Mn0,3Cr0,1; Angriffsmedium: 3 % NaCl + 0,1 % H_2O_2

gen können die einzelnen Phasen bzw. Gefügekörner und Ausscheidungen sichtbar gemacht werden. Derartige Informationen sind vor allem für die Werkstoffentwicklung, die Optimierung von Schweißverfahren und Schadensfallaufklärung von Interesse.

Makroskopische Untersuchungen zeigen Gefügeveränderungen über größere Werkstoffbereiche von ca. 10^{-1} mm an. In der Schweißtechnik können mit Hilfe von makroskopischen Methoden, insbesondere der Nahtaufbau von Schweißnähten, anschaulich dargestellt werden. Zur metallographischen Untersuchung müssen die zu beurteilenden Werkstoffflächen entsprechend vorbereitet werden. Das kann auch an Werkstücken ohne deren Zerstörung ambulant erfolgen. Derartige Untersuchungen geben jedoch nur Aufschluß über die Gefügeausbildung in einer Richtung, der Oberflächenrichtung wieder. Zudem sind solche Untersuchungen praktisch – wegen der dabei notwendigen transportablen Einrichtungen – schwierig durchzuführen. Von praktischer Bedeutung sind die zerstörenden Arbeitsmethoden, die an Proben – Schliffen – vorgenommen werden, die in beliebiger Lage aus dem Bauteil oder Parallelproben ausgearbeitet wurden. Die metallographische Prüfung ist demnach in der Regel ein zerstörendes Prüfverfahren. In der schweißtechnischen Praxis von Bedeutung sind vor allem die makroskopischen Prüfmethoden.

Makroskopische Arbeitsverfahren

Die Probenvorbereitung beginnt mit der Auswahl der zu wählenden Schliffrichtung. Durch die sich in Schweißnähten ausbildende Erstarrung – in Richtung der größten Abkühlgeschwindigkeit – können drei Schliffanordnungen die räumliche Struktur der Schweißnaht vollständig beschreiben. Abb. 5.13 zeigt die Anordnung von Quer-, Längs- und Flachschliffen.

Da Makroschliffe vorwiegend zur Veranschaulichung bzw. Dokumentation des Nahtaufbaues – Schweißnahtform, Lagenzahl, Schweißnahtfehler – herangezogen

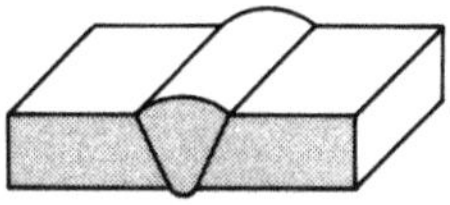

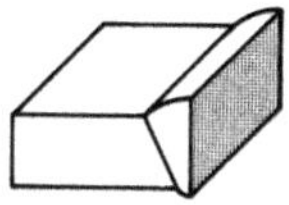

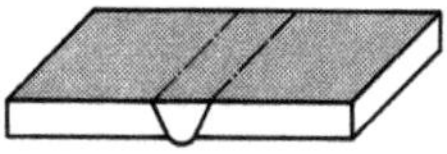

Abb. 5.13 Möglichkeiten der Schliffanordnung

werden, ist der Querschliff die am häufigsten angewendete Schlifform. Das Ausarbeiten der Schliffe aus dem Werkstück muß so erfolgen, daß keine wesentlichen Gefügeveränderungen eintreten. Diese Voraussetzung erfüllen die spanabhebenden Bearbeitungsverfahren wie Sägen, Fräsen, Hobeln, Schleifen – sofern eine genügende Kühlung der Probe vorliegt –. Der nächste Bearbeitungsschritt dient der Beseitigung der durch die Ausarbeitung entstandenen Verformungsschicht der Schnittkanten durch Feinschleifen mit Körnungen zwischen 200 und 600, z.B. auf rotierenden Schleifscheiben. Die dann noch verbleibende geringe Verformungsschicht wird durch Anätzen der zu beurteilenden Oberfläche beseitigt. Gleichzeitig tritt durch das Ätzen ein unterschiedlicher chemischer Angriff der einzelnen Gefügebestandteile ein. Der chemische Abtrag wird durch die Art des vorliegenden Gefüges, die Kristallorientierung und die Art des Ätzmittels wesentlich beeinflußt. Abb. 5.14 zeigt einen typischen Querschliff einer Al-Schweißnaht mit dem Härteverlauf.

Als Makro-Ätzmittel für Schweißnähte an Aluminiumwerkstoffen haben sich bewährt:

Ätzmittel nach Adler für

AlMgSi 1 (0,5)
AlMg4,5Mn
AlMg3
AlMg

Zusammensetzung: 3g Kupferammonium-II-chlorid in 25 ml destilliertem Wasser auflösen (Lösung 1) und 15 g Eisen-III-chlorid in 50 ml konz. Salzsäure auflösen (Lösung 2). Lösung 1 und 2 zusammenschütten.

Ätzmittel für AlZnMg1 und die oben genannten Werkstoffe.

Zusammensetzung: 10 ml konz. Salzsäure, 10 ml konz. Salpetersäure, 10 ml Flußsäure, 2,5 ml Wasser. Dieses Ätzmittel muß in einer Hartgummiflasche aufbewahrt werden, da Flußsäure Glas angreift.

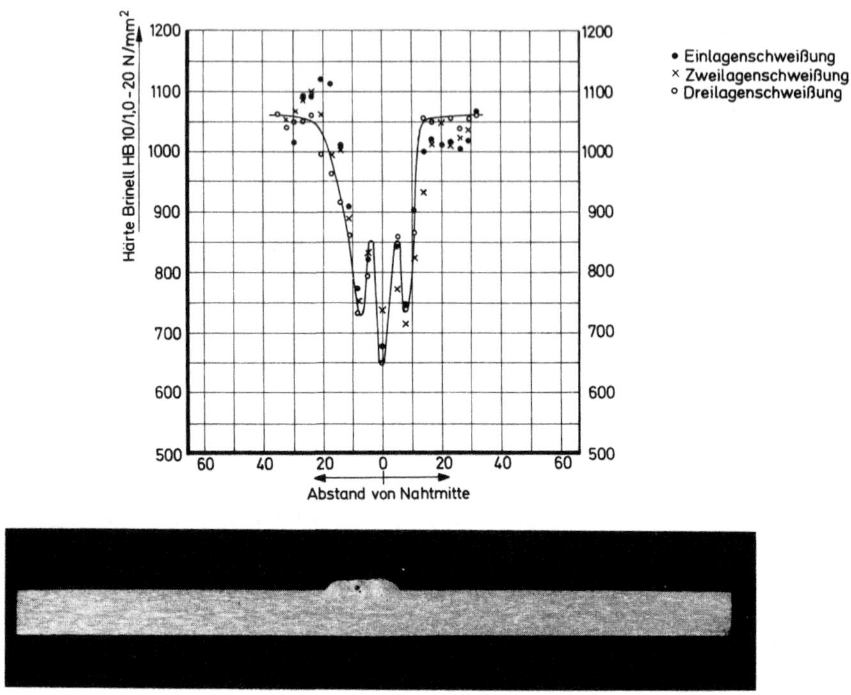

Abb. 5.14 Makroschliff mit Härteverteilung quer zur Naht; MIG-Schweißung; Grundwerkstoff AlMgSi 1 F32; Lichtbogenspannung 22,5 V; Schweißstrom 200 A; Schweißgeschwindigkeit 0,86 cm/s

Die Ätzung wird als Wischätzung ausgeführt, d.h. ein mit dem Ätzmittel getränkter Wattebausch wird mittels einer nichtrostenden Zange über die vorbereitete Schlifffläche gewischt. Anschließend erfolgt ein gründliches Abwaschen der Ätzmittelreste unter fließendem Wasser.

Auf Querschliffen durchgeführte Härteprüfungen sind gut geeignet, Erweichungszonen im Bereich von Schweißnähten darzustellen (siehe Abb. 5.13). Die Arbeitsfolge bei der Herstellung von Makroschliffen läßt sich wie folgt zusammenfassen:

Probeentnahme — Durch Sägen, Fräsen, Hobeln, so daß keine wesentliche Gefügeveränderung auftritt. Zweckmäßige Lage der Schlifffläche wählen.

Probevorbereitung — Stufenweises Schleifen der Probe, z.B. auf rotierenden mit Schleifpapier bespannten Scheiben. Das Schleifen erfolgt zunächst auf einem Papier der Körnung 200 und wird, nachdem nur noch Schleifriefen dieser Körnung sichtbar sind, mit einem Papier der Körnung 320, dann 400 und evtl. auch noch 600 wiederholt.

Schliffreinigung Um anhaftenden Schleifstaub zu entfernen, werden die Schliffflächen sorgfältig am zweckmäßigsten mit Methylalkohol gereinigt.

Ätzen Die Schlifffläche wird mit dem Ätzmittel behandelt und anschließend unter fließendem Wasser von noch anhaftendem Ätzmittel gereinigt.

Dokumentation Zur Dokumentation können die Schliffe mit üblichen Fotoeinrichtungen — zweckmäßig sind Reproeinrichtungen — senkrecht zur Schlifffläche fotografiert werden.

Da bei Aluminiumschweißnähten die Wärmeeinflußzonen von Bedeutung sind, sollten die Schliffe so groß gewählt werden, daß diese miterfaßt werden. Das ist der Fall, wenn mindestens 50 mm auf beiden Seiten der Schweißnaht zur Schlifffläche gehören. Zwar können die Erweichungszonen durch die üblichen Ätzbehandlungen nicht sichtbar gemacht werden, die auf der Schlifffläche möglichen Härteprüfungen zeigen diese jedoch deutlich auf.

5.4 Zerstörungsfreie Prüfverfahren

Bei der Konstruktion und Berechnung von Bauteilen geht man von einer relativen Fehlerfreiheit der Schweißverbindung aus. Die beim Betrieb auftretenden Spannungen sind von den Schweißverbindungen nur dann mit ausreichender Sicherheit ertragbar, wenn keine makroskopischen Fehler in unzulässiger Häufigkeit wie z.B. Poren oder Bindefehler vorliegen, die wegen der damit verbundenen Querschnittsverminderung und der Kerbwirkung das statische und dynamische Tragverhalten ungünstig beeinflussen. Es ist Aufgabe der zerstörungsfreien Werkstoffprüfung, derartige Fehlstellen an Bauteilen aufzufinden. Da bei zerstörungsfrei geprüften Schweißverbindungen eine geringere Fehlerhäufigkeit angenommen werden kann als bei ungeprüften, sind die zulässigen Spannungen geprüfter Nähte entsprechend höher.

Allerdings sind trotz umfangreichster zerstörungsfreier Prüfungen bestimmte Schweißnahtfehler nie ganz auszuschließen. Bei der folgenden Beschreibung der üblichen Prüfverfahren wird aufgezeigt, daß jede Prüfmethode eine Nachweisgrenze gegen ungünstig gelagerte Fehler besitzt. Ob und in welchem Umfang zerstörungsfreie Prüfmethoden in der Praxis angewendet werden, ist meist nur nach einer Abwägung zwischen den Prüfkosten, den Ersparnissen an eingesetzten Werkstoffen infolge erhöhter zulässiger Spannungen, zu entscheiden. Bei gewissen Anwendungsfällen, z.B. mit hoher Schadenserwartung, kann die zerstörungsfreie Prüfung auch aus Sicherheitsgründen zur Einschränkung des Risikos sinnvoll sein.

5.4.1 Durchstrahlungsprüfung

Bei der Durchstrahlungsprüfung können mit Hilfe von kurzwelligen elektromagnetischen Wellen (Rö-Strahlen oder γ-Strahlen) Schattenbilder fester Körper hergestellt werden. Für Aluminiumlegierungen sind in der allgemeinen Praxis nur Röntgenstrahlen von Bedeutung. Die Erzeugung der Röntgenstrahlen erfolgt mit speziellen Röntgenanlagen, die eine Anpassung der Strahlenqualität – Härte bzw. Kurzwelligkeit – und der Strahlenintensivität – Menge der Strahlen, Dichte der Strahlung und Zeitdauer der Strahlung – an das zu prüfende Objekt gestatten. Die wichtigsten Eigenschaften für die Anwendung in der zerstörungsfreien Werkstoffprüfung der Röntgenstrahlen sind:

- Sie durchdringen feste Körper, wobei allerdings eine gewisse Schwächung der Strahlung auftritt, die in erster Näherung von der Dicke und der Dichte der durchstrahlten Körper abhängt.
- Sie sind, sofern nicht spezielle Nachweisgeräte oder Vorrichtungen angewendet werden, unsichtbar.
- Sie können bei entsprechend hoher Intensität organische Zellen pflanzlicher, tierischer und menschlicher Organismen irreparabel schädigen. Das führt zu entsprechenden, z.T. behördlich vorgeschriebenen Schutzmaßnahmen bei ihrer Anwendung.
- Sie erzeugen Sekundär(Streu)-Strahlung geringerer Intensität und Härte beim Auftreffen auf feste Körper.

Infolge von Inhomogenitäten – bezüglich der Dichte – des Werkstoffes oder durch Wanddickenveränderungen entsteht bei durchstrahlten Körpern auf der Rückseite ein Strahlenrelief unterschiedlicher Strahlungsintensität. Die prinzipiellen Zusammenhänge und die übliche Versuchsanordnung bei der Durchstrahlung sind in Abb. 5.15 dargestellt.

Mögliche Inhomogenitäten der Schweißnaht können Poren, Risse, Bindefehler, Wolframeinschlüsse und ungenügende Durchschweißung sein. Alle diese Fehler sind auf Röntgenaufnahmen nachweisbar. Voraussetzung hierzu ist eine genügend große Ausdehnung der Fehlstellen gegenüber der durchstrahlten Dicke, und bei flächigen Fehlern, wie z.B. bei Rissen, Bindefehlern und mangelhaften Durchschweißungen eine genügend große Ausdehnung in Durchstrahlungsrichtung. So sind z.B. Bindefehler, wie in Abb. 5.16 gezeigt, bei der Durchstrahlungsanordnung I nicht nachweisbar, während bei der Durchstrahlungsanordnung II diese Bindefehler gefunden werden können.

Eine genaue Nachweisgrenze für Fehler, bezüglich ihrer Größe und Lage, kann für die allgemeine Praxis nicht angegeben werden. Sie wird maßgebend beeinflußt durch

- die genaue Fehlergeometrie, die von Fall zu Fall verschieden sein kann, Oberflächenrauheit der Bindefehler und Risse.

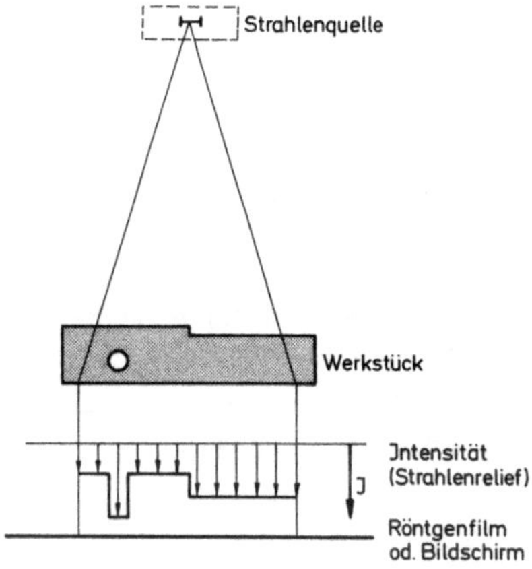

Abb. 5.15 Versuchsanordnung bei der Durchstrahlungsprüfung

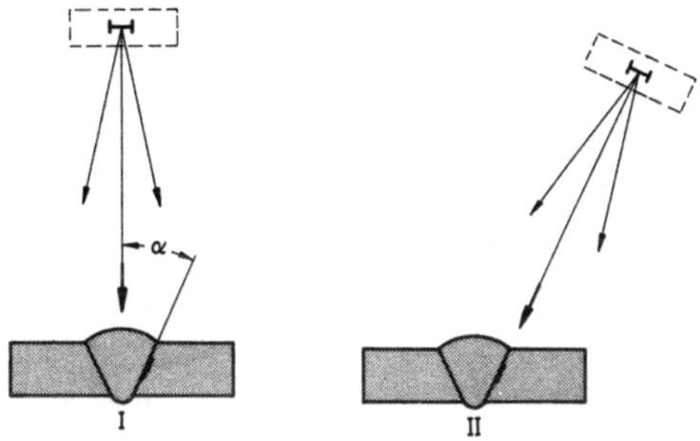

Abb. 5.16 Durchstrahlungsanordnung

– Die gewählten Belichtungsbedingungen, wie Strahlenqualität, Strahlenintensität, Durchstrahlungsanordnung unter Berücksichtigung der Streustrahlung.
– Filmqualität, einschließlich etwaiger Verstärkungsfolien.
– Entwicklungsbedingungen, Entwicklungszeit, Entwicklungsart, Temperatur des Entwicklers.
– Auswertungsbedingungen der Röntgenfilme, wie Beleuchtungsstärke der Filmbetrachtungsgeräte und Helligkeit des Auswerteraumes.

Flächige Schweißnahtfehler können, wenn sie in speziellen Schweißnahtbereichen liegen, unter Druckeigenspannungen stehen. Wenn diese Druckeigenspannungen so groß sind, daß sich die Werkstofftrennungen vollständig schließen, können diese auch mit sorgfältigsten Prüfbedingungen nicht nachgewiesen werden.

Da sich derartige Fehlstellen nach Glühbehandlungen infolge des damit verbundenen Eigenspannungsabbaues geringfügig öffnen, sollten zerstörungsfreie Prüfverfahren, sofern das möglich ist, erst nach Glühbehandlungen durchgeführt werden. Eine in der Praxis wichtige Frage bei der Auswertung der Röntgenfilme ist die noch zulässige Fehlergröße. Die Entscheidung, ob ein Fehler noch belassen werden kann oder nicht, muß sich grundsätzlich an folgenden Argumenten ausrichten:

– Nachschweißungen, u.U. in ungünstigerer Position als bei der ursprünglichen Schweißung, führen zu einem verschlechterten Eigenspannungszustand und zusätzlichem Verzug.
– Die Schadenserwartung (Risiko) beim Versagen der Schweißnaht ist entsprechend zu würdigen.

– Die Beanspruchungsart (Zug-Druck) und -form (vorwiegend ruhend oder schwingend) ist für die Bruchausbildung mit von Bedeutung.

– Das Spannungsniveau ist zu berücksichtigen.

– Die Fehlerart.

Kataloge von Röntgenfilmen können Richtwerte für die Klassifikation von Fehlerarten liefern. Die Entscheidung über die Zulässigkeit der Fehler muß von den für das Bauwerk verantwortlichen Personen getroffen werden. Zweckmäßig ist die Festlegung von zulässigen Fehlern vor Beginn der schweißtechnischen Fertigung, wobei die genannten Musterkataloge zur Beschreibung und Eingrenzung der noch zulässigen Fehler herangezogen werden können. Zur Zeit verfügbare Kataloge sind:

– "Collection of Reference Radiographs of Welds in Aluminium and Aluminiums Alloys" des International Institute of Welding (IIW).

– „Röntgenkatalog zur Beurteilung von Schweißnähten an Aluminium-Konstruktionen" des Bundesamtes für Wehrtechnik und Beschaffung (BWB).

5.4.2 Ultraschallprüfung

Die Ultraschallprüfung nutzt zum Nachweis von Fehlern Schallwellen hoher Frequenz aus. Schallwellen werden an Grenzflächen zwischen Medien unterschiedlicher Dichte, z.B. Metall-Luft, verändert bzw. reflektiert. Die Veränderung der in das Werkstück eingeleiteten Schallimpulse bzw. die an den Fehlstellen reflektierten Schallwellen können für den Nachweis der Fehler ausgenutzt werden. Gemessen wird die Intensität des an den Fehlern reflektierten Schalles und die Laufzeit der Schallimpulse von der Oberfläche der Werkstücke bis zu den Fehlstellen. Damit ist eine Beschreibung der Fehlergröße und der Fehlerlage – auch in Richtung der Blechdicke – möglich. Entscheidend dabei ist die Möglichkeit des reflektierenden Fehlers, die Schallimpulse in genügender Menge zu reflektieren. Die das Reflektionsverhalten beeinflussenden Faktoren bestimmen daher die Nachweisgrenzen der Ultraschallprüfung. In Abb. 5.17 ist das Prinzip der Ultraschallprüfung mittels eines Winkelprüfkopfes und der Impuls-Echo-Methode an einer Stumpfnaht dargestellt.

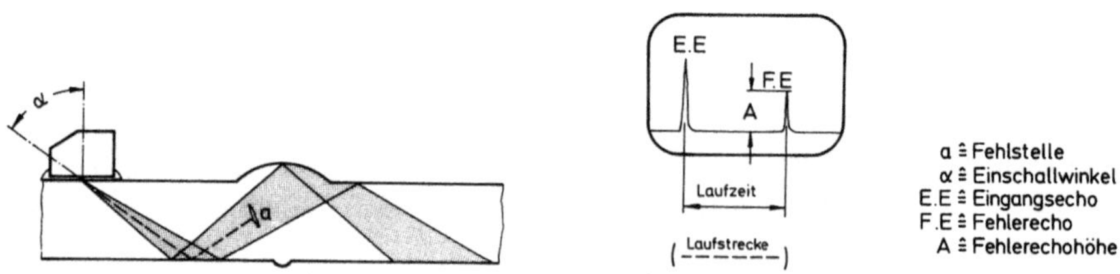

Abb. 5.17 Versuchsanordnung bei der Ultraschallprüfung

Dabei werden vom Prüfkopf einzelne Schallimpulse ausgesandt, die auf einem Bildschirm (Oszillographen) das Eingangsecho erzeugen. Kehren die Schallimpulse nach einer gewissen Laufzeit wegen der Reflektion an einem Fehler zum Schallkopf zurück, entsteht auf dem Bildschirm ein Fehlerecho. Die Laufstrecke kann in Verbindung mit dem Einschallwinkel Aufschluß über die Fehlerlage geben. Die Fehlerechohöhe ist ein Maß für die Größe des reflektierenden Fehlers.

Damit ein nachweisbares Fehlerecho auftritt, müssen verschiedene Bedingungen vorliegen.

- Der Fehler muß in günstiger Lage zum Schallstrahl orientiert sein. Ideal ist senkrechtes Auftreten des Schalles auf die Fehlerfläche.
- Die im Prüfkopf erzeugten Schallimpulse müssen möglichst kontrolliert und konstant in das Werkstück eingeleitet werden. Die Oberflächenrauheit und die Ankopplungsbedingungen beeinflussen die Konstanz der Echohöhen.
- Die Schallimpulse müssen mit möglichst geringer Dämpfung im Werkstück weitergeleitet werden und dürfen an kleineren Werkstoffinhomogenitäten – auch Korngrenzen – nicht reflektiert werden. Die Wellenlänge und damit die Schallfrequenz muß daher auf die Korngröße abgestimmt sein.

In der Praxis hat sich die Ultraschallprüfung an Schweißverbindungen der Aluminiumlegierungen besonders für die Auffindung von flächigen Fehlern bewährt. Die noch nachweisbaren Fehlergrößen sind gegenüber den Verhältnissen an Stahlschweißverbindungen größer. Nur nach einer sorgfältigen Eichung der zur Anwendung kommenden Prüfeinrichtungen an Eichkörpern (gleicher Werkstoffaufbau wie am Prüfobjekt), die simulierte und in ihren Abmessungen bekannten Fehlstellen enthalten, sind sichere Aussagen über Fehlergröße und -lage zu erhalten. Die Ergebnisse der Ultraschallprüfung können mit allen für die Auswertung wichtigen Daten nur schwer dokumentiert werden. Daher müssen die zum Einsatz kommenden Ultraschallprüfer eine entsprechende Ausbildung und Erfahrungen besitzen, um sofort anhand der Bildschirmanzeige verläßliche Prüfaussagen treffen zu können. Ähnlich wie bei der Röntgenprüfung können bei der Ultraschallprüfung ungünstig angeordnete Fehler u.U. nicht nachgewiesen werden. Durch die Wahl von Winkelprüfkörpern mit verschiedenen Einschallwinkel kann allerdings fast jede mögliche Fehlerlage geordnet werden. Stehen die flächigen Fehler unter Druckeigenspannungen, versagt jedoch auch die Ultraschallprüfung. Deshalb sollte, sofern das möglich ist, die Ultraschallprüfung nach Wärmebehandlungen durchgeführt werden.

5.4.3 Farbeindringverfahren

Zum Auffinden von Fehlern, die an der Oberfläche münden, können Farbeindringverfahren verwendet werden. Das Prinzip dieser Verfahren ist in Abb. 5.18 dargestellt. Zunächst wird auf die gereinigte Werkstückoberfläche ein niedrigviskoses Eindringmittel aufgebracht. Nach einer Einwirkzeit von wenigen Minuten oder auch mehreren Stunden wird das Eindringmittel von der Oberfläche abgewaschen. Das in feinste Öffnungen eingedrungende Mittel verbleibt in den nachzuweisenden Fehlern. Ein abschließend aufgebrachtes Saugmittel saugt die in den Fehlern verbliebenen Reste an die Oberfläche, wodurch eine sichtbare Spur des Eindringmittels entsteht. Die Behandlungsstufen A bis C der Abb. 5.18 sind mittels Tauchverfahren, aber auch durch Aufsprühen mittels Sprühdosen, möglich.

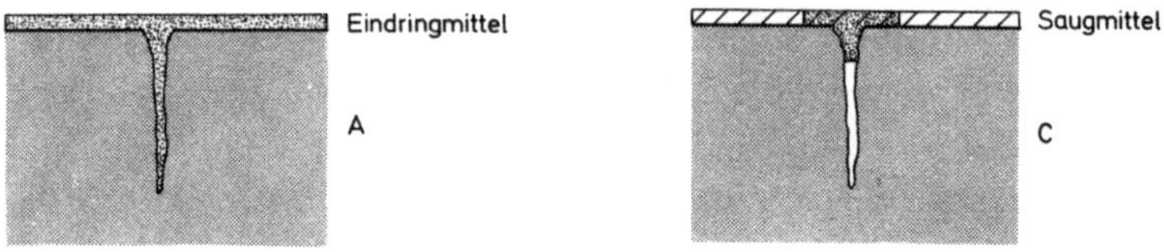

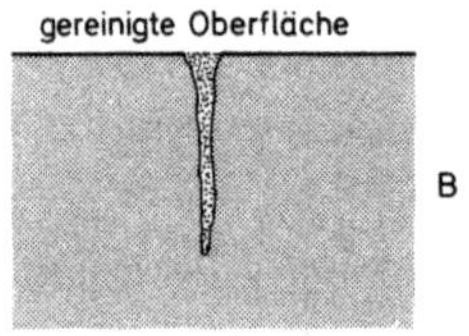

Abb. 5.18 Arbeitsgänge bei der Farbeindringprüfung

Die Nachweisgrenze (kleinste Spaltbreite) der Farbeindringverfahren wird bestimmt durch die

- Fähigkeit des Eindringmittels, in enge Spalten einzudringen
- Zeitdauer der Einwirkung des Eindringmittels
- Saugfähigkeit des Saugmittels

In der schweißtechnischen Praxis wird das Verfahren als einfache Werkstoffprüfmethode mittels auf dem Markt erhältlicher Sprühdosen durchgeführt. Insbesondere der Nachweis von Rissen im Bereich von Endkratern sind häufiges Prüfziel dieses Verfahrens.

5.5 Verwechslungsprüfungen

Wegen der Vielfalt der Aluminiumlegierungen, die bei ähnlichen Festigkeitswerten unterschiedliche chemische Zusammensetzungen besitzen können, treten bei deren Verarbeitung gelegentlich Verwechslungen auf. Mit Hilfe der Härteprüfung kann eine grobe Abschätzung des Festigkeitsverhaltens durchgeführt werden. In der Literatur werden auch zerstörungsfreie Tüpfelverfahren zur Abschätzung der chemischen Zusammensetzung angegeben. Beide Verfahren, Härteprüfung und Tüpfelversuch, eignen sich jedoch nicht, alle sechs Regellegierungen der DIN 4113 in der

Praxis mit genügender Sicherheit zu unterscheiden. Die ausschließliche Verarbeitung von attestierten und gestempelten Halbzeugen, in Verbindung mit einer sorgfältigen Lagerhaltung und Kennzeichnung – z.B. innerbetrieblich genormte Farben oder Kurzzeichen – aller bei der Verarbeitung anfallender Reststücke, ist die sicherste Gewähr gegen Werkstoffverwechslungen. Mit transportablen Spektralanalysegeräten kann der Legierungstyp bzw. die vorhandenen Legierungselemente nahezu zerstörungsfrei festgestellt werden. Sichere Aussagen über unterschiedliches Festigkeitsverhalten können nur Zugversuche liefern.

5.6 Gütesicherung

Die wichtigsten Faktoren, die die Sicherheit geschweißter Bauteile beeinflussen können, sind den folgenden Bereichen zuzuordnen:

– Baustoff
– Berechnung
– Ausführung, Fertigung
– Konstruktion

Die für folgende Anwendungsbereiche tätigen Abnahmeorganisationen

– Bauaufsichtsbehörden der Länder sowie deren anerkannte Stellen und Institut für Bautechnik, Berlin, für tragende Bauwerke
– Technische Überwachungsvereine (TÜV) und -ämter (TÜA)
  Druckbehälter
– Schiffsklassifikationsgesellschaften (z.B. Germanischer Lloyd)
  Bauteile an Schiffen
– Luftfahrtbundesamt
  ziviler Bereich der Luftfahrt

haben, unter Berücksichtigung der vier genannten Bereiche, eigene Regelwerke geschaffen. Im Folgenden sind die Einzelheiten der Gütesicherung für den bauaufsichtlichen Bereich näher erläutert. Den Baubehörden sind entsprechende Nachweise zu führen, wobei dies nach den folgenden drei baurechtlich möglichen Methoden erfolgen kann:

– Nachweis, daß nach den allgemeinen baurechtlich eingeführten Normen, die in den Amtsblättern der Länder mit entsprechenden Erläuterungen veröffentlicht sind, gearbeitet wird.
– Nachweis mit Hilfe einer allgemeinen bauaufsichtlichen Zulassung für spezielle, wiederholt zur Anwendung kommende Baustoffe, Bauformen oder Berechnungsmethoden, die nicht in den baurechtlich eingeführten Normen behandelt sind. Es bedarf einer vom Institut für Bautechnik, Berlin, erteilten Zulassung, die auf der Grundlage eines Antrages, entsprechender Untersuchungen und der Zustimmung eines Sachverständigenausschusses erteilt wird.

- Bauen mit Zustimmung im Einzelfall der zuständigen Baubehörde für die Errichtung einzelner Bauvorhaben. Es bedarf auch hier entsprechender Nachweise aufgrund von Untersuchungen und Gutachten.

Daß geeignete Berechnungsmethoden und Konstruktionen zur Anwendung kommen, erfolgt über die Kontrolle der Festigkeitsberechnung und der Ausführungszeichnungen durch von den obersten Baubehörden zugelassene Prüfingenieure oder die Bauämter selbst.

Die Verantwortung für eine fachgerechte schweißtechnische Fertigung liegt beim Fertigungsbetrieb. Der Baubehörde gegenüber gilt der Nachweis ausreichender Fertigungsbedingungen als erbracht, wenn ein Eignungsnachweis des Fertigungsbetriebes vorgelegt werden kann. Derartige Eignungsausweise werden von anerkannten Stellen ausgestellt, nach den Richtlinien des Institutes für Bautechnik Berlin – siehe Anhang.

Grundsätzlich müssen Betriebe zum Erwerb des Befähigungsnachweises folgende Bedingungen erfüllen:

- In dem Betrieb muß eine Schweißaufsichtsperson – Schweißfachingenieur – ganztägig zur Verfügung stehen.
- Es müssen ausreichende Fertigungseinrichtungen vorhanden sein.
- Es dürfen nur geprüfte Schweißer zum Einsatz kommen.
- Für die zu verarbeitenden Werkstoffe, Zusatzwerkstoffe, Wanddicken, Schweißverfahren und Schweißpositionen muß eine Verfahrensprüfung – Schweißproben – nach den IfB-Richtlinien durchgeführt werden. Die an den Probeschweißungen gefundenen Festigkeitswerte müssen über den in den IfB-Richtlinien genannten Mindestwerten liegen.

Die Schweißerprüfungen sind in DIN 8561 genormt. Nach dieser Norm legt der Schweißer die Prüfung an einem Aluminiumwerkstoff ab. Die Prüfung gilt dann zunächst für alle Aluminiumwerkstoffe. In der Praxis werden oft Werkstoffe, Blechdicken und Schweißnahtformen verarbeitet, die durch die Prüfung nach DIN 8561 nicht abgedeckt sind. Zudem wird auch die Breite der Erweichungszonen bei den kaltverfestigten und/oder ausgehärteten Legierungen von der Handfertigkeit der Schweißer beeinflußt. Dem für die schweißtechnische Fertigung verantwortlichen Schweißfachingenieur wird daher in diesen Fällen empfohlen, ergänzende Schweißerprüfungen unter Berücksichtigung der betrieblichen Besonderheiten durchzuführen.

6 Berechnung und Gestaltung

Im konstruktiven Ingenieurbau werden je nach Verwendungszweck verschiedene Knet- und Gußlegierungen eingesetzt. Die verschiedenen Anwendungsgebiete, wie Hochbau, Kranbau, Apparatebau usw. stellen natürlich auch unterschiedliche Anforderungen bezüglich Festigkeit und der übrigen mechanischen und physikalischen Eigenschaften des Werkstoffs, so daß die Frage der richtigen Werkstoffwahl ausschlaggebend sein wird. Bei Ausnutzung der gegebenen Möglichkeiten für eine Stoff- und Formleichtbauweise sowie bei Berücksichtigung spezieller Werkstoffeigenschaften — darunter auch Schweißbarkeit, leichte Verarbeitbarkeit, unterhaltungsarme Konstruktionen, Korrosionsbeständigkeit, Verhalten bei tiefen Temperaturen, etc. — ist Aluminium wettbewerbsfähig einzusetzen.

Neben grundlegenden Berechnungskennwerten, -prinzipien und -annahmen sollen hier die Richtlinien der Norm E DIN 4113 T2 „Aluminiumkonstruktionen unter vorwiegend ruhender Belastung — Geschweißte Konstruktionen. Berechnung und bauliche Durchbildung" besonders berücksichtigt und bedarfsweise zitiert, kommentiert oder ergänzt werden. Darüber hinaus werden, soweit heute hierfür ausreichende Erfahrungen vorliegen, auch Angaben für die Berechnung von Bauteilen unter nicht vorwiegend ruhender Beanspruchung gemacht.

Je nach Anwendungsgebiet gelten als Berechnungsgrundlage bzw. für die Lastannahmen besondere Vorschriften:

- für Konstruktionen des Hochbaus, Kranbaus, Brückenbaus u.ä. gelten neben der erwähnten DIN 4113 T1, 2 auch entsprechende Vorschriften des Stahlbaus, u.a. DIN 1050, DIN 4114 T1, 2, DIN 15018, DIN 4112 für fliegende Bauten.
- für Schienenfahrzeuge sind die Lastannahmen und Sicherheiten zu beachten, die vom Forschungskreis 1 der Studengesellschaft „Leichtbau der Verkehrsfahrzeuge" e.V., 2. Auflage 1970, aufgestellt werden. Diese Vorschriften beinhalten auch Angaben über schwingbeanspruchte Schweißverbindungen (weitere Angaben hierzu in den Literaturhinweisen).
- für den Bau von Druckbehältern sind die Vorschriften der „Arbeitsgemeinschaft Druckbehälter" der VdTÜV Essen („AD-Merkblätter") zu beachten.

6.1 Berechnungsgrundlagen

6.1.1 Festigkeit, Werkstoffkennwerte

Bruchfestigkeit und Streckgrenze bilden die Grundlage der Berechnung bei vorwiegend ruhender Beanspruchung. Aluminiumlegierungen besitzen keine ausgeprägte Streckgrenze; man benutzt hier den Kennwert bei 0,2 % bleibender Verformung. Bruchfestigkeit R_m und Streckgrenze $R_{p0,2}$ sowie das Verhältnis $R_m/R_{p0,2}$ weisen unterschiedliche Werte je nach Lage in der Schweißverbindung (Schweißnaht, Wärmeeinflußzone, Grundmaterial) auf. Bei Zug- bzw. Druckbeanspruchung werden die gleichen Festigkeitswerte zugrundegelegt. Für auf Abscheren beanspruchte Elemente kann i.a. mit einer Schubfestigkeit von $\tau = 0{,}62\ R_m$ gerechnet werden.

Eine Langzeitbeanspruchung ruft bei Aluminium auch in der Nähe der Raumtemperatur ein Kriechen und damit eine bleibende Verformung hervor. Aus einem Langzeitversuch können die entsprechenden Festigkeitsgrenzwerte bzw. ein Kriechfaktor k definiert werden: $R_{m/1000} = k_{1000} \cdot R_m$ und $R_{p0,2/1000} = k_{1000} \cdot R_{p0,2}$. Bei schwingender Beanspruchung sind Grenzwerte für die Zeit- bzw. Dauerfestigkeit und für die Betriebsfestigkeit je nach Beanspruchungsart und Bauteil-Gestalt (Kerbwirkung) in der Regel durch Versuch zu ermitteln. Zu beachten ist, daß der Einfluß von Schweißfehlern auf die Schwingfestigkeit erheblich sein kann und dementsprechend eine möglichst genaue Abschätzung der in der Praxis vorliegenden Verhältnisse vorgenommen werden muß, bevor eine Eingliederung in einen bestimmten Kerbfall erfolgen kann.

Der Elastizitätsmodul kann für alle Aluminium-Knetlegierungen des konstruktiven Ingenieurbaus mit $E = 70\,000\ N/mm^2$ eingesetzt werden.

6.1.2 Sicherheit und zulässige Beanspruchungen

Als Sicherheitsfaktor ist das Verhältnis der Werte der Tragfähigkeits- oder Verformungsgrenze des Werkstoffs, ausgedrückt durch den entsprechenden Werkstoffkennwert (Bruchfestigkeit, 0,2-Grenze, Zeit-, Dauer- oder Betriebsfestigkeit), zu der tatsächlichen Beanspruchung definiert. In der Praxis werden die berechneten Nennspannungen den entsprechenden zulässigen Spannungen, die nach Maßgabe des Sicherheitsfaktors aus den Werkstoffkennwerten ermittelt werden, gegenübergestellt. Der Spannungsermittlung werden oft idealisierende Voraussetzungen zugrundegelegt. Sowohl die angreifenden Lasten als auch die Werkstoffkennwerte hängen von zufälligen Einflüssen ab und können nicht genau angegeben werden. Mit der Einführung des Sicherheitsfaktors möchte man diese Unsicherheiten ausgleichen. Die Höhe des Sicherheitsfaktors wird von Zahl und Gewicht einzelner Unsicherheiten, aber auch von den Folgen im Falle eines Versagens abhängen. Eine absolute Sicherheit der Konstruktion gibt es nicht, es kann lediglich durch Wahl eines entsprechend hohen Sicherheitsfaktors die Wahrscheinlichkeit des Versagens praktisch ausgeschlossen werden. Die Wirtschaftlichkeit der Konstruktion muß dabei berücksichtigt werden.

Da bis heute die Bemessung der Konstruktionen nach zulässigen Spannungen erfolgt, ist die Größe des Sicherheitsfaktors aus den einschlägigen Vorschriften nicht unmittelbar zu erkennen. Die zulässigen Beanspruchungen beziehen sich immer nur auf einen bestimmten Werkstoff und Zustand. Bestehen Teile einer Konstruktion aus verschiedenen Werkstoffen, sollte die Sicherheit unabhängig von speziellen Werkstoffkennwerten überall gleich sein. Bei einer solchen Bemessung nach Grenzzuständen, die eine Weiterentwicklung darstellt, werden Belastung, Tragfähigkeit und Sicherheitsfaktoren selbst durch Zuverlässigkeitsanalysen möglichst genau ermittelt. Sicherheitsfaktoren werden nach Wahrscheinlichkeitsgesetzen entsprechend der Belastung und der Bedeutung des jeweiligen Bauteils ermittelt. Zu ihrer Bestimmung sind jedoch umfangreiche statistische Untersuchungen notwendig, die zur Zeit noch einen allgemeinen Einsatz des Verfahrens erschweren. Zweifellos würden umso mehr einheitlich sichere und in vielen Fällen noch wirtschaftlichere Konstruktionen entstehen können.

Zulässige Spannungen in der DIN 4113 wurden aus Erfahrungen mit dem Werkstoff- und Konstruktionsverhalten über mehrere Jahre in der Regel aus unteren Mittelwerten, nicht aber den geringsten beobachteten Spannungen, festgelegt, wobei folgende Sicherheitsfaktoren eingehalten wurden:

1,7 gegen	$R_{p0,2}$	im Lastfall H
1,5 gegen	$R_{p0,2}$	im Lastfall HZ
2,5 gegen	R_m	im Lastfall H
2,2 gegen	R_m	im Lastfall HZ

Eine Abweichung von diesen Werten kann in besonderen, begründeten Fällen vorkommen; so wurde z.B. einerseits bei der Legierung AlMgSi F32 ν_B^H auf 2,17 ermäßigt, weil dies schon nach DIN 4113 alt ohne negative Folgen der Fall war, andererseits dasselbe auch für die festere Legierung AlZn4,5Mg1 F35 eingeführt. Bei Schweißverbindungen werden für die Naht und den durch die Schweißwärme entfestigten Grundwerkstoff die entsprechenden physikalischen Grenzwert R_m bzw. $R_{p0,2}$ der Schweißnaht und der WEZ eingesetzt. Sofern man bei Zugstäben und Biegestäben die Querschnittswerte nach Maßgabe des Verhältnisses $\kappa = R_{p0,2\,WEZ}/R_{p0,2}$ reduziert, werden die hieraus resultierenden Nennspannungen den zulässigen Spannungen des ungeschweißten Grundwerkstoffs gegenübergestellt. Dieser Vorgehensweise liegt der Traglastgedanke zugrunde, nach dem im durchplastizierten Zustand sich jeder Querschnittsbereich entsprechend seiner 0,2-Grenze beteiligt. Die Verformungen im Gebrauchszustand bleiben grundsätzlich in elastischen Größenordnungen, denn auch Nahtbereiche werden hierbei höchstens bis an ihre

0,2-Grenze beansprucht. Bei Bauteilen, bei denen örtlich erhöhte Verformungen in der Schweißzone keinen Einfluß auf das statische System haben, kann man mit der zulässigen Spannung bis an die Streckgrenze herangehen, wenn noch eine Bruchsicherheit von ca. 2,5 bzw. 2,2 eingehalten ist. Bei größeren Nahtabständen ist der Einfluß aus der 0,2-Grenze der Schweißzone auf die bleibende Verformung eines Zug- oder Biegestabes völlig bedeutungslos.

Bei schwingender Beanspruchung bildet der Wert der Ermüdungsfestigkeit die ertragbare Grenzbeanspruchung für den betrachteten Werkstoff bzw. für die Verbindungsform für eine bestimmte Belastungsweise und Lastspielzahl. Der Sicherheitsfaktor müßte vom Grad der geforderten Versagens- bzw. Überlebenswahrscheinlichkeit abhängig sein. Eine schwingende Beanspruchung allgemeiner Art setzt sich aus einem statischen und aus einem wechselnden Anteil zusammen. Die zulässige Spannung kann dabei nicht größer als die zulässige Spannung für den statischen Fall werden. Im allgemeinen können die Sicherheitsfaktoren gegen die mit Höchstlast im Einstufenversuch ermittelten Dauerfestigkeitswerte kleiner gewählt werden als die Sicherheitsfaktoren gegen R_m und $R_{p0,2}$ bei statischer Beanspruchung. Die wirkliche Belastung wird ein Kollektiv verschieden hoher Werte unterschiedlicher Häufigkeit sein. Da die bisherigen Ergebnisse nicht ausreichen, den Sicherheitsfaktor aus Verteilungsfunktionen der Festigkeitswerte und der Beanspruchung abzuleiten, werden hier lediglich zwei Beispiele angegeben. In dem Heft „Lastannahmen und Sicherheiten für Schienenfahrzeuge", Leichtbau der Verkehrsfahrzeuge, 1970, wird der zentrale Sicherheitsfaktor ν_D = 1,5 einheitlich für die Dauer-, Zeit- und Betriebsfestigkeit vorgeschrieben. Bezieht man zulässige Spannungen auf Ermüdungsfestigkeitswerte höherer Überlebenswahrscheinlichkeit, so kann man zunächst in Analogie zu DIN 15018 für Krane einen Sicherheitsfaktor von ν_D = 1,33 auf ertragbare Spannungen bei $P_ü$ = 90 % einführen.

6.2 Berechnung bei vorwiegend ruhender Belastung nach E DIN 4113 T2

Geschweißte Aluminiumkonstruktionen unterscheiden sich zunächst von geschweißten Stahlbaukonstruktionen nicht, sofern der Grundwerkstoff im weichen Zustand ist. Dies trifft nur zu – sofern man sich zunächst auf die sog. Regellegierungen der Richtlinien beschränkt – auf Bleche, Rohre und Strangpreßprofile der Legierungen AlMg2Mn0,8 und AlMg3 in den Festigkeitszuständen F18/19 und W18/19 bzw. für Bleche aus AlMg4,5Mn F27/W28.

Werden Legierungen verwendet, die durch Kaltverformung oder Aushärtung höhere Festigkeiten erreicht haben und durch Schweißwärme im WEZ-Bereich entfestigt werden, so ist diesem Einfluß neben den weiteren werkstoffspezifischen Eigenheiten – die wichtigste hier von ist der Einfluß des Elastizitätsmoduls auf Verformungen und Stabilitätsverhalten – in den Bemessungsvorschriften Rechnung zu tragen.

Die Grundlage für die Berechnung und bauliche Durchbildung von geschweißten Aluminiumkonstruktionen unter vorwiegend ruhender Belastung wird durch den Entwurf DIN 4113 T2 gegeben. Diese Norm umfaßt für die Aluminiumbauweise etwa den Bereich wie die DIN 1050 für den Stahlhochbau und schließt zusätzlich analoge Regelungen, wie sie in DIN 4100 und DIN 4114 festgelegt sind, in sich ein. Um den Umfang dabei reduzieren zu können, wurde die E DIN 4113 so konzipiert, daß etwa 80 % der vorkommenden und zu erwartenden Fälle mit ihr abgedeckt sind.

In den folgenden Abschnitten werden die wesentlichen Bemessungsregeln der E DIN 4113 T2 zusammengestellt und erläutert. Diese Zusammenfassung gibt in übersichtlicher Form die verschiedenen Werkstoffkennwerte, Nachweise und Bemessungsformeln wieder. Zweck der hiesigen Ausführungen ist, die wesentlichen Vorschriften und Grundgedanken zu präsentieren, sie soll jedoch die E DIN 4113 T1 bzw. T2 bei der Berechnung von Aluminiumkonstruktionen nicht ersetzen. Außerdem ist zu bemerken, daß die E DIN 4113 T2 momentan nur als Entwurf vorliegt, bei dem Verbesserungen oder Änderungen nicht auszuschließen sind.

6.2.1 Werkstoffe

Das Angebot an Aluminiumlegierungen ist bekanntlich besonders groß. Die Werkstoffwahl wird neben Festigkeitsanforderungen, Korrosionsbeständigkeit und Preis des Halbzeuges auch Einschränkungen bei der Halbzeugherstellung oder Fertigung der Bauteile – dies gilt insbesondere für durch Schweißen zusammengesetzte Teile – zu berücksichtigen haben. Zur Korrosionsbeständigkeit ist zu bemerken, daß AlMg- und AlMgMn- und AlMgSi-Legierungen i.a. eine ausreichende Beständigkeit auch im geschweißten Zustand zeigen. AlZnMg-Legierungen können bei unsachgemäßer Erwärmung bzw. in der WEZ eine herabgesetzte Beständigkeit aufweisen. Die Auswahl der Legierungen ist zunächst auf diejenigen beschränkt worden, die vorwiegend bei tragenden Konstruktionen Anwendung finden. Fünf Legierungsgruppen mit insgesamt achtzehn Legierungen in verschiedenen Zuständen (ausgehärtet, halbhart, weich) sind ausgewählt worden. Tab. 6.1 gibt eine Übersicht der Legierungen zusammen mit den für die Spannungsnachweise erforderlichen Werkstoffkennwerte R_m und $R_{p0,2}$ wieder.

Die Frage der Gütesicherung der Werkstoffe ist wie folgt geregelt. Für die in DIN 4113 aufgeführten Legierungen genügt ein Werkszeugnis nach DIN 50049 – 2.2 als Nachweis der Brauchbarkeit. Andere als diese, aber in DIN 1725 T1, 2 aufgeführte Legierungen dürfen für die dort angegebenen Anwendungsfälle verwendet werden, wenn ihre Brauchbarkeit für tragende Teile im Zusammenhang mit der vorgesehenen Konstruktion von einer hierfür anerkannten Stelle festgestellt worden ist, die Werkstoffgüte ist außerdem mit einem Abnahmeprüfzeugnis gemäß DIN

Tabelle 6.1 Aluminiumlegierungen und Werkstoffkennwerte

Legierung		Mindestwerte für $R_m/R_{p0,2}$ in N/mm^2 für Halbzeug nach DIN 1745 T1 mit Angabe des gültigen Dickenbereichs			Rechenwerte für die WEZ $R_{p\,0,2\,WEZ}$ in N/mm^2
		Bleche	Rohre	Profile	
selbst-aushärtbar	AlZn4,5Mg1	F35 350/275 bis 15 mm F34 340/270 15– 60 mm	F35 350/290 bis 20 mm	F35 350/290 bis 30 mm	180
aushärtbar	AlMgSi1	F32 315/255 bis 10 mm F30 295/245 10– 20 mm 295/240 20–100 mm F28 275/200 3– 20 mm	F31 310/260 bis 20 mm F28 275/200 jede Dicke	F31 310/260 bis 20 mm F28 275/200 bis 10 mm	125
aushärtbar	AlMgSi0,5		F22 215/160 jede Dicke	F22 215/160 jede dicke	80
nicht aushärtbar	AlMg4,5Mn	G31 310/215 2– 40 mm W28 275/125 bis 5 mm F27 275/125 2– 30 mm	F27 270/140 ab 3,5 mm	F27 270/140 jede Dicke	125
nicht aushärtbar	AlMg3	F24 240/190 bis 5 mm G24 240/160 bis 5 mm F19 190/80 25– 50 mm W19 190/80 6– 25 mm	F25 250/180 bis 5 mm (bis 80 ⌀) F18 180/80 ab 3 mm W18 180/80 bis 10 mm	F18 180/80 jede Dicke	80
nicht aushärtbar	AlMg2Mn0,8	F24 240/190 bis 5 mm G24 240/160 bis 5 mm F19 190/80 25– 50 mm W19 190/80 6– 25 mm	F25 250/180 bis 5 mm (bis 80 ⌀) F20 200/100 ab 3 mm W18 180/80 bis 10 mm	F20 200/100 jede Dicke	80

Tabelle 6.2 Zuordnung geeigneter Zusatzwerkstoffe für Schweißverbindungen von Al-Legierungen

	AlMg2Mn0,8 AlMg3	AlMg4,5Mn	AlMgSi0,5	AlMgSi1	AlZn4,5Mg1
AlZn4,5Mg1	S-AlMg5 S-AlMg4,5Mn S-AlMg3	S-AlMg5 [2] S-AlMg4,5Mn	S-AlSi5 [1] S-AlMg5 S-AlMg4,5Mn	S-AlMg5 S-AlMg4,5Mn S-AlSi5 [1]	S-AlMg5 S-AlMg4,5Mn
AlMgSi1	S-AlMg5 S-AlMg4,5Mn S-AlMg3/S-AlSi5 [1]	S-AlMg5 [2] S-AlMg4,5Mn S-AlSi5 [1]	S-AlSi5 S-AlMg5 S-AlMg4,5Mn	S-AlSi5 [1] S-AlMg5 S-AlMg4,5Mn	
AlMgSi0,5	S-AlSi5 [1] S-AlMg5 S-AlMg4,5Mn [1]	S-AlSi5 [1] S-AlMg5 S-AlMg4,5Mn	S-AlSi5 [1] S-AlMg5 S-AlMg4,5Mn		
AlMg4,5Mn	S-AlMg5 S-AlMg4,5Mn S-AlMg3	S-AlMg5 S-AlMg4,5Mn			
AlMg2Mn0,8 AlMg3	S-AlMg5 S-AlMg4,5Mn S-AlMg3				

[1] Die Verfärbung der Schweißnaht bei anod. Oxidation ist zu beachten.

[2] Eine nachträgliche Warmauslagerung von Konstruktionsteilen mit dieser Kombination ist nicht erlaubt.

50 049 – 3.1B nachzuweisen. Bei allen anderen Aluminiumlegierungen ist der Nachweis der Brauchbarkeit insbesondere durch eine allgemeine bauaufsichtliche Zulassung zu führen.

Die für das Verschweißen gleicher oder ungleicher Legierungen zu verwendenden Zusatzwerkstoffe sind aus Tab. 6.2 ersichtlich. Bei anderen Zusatzwerkstoffen gilt das für die Grundwerkstoffe oben Gesagte entsprechend.

Aus schweißtechnischen Gründen ist in der Regel eine Mindestdicke von 2 mm einzuhalten.

6.2.2 Lastannahmen

Zusätzlich zu den Hauptlasten H und Zusatzlasten Z gemäß DIN 1050 ist bei Aluminiumkonstruktionen wegen des Kriecheinflusses auch der Lastfall H_S zu berücksichtigen. Dieser umfaßt alle ständig wirkenden Hauptlasten (hierzu gehören auch langzeitig einwirkende Verkehrslasten wie z.B. Stapellasten). Der Kriecheinfluß wird durch Abminderung der zulässigen Spannungswerte aufgefangen:

$$\text{zul}\,\sigma_c = c_k \cdot \text{zul}\,\sigma$$
$$\text{zul}\,\tau_c = c_k \cdot \text{zul}\,\tau$$

wobei als Faktor c_k (aus dem 1000 Stunden Langzeitversuch ermittelt)

$$c_k = 1 - 0{,}4\left(\frac{\sigma_{HS}}{\sigma_H} - 0{,}5\right) \quad \text{bzw.} \quad 1 - 0{,}4\left(\frac{\tau_{HS}}{\tau_H} - 0{,}5\right)$$

angenommen wird. Sofern also das Verhältnis der Beanspruchung aus Lastfall H_S zu derjenigen aus Lastfall H den Wert 0,5 überschreitet, ist der Kriecheinfluß – auch bei Stabilitätsnachweisen – zu berücksichtigen; Der Abminderungsfaktor schwankt zwischen 1,0 und 0,8.

6.2.3 Berechnungsgrundsätze

Entscheidend bei geschweißten Konstruktionen ist, daß Fügeteile aus ausgehärteten Werkstoffen (AlZn4,5Mg1, AlMgSi1 und AlMgSi0,5) oder aus verfestigten Werkstoffen (AlMg4,5Mn G31/F27, AlMg3 F25/F24/G24 und AlMg2Mn0,8 F25/F24/G24/G20) durch Schweißungen in der Nähe der Nähte zum Teil erheblich entfestigt werden. Der Berechnung liegen die Werkstoffkennwerte der Tab. 6.1 zugrunde; für die Berechnung von Verformungen und statisch unbestimmten Größen gelten weiterhin: Elastizitätsmodul E = 70 000 N/mm², Schubmodul G = 27 000 N/mm², Querdehnungszahl μ = 0,3 und der Wärmeausdehnungskoeffizient $\alpha_T = 2{,}3 \cdot 10^5\,K^{-1}$.

Entscheidend ist der Einfluß des Elastizitätsmoduls auf die Durchbiegung. Man kann aus folgenden Werten der Durchbiegung bei Biegeträgern ausgehen, falls durch die Forderung einer ungestörten Funktion eines Bauteils nicht andere Werte vorgeschrieben sind:

Fachwerkträger	$l/700$ bis $l/500$
Vollwandträger	$l/400$ bis $l/150$
darunter Dachbalken	etwa $l/300$
Pfetten	$l/200$
Kragträger	$l/150$
Kranbrücken	$l/1000$ bis $l/750$

Diese zulässigen Durchbiegungen können oft ausschlaggebend für die Bemessung sein, so daß die vorhandenen Beanspruchungen bedeutend niedriger als die zulässigen Spannungswerte für geschweißte Bauteile bleiben. In diesem Fall kann die unter 6.2.5 bzw. 6.2.7 beschriebene Reduktion der Querschnittswerte bei der Durchführung der erforderlichen Nachweise entfallen.

Bei der Berechnung von geschweißten Stößen und Anschlüssen ist auf die Erstreckung der WEZ im Querschnitt zu achten. Die Lage des geschweißten Stoßes ist neben dem σ-ϵ-Verlauf maßgebend für die Berechnung von druckbeanspruchten Bauteilen. Als WEZ ist ein Bereich von 30 mm von Nahtmitte bei Stumpfnähten bzw. Nahtwurzelpunkt bei Kehlnähten aus nach allen Seiten hin anzusetzen (Abb. 6.1).

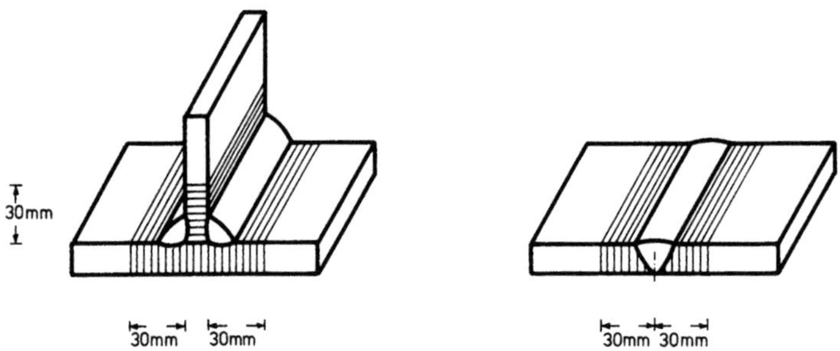

Abb. 6.1 Ausbreitung der Wärmeeinflußzone (WEZ)

6.2.4 Bemessungsnachweise

Im allgemeinen sind auch bei geschweißten Aluminiumkonstruktionen folgende Nachweise erforderlich:

– Allgemeiner Spannungsnachweis. Nachweis der Sicherheit gegen Erreichen der Streckgrenze $R_{p0,2}$ oder der Bruchgrenze R_m.

- Stabilitätsnachweis. Nachweis der Sicherheit gegen Knicken, Kippen, Beulen.
- Nachweise gegen Umkippen, Abheben und Abgleiten von den Lagern.
- Sonstige Nachweise. Nachweis gegen Kriechen.

6.2.5 Allgemeiner Spannungsnachweis

Neben den Festigkeitsnachweisen für nicht-wärmebeeinflußte Bereiche nach DIN 4113 T1 sind bei geschweißten Aluminiumbauteilen auch Nachweise für die WEZ und die Schweißnaht durchzuführen. Die zulässigen Beanspruchungen in der WEZ und in den Schweißnähten richten sich danach, wie die Lage der Bruchfuge im Versagensfall verlaufen kann.

Die Querschnittswerte F, J, W und S werden bei zugbeanspruchten und biegebeanspruchten Stäben nach Maßgabe des Verhältnisses $\kappa = R_{p0,2\,WEZ}/R_{p0,2}$ reduziert. Es wird darauf hingewiesen, daß in der Formel für die Ermittlung von J_κ (s. auch Tab. 6.3) u.U. die Eigenträgheitsmomente der WEZ-Flächen noch zu berücksichtigen wären; dies ist der Fall insbesondere bei gedrungenen Querschnitten mit relativ hohem Anteil an WEZ im Gesamtquerschnitt. Außerdem wären bei zusammengesetzten Querschnitten aus verschiedenen Legierungen auch verschiedene Werte κ einzusetzen. Als zulässige Beanspruchungen gelten dann für Längsspannungen die vollen Werte wie für den ungeschweißten Werkstoff, für Schubspannungen die Werte für die WEZ bzw. die Naht und für die Vergleichsspannung das 0,8- (Lastfall H) bzw. 0,9-fache (Lastfall HZ) der WEZ-Streckgrenze. Dieser Vorgehensweise liegt der Traglastgedanke zugrunde, nach dem im durchplastizierten Zustand sich jeder Querschnittsbereich entsprechend seiner 0,2-Grenze beteiligt. Die Verformungen im Gebrauchszustand bleiben in elastischen Größenordnungen, auch Nahtbereiche werden hierbei im allgemeinen höchstens bis an ihre 0,2-Grenze beansprucht. Da die im WEZ-Bereich örtlich begrenzten höheren Verformungen für die Gesamtverlängerung eines Zug- bzw. Biegestabes völlig bedeutungslos sind, ist es denkbar, durch zulässige Beanspruchungen bis an die Streckgrenze auch über den ganzen Querschnitt eine höhere Ausnutzung anzustreben. Dies gilt insbesondere in den Fällen, in welchen die Abminderungen der 0,2-Grenze relativ groß sind und dennoch die Bruchgrenze hoch bleibt, vorausgesetzt, daß in jedem Fall eine Bruchsicherheit von etwa 2,5 bzw. 2,2 (Lastfall H bzw. Lastfall HZ) noch eingehalten werden kann.

Stumpf- und Kehlnähte selbst sind bezüglich Gestaltung und Berechnung analog zu DIN 4100 geregelt. Die zulässigen Beanspruchungen sind im allgemeinen um 5 % niedriger als diejenigen für die WEZ-Bereiche.

Eine umfassende Übersicht der erforderlichen Festigkeitsnachweise für unbeeinflußte Fügeteil-Grundwerkstoffe oder für WEZ-Bereiche sowie für Schweißnähte ist der Tab. 6.3 zu entnehmen. In Abhängigkeit von der Beanspruchungsart werden die Berechnungsformeln für die vorhandenen Beanspruchungen zusammengestellt

Tabelle 6.3 Übersicht der Festigkeitsnachweise bei geschweißten Verbindungen

		Beanspruchung	Verbindungsform	Nachweis	Rechnerische Kenngrößen und Tabellenwerte DIN 4113
Konstruktionsteile (Fügeteil) (WEZ) wenn $\frac{\Sigma F_{WEZ}}{F} > 0{,}20$ dann Verschiebung der Schwerlinie beachten		Längsbeanspruchung		$\sigma = \frac{N}{F_k}$ mit $k = \frac{R_{p0,2\,WEZ}}{R_{p0,2}}$ und $F_k = F - (1 - k)\,\Sigma(F_{WEZi})$	zul σ – Tl. 1, Tab. 4 $R_{p0,2}$ – Tl. 1, Tab. 1 $R_{p0,2\,WEZ}$ – Tl. 2, Tab. 1
		Biegung		$\sigma = \frac{M}{J_k} \cdot y$ $\quad \max \sigma = \frac{M}{W_k}$ mit $J_k = J - (1 - k)\,\Sigma(F_{WEZi} \cdot y_i^2)$ $W_k = \frac{J_k}{y_{max}}$	zul σ – Tl. 1, Tab. 4
		Schub		$\tau = \frac{Q \cdot S_k}{J_k \cdot t}$ mit $S_k = S - (1 - k)\,\Sigma(F_{WEZi} \cdot y_i)$	zul τ – Tl. 1, Tabl. 4 bzw. zul τ_{WEZ} – Tl. 2, Tab. 4a
		Vereinfachung:		gilt σ max vorh. $\leq$ zul σ_{WEZ}, dann ist Abminderung nicht erforderlich	zul σ_{WEZ} – Tl. 2, Tab. 4a
		Zusammengesetzte Beanspruchung		$\sigma_v = \sqrt{\sigma_x^2 + \sigma_y^2 - \sigma_x \sigma_y + 3\tau^2}$	zul σ_v (ohne WEZ) – Tl. 1, Tab. 4 zul σ_{vWEZ} – Tl. 2, Tab. 4a
Schweißnähte	Stumpfnähte	Längsbeanspruchung in Stößen und Anschlüssen	2 bis 5	$\sigma = \frac{N}{F}$ $\quad F = \Sigma(a \cdot l)$	zul σ – Tl. 2, Tab. 4b Sonderfall: verschiedene Legierung und/oder unterschiedliche Dicken (s. Verbdg. Form Nr. 2) zul $N = (t \cdot \sigma)\min \cdot l$
		Biegung		$\sigma = \pm \frac{M}{J} \cdot y + \frac{N}{F}$	zul σ – Tl. 2, Tab. 4b
		Schub		$\tau = \frac{Q \cdot S_y}{J \cdot t}$	zul τ – Tl. 2, Tab. 4b
		Zusammengesetzte Beanspruchung		$\sigma_v = \sqrt{\sigma_x^2 + \sigma_y^2 - \sigma_x \sigma_y + 3\tau^2}$	zul $\sigma_v = 0{,}95\ \sigma_{vWEZ}$
	Kehlnähte Vorsicht: $100\,a \geq l \geq 10\,a$	Längsbeanspruchung – Stirn-Kehlnähte in Stößen und Anschlüssen	6 bis 10	$\tau_{S\perp} = \frac{N}{F_w}$ $\quad F_w = \Sigma(a \cdot l)$	zul τ_S – Tl. 2, Tab. 4b
		Längsbeanspruchung – Flanken-Kehlnähte		$\tau_{S\parallel} = \frac{N}{F_w}$	
		Biegung in Stößen und Anschlüssen		$\tau_{S\perp} = \pm \frac{M}{J_w} \cdot y + \frac{N}{F_w}$ aus M und N $\tau_{S\parallel} = \frac{Q \cdot S}{J_w\,\Sigma a}$ aus Q	zul τ_S – Tl. 2, Tab. 4b Doppelkehlnähte quer zur Anschlußebene beansprucht → 20 % erhöhte Werte zul τ_S ansetzen
		Zusammengesetzte Beanspruchung		$\sigma_{vw} = \sqrt{\tau_{S\perp}^2 + \tau_{S\parallel}^2}$	zul σ_{vw} – Tl. 2, Tab. 4b
	Vereinfachung	Nachweis für zusammengesetzte Beanspruchung beim biegefesten Anschluß braucht nicht geführt werden, wenn jeweils M durch Flanschnähte, N durch sämtliche Nähte und Q durch Stegnähte nach $\tau_S = \frac{Q}{(\Sigma a\,l)_{Steg}}$ nachgewiesen ist. Vorsicht: Legierungen AlMgMn und AlMg3 WEZ-Nachweis noch erforderlich!			Stoßdeckungsteile sowie Schweißanschlüsse 10 % stärker ausbilden zul τ_S – Tl. 2, Tab. 4b zul σ_{WEZ} – Tl. 2, Tab. 4a
	Zusammenwirken verschiedener Nähte	$F_w = F_s + F_k$ F_s = Stumpfnaht-Fläche F_k = Kehlnaht-Fläche		$\tau_S = \frac{N}{F_w}$	zul τ_S – Tl. 2, Tab. 4b

sowie Angaben über die entsprechenden zulässigen Beanspruchungen gemacht. Letztere sind in Anlehnung an DIN 4113 T1, Tab. 4 und T2, Tab. 4a bzw. Tab. 4b den Tab. 6.4 und 6.5 zu entnehmen.

Tabelle 6.4 Zulässige Beanspruchungen für Bauteile (nach DIN 4113 T1, Tab. 4)

Zeile	a Werksoffe und Werkstoffzustände nach Tabelle 1		b Zug und Druck zul σ H	c HZ	d Schub zul τ H	e HZ	f Lochleibung Schrauben, hochfeste Schrauben (ohne Vorspannung) mit einem Lochspiel von $\Delta d = 1$ mm zul σ_L H	g HZ	h Lochleibung Niete, Paßschrauben und hochfeste Paßschrauben (ohne Vorspannung)[5] mit $\Delta d \leq 0{,}3$ mm zul σ_L H	i HZ
1	AlZn4,5Mg1F35[1])	Bleche Rohre Profile	160	180	95	110	190	215	240	270
2	AlMgSi1F32/F31[2])	Bleche Rohre Profile	145	165	90	100	170	190	210	240
3	AlMgSi1F28[3])	Bleche Rohre Profile	115	130	70	80	130	145	160	180
4	AlMgSi0,5F22	Rohre Profile	95	105	55	60	120	135	145	165
5	AlMg4,5MnG31	Bleche	120	135	70	80	155	175	190	215
6a	AlMg4,5MnF27/W28	Bleche	70	80	45	50	90	100	115	130
6b	AlMg4,5MnF27	Rohre Profile	80	90	50	55	100	115	125	140
7	AlMg2Mn0,9F24, F25, G24[4]) AlMg3F24, F25, G24	Bleche Rohre	95	105	55	60	120	135	145	165
8	AlMg2Mn0,8F20	Rohre Profile	55	65	35	40	70	80	90	100
9	AlMg3F10	Rohre Profile	45	50	30	35	65	75	80	90
10	AlMg2Mn0,8W18, W/F19; AlMg3W18, W19, F19	Bleche Rohre								

[1]) Die Werte gelten bei Blechen bis 15 mm Dicke. Bei Blechen über 15 mm bis 60 mm ist ein Umrechnungsfaktor von c = 0,97 zu berücksichtigen (AlZn4,5Mg 1 F35)

[2]) Die Werte gelten bei Blechen bis 10 mm Dicke. Bei Blechen über 10 mm bis 100 mm Dicke ist ein Umrechnungsfaktor von c = 0,94 zu berücksichtigen (AlMgSi1 F30)

[3]) Die Werte gelten bei Blechen bis 20 mm Dicke, für Rohre 3 bis 20 mm Wanddicke, für Profile bis 10 mm Dicke

[4]) Die Werte gelten bei Blechen und Rohren bis 5 mm Dicke bzw. Wanddicke

[5]) Bei den eingebauten Schrauben darf der Gewindeteil des Schaftes nicht mehr als 20 % in die Lochleibungsfläche des äußeren Bleches hineinragen

Tabelle 6.5a Zulässige Beanspruchungen für die Wärmeeinflußzone (nach DIN 4113 T2, Tab. 4a)

	a				b		c		d		e		f	
1	Aluminiumlegierungen nach DIN 1725 Teil 1				AlZn4,5Mg1		AlMgSi1		AlMgSi0,5		AlMg4,5Mn		AlMg2Mn0,8 Almg3	
2	Schweißzusatzwerkstoffe nach DIN 1732 Teil 1				S-AlMg4,5Mn S-AlMg5		S-AlSi5 S-AlMg4,5Mn S-AlMg5		S-AlSi5 S-AlMg4,5Mn S-AlMg5		S-AlMg4,5Mn S-AlMg5		S-AlMg3 S-AlMg5 S-AlMg4,5Mn	
3	Nahtart nach Tabelle 3	Nahtgüte	Belastungsart		Lastfall H	HZ	H	HZ	H	HZ	H	HZ	H	HZ
4	2 bis 5	alle nachgewiesen	Druck Biegedruck Zug Biegezug	quer zur Nahtrichtung	100	115	75	85	45	50	75	85	45	50
5	2 bis 5	nicht nachgewiesen	Zug Biegezug		75	85	55	65	35	40	55	65	35	40
6	2 bis 5	alle	Schub		60	70	45	55	30	35	45	55	30	35
7	6 bis 10 bzw. 2 bis 5 bei vereinfachtem Nachweis nach Abschnitt 6.2.3		Scheren τ_S, τ_{SL} Vergleichswert σ_{vw}		65	75	50	60	30	35	50	60	30	35

Tabelle 6.5b Zulässige Beanspruchungen für Schweißnähte (nach DIN 4113 T2, Tab. 4b)

	a		b		c		d		e		f	
1	Aluminium-legierung nach DIN 1725 Teil 1		AlZn4,5Mg1		AlMgSi1		AlMgSi0,5		AlMg4,5Mn		AlMg2Mn0,8 AlMg3	
2	Spannungsart		Lastfall									
			H	HZ	H	HZ	H	HZ	H	HZ	H	HZ
3	Zug und Biegezug Druck + Biegedruck	σ	105	120	80	90	50	60	80	90	50	60
4	Schub	τ	65	75	50	60	30	35	50	60	30	35
5	Vergleichs-spannung	σ_v	145	160	100	115	65	75	100	115	65	75

6.2.6 Kombination von Schweißnähten mit anderen Verbindungsmitteln

Eine gemeinsame Kraftübertragung von Schweißnähten und anderen Verbindungsmitteln darf nur dann angenommen werden, wenn auf die Verträglichkeit der Formänderungen der verschiedenen Verbindungsmittel geachtet wird.

Bei nicht vorwiegend ruhender Belastung darf beispielsweise nur eine gemeinsame Kraftübertragung bei GV- oder GVP-Verbindungen und Stumpfnähten angenommen werden. Liegt dagegen eine vorwiegend ruhende Belastung vor, so darf in Stößen von Biegeträgern – sofern Schnittkräfte eines Querschnittsteils je für sich durch ein Verbindungsmittel übertragen werden – ein Zusammenwirken von Schweißnähten allgemein mit GV- oder GVP-Verbindungen aus HV-Schrauben oder Nieten oder Paßschrauben angenommen werden. Auch bei längsbeanspruchten Bauteilen kann für das Zusammenwirken von HV-Schrauben oder Nieten oder Paßschrauben mit Schweißnähten durch Zulassung der Nachweis der Brauchbarkeit erbracht werden.

6.2.7 Stabilitätsnachweise

Die entsprechenden Regelungen für die Nachweise gegen Biegeknicken, Biegedrillknicken, Kippen und Beulen umfassen einen wichtigen Teil der DIN 4113. Dieser Umfang war auch erforderlich, da ein Kompromiß zwischen den modernen internationalen Traglastauffassungen bei Stabilitätsversagen und dem herkömmlichen aus dem Stahlbau bekannten ω-Verfahren bzw. idealen Biegedrillknick- und Beulberechnungen gefunden werden mußte. Das Ergebnis ist eine Doppelspurigkeit, d.h. beide Auffassungen werden jeweils komplett als Rechnungsgänge I und II mit gegenseitiger Abstimmung angeboten. Die innerhalb der Stäbe infolge der WEZ entstehenden Schwachstellen erschweren dabei den Rechnungsgang.

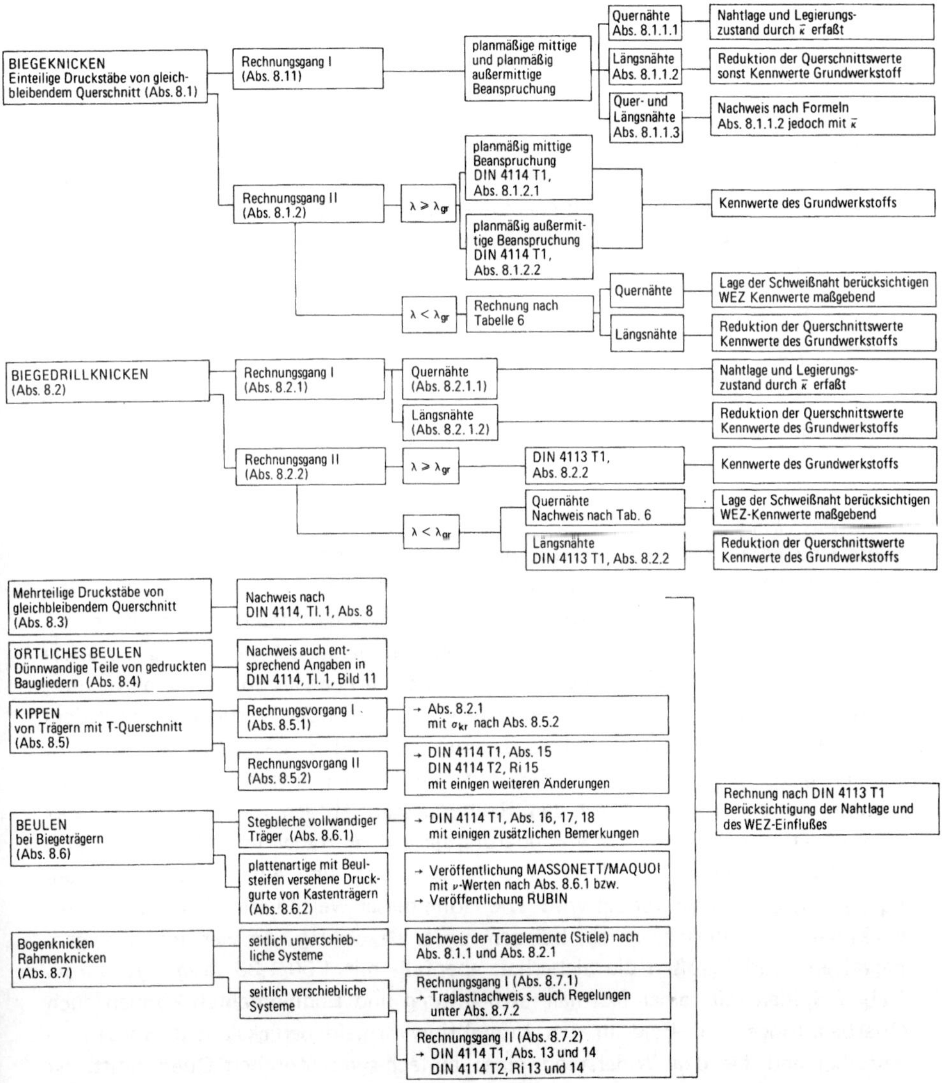

Bemerkung: Vereinfachend gesamtes Tragelement durch Schweißung als geschwächt betrachten. Mit Kennwerten für $R_{p0,2WEZ}$ bzw. zul σ_{WEZ} rechnen

Abb. 6.2 Übersicht des Stabilitätsnachweises nach DIN 4113 T2 für geschweißte Aluminium-Konstruktionen

Eine Übersicht der Stabilitätsnachweise für die beiden Rechnungsgänge I und II für geschweißte Aluminium-Konstruktionen nach DIN 4113 T2 ist in Abb. 6.2 enthalten.

Der Rechnungsgang I für das *Knicken* stützt sich auf das international im Vordergrund stehende Traglast-Interaktionskonzept, speziell für Aluminium – im Gegensatz zu Stahl – auf die beiden Interaktionsformeln (a) und (b) zwischen den Normalkräften einerseits und den Biegemomenten (incl. Normalkraftexzentrizität und Vergrößerungsfaktor aus Theorie II. Ordnung) andererseits. Es gilt also für die Fügeteile selbst:

$$\frac{N_\nu}{\mu \bar{\bar{N}}} + \frac{M_\nu}{\left(1 - \frac{N_\nu}{N^*}\right) \mu M^*} \leqslant 1 \qquad \text{(a)}$$

$$\psi \frac{N_\nu}{\bar{\bar{N}}} + \frac{M_\nu}{\left(1 - \frac{N_\nu}{N^*}\right) M^*} \leqslant 1 \qquad \text{(b)}$$

Diese sind echte Traglastausdrücke, obwohl die Belastungsgrößen N_ν und M_ν nur die ν-fachen Werte nach Theorie I. Ordnung sind. Die Formeln gelten für Stäbe und seitlich gehaltene Rahmentragwerke. Als erste wichtige Veränderung muß hervorgehoben werden, daß hierbei im Vordergrund der planmäßig außermittig gedrückte Stab steht, der planmäßig mittig gedrückte wird nur noch als Sonderfall betrachtet, denn auch er besitzt einen Momentenanteil $N \cdot u$ aus der Normalkraft und dem ungewollten Fehlhebel u (Tab. 6.6). Dieser Fehlhebel ist völlig frei wählbar, z.B. für den gesamten λ-Bereich als $l/500$ oder $l/1000$ hier jedoch wurde er so abgestimmt, daß die Ergebnisse nach dem Rechnungsgang II (dem ω-Verfahren) gedeckt werden. Die zweite wichtige Veränderung gegenüber früher liegt darin, daß jetzt über den gesamten Schlankheitsbereich nur noch eine einzige Sicherheitszahl $\nu_{H/HZ} = 1{,}5/1{,}33$ angewendet wird. Die Höhe dieser Werte leitet sich aus der Entwicklung des ω-Verfahrens ab, bei dem unter Beachtung von vier unabhängigen, negativen Einflußgrößen die Sicherheit ebenfalls mit 1,50/1,33 festgelegt wurde. Neben Stäben mit reiner Normalkraftbelastung und Endmomenten können auch Querbelastungen im Feld in den Interaktionsformeln berücksichtigt werden. – Entscheidend für den Widerstand eines einfach-symmetrischen Querschnitts ist neben seiner Form der Lastangriffspunkt. Bedenkt man z.B. bei einem T-Querschnitt mit sich überschlagender Momentenlinie, daß auch die Exzentrizität wechselt (Tab. 6.7), so wird klar, daß die Nachweise für beide Ränder geführt werden müssen. Dies war nach der 0,9-Formel der bisherigen DIN 4113 nicht der Fall.

Aus der Literatur ist gewöhnlich nur eine Interaktionsformel für Stahl bekannt; für Aluminium sind die Formeln (a) und (b) erforderlich. Das läßt sich folgendermaßen erklären. Zunächst hatte jede Legierung ein eigenes Streubüschel von σ-ϵ-Linien (s. hierzu Abb. 6.3), und die Relationen von Nichtlinearität, 0,2-Grenze, Bruchfestig-

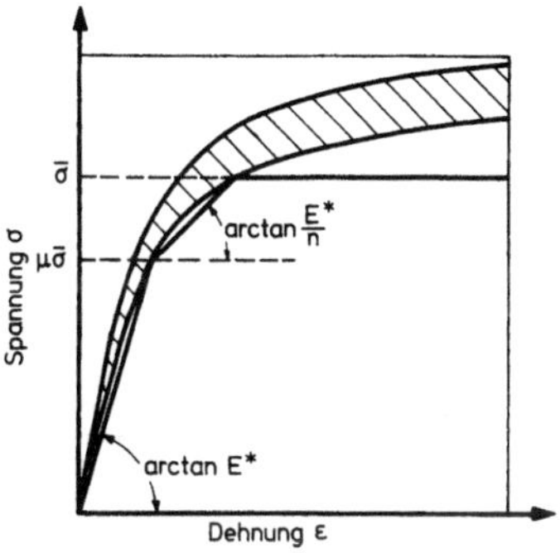

Abb. 6.3 Streubereich der σ-ϵ-Linien einer Al-Legierung und 3-teiliger Sekantenzug

keit, Verfestigung etc. waren recht verschieden. Die Aufgabe bestand darin, mit der geringstmöglichen Anzahl von Kenngrößen eine derartige Vereinheitlichung vorzunehmen, daß für alle Legierungen die Berechnungen nach dem gleichen Interaktionsgedanken vorgenommen werden konnten. Die Ableitung der Formeln (a) und (b) erfolgte zunächst exakt für den Sandwichquerschnitt, die Erweiterung auf andere Querschnitte geschah dann mit Hilfe der k-Werte, das nichtlineare Werkstoffverhalten wurde durch einen unterhalb des Streubüschels liegenden, 3-teiligen Sekantenzug ersetzt, die Kennwerte E^*, $\bar{\sigma}$, μ und n wurden so optimiert, daß sich die höchstmöglichen Traglasten ergaben; in diesem Zusammenhang sind auch die ungewollten Außermittigkeiten u zu sehen. Zwei Formeln ergeben sich, weil die Flansche des Sandwichquerschnitts in verschiedenen Bereichen der σ-ϵ-Linie liegen können. – Es ist zu erwähnen, daß beide Formeln sicher sind, daß jedoch jeweils die eine wirtschaftlichere Traglasten liefert. So gilt diesbezüglich des Schlankheitsbereiches λ i.a. die Formel (b) links von Formel (a).

Bei geschweißten Aluminiumkonstruktionen konnte der zunächst für ungeschweißte Bauteile geltende Formelaufbau beibehalten werden. Knickstäbe mit Quernähten werden nach den Interaktionsformeln mit den vollen Querschnittswerten und auf $\bar{\kappa} \leqslant 1$ reduzierter rechter Seite, solche mit Längsnähten dagegen mit reduzierten Querschnittswerten berechnet. In Abb. 6.4 ist eine übersichtliche Zusammenstellung der Formeln zu finden. Weitere Erläuterungen zu den verschiedenen Parametern sind in Abb. 6.5 enthalten. Sofern Quer- und Längsnähte gleichzeitig in einem Knickstab auftreten, wird bei den Interaktionsformeln sowohl mit reduzierten Querschnittswerten gerechnet als auch die rechte Seite mit $\bar{\kappa}$ ersetzt. Es ist das Biegeknicken sowohl um die x-Achse als auch um die y-Achse getrennt nachzuweisen.

Es wird darauf aufmerksam gemacht, daß beim heutigen Aufbau der Interaktionsformeln und bei speziellen Fällen der Anordnung von Quernähten in den äußeren Druckstabbereichen rechnerisch nicht eindeutige Verhältnisse zwischen Traglast und Schlankheit resultieren können. Erst eine vertiefte Analyse der tatsächlichen Zustände und eine entsprechende Anpassung der Rechenformeln wird hier Klarheit bringen.

Tabelle 6.6 Festwerte für Sekantenzüge und ungewollte Außermittigkeit (nach DIN 4113 T1, Tab. 8)

Zeile	Legierung	$\bar{\sigma}$ N/mm²	E* N/mm²	μ (-)	n (-)	ungewollte Außermittigkeit u Rohre + I-Profile	L + ⅃L-Profile
1	AlZn4,5Mg1 F35	290	68 000	0,85	4,0	$i \cdot \left[\left(\frac{\lambda}{160}\right)^2 + \left(\frac{\lambda}{160}\right)^3\right]$	$i \cdot \left[\left(\frac{\lambda}{240}\right)^2 + \left(\frac{\lambda}{120}\right)^3\right]$
2	AlMgSi1 F32	270	68 000	0,85	4,0	$i \cdot \left(\frac{\lambda}{120}\right)^2$	$i \cdot \left(\frac{\lambda}{110}\right)^2$
3	AlMgSi1 F28	210	65 000	0,80	4,0	$i \cdot \left(\frac{\lambda}{180}\right)^2$	$i \cdot \left(\frac{\lambda}{190}\right)^2$
4	AlMgSi0,5 F22	170	65 000	0,85	4,5	$i \cdot \left(\frac{\lambda}{190}\right)^2$	$i \cdot \left(\frac{\lambda}{200}\right)^2$
5	AlMg4,5Mn G31	230	65 000	0,80	5,0	$i \cdot \left(\frac{\lambda}{140}\right)^2$	$i \cdot \left(\frac{\lambda}{150}\right)^2$
6a	AlMg4,5Mn F27/W28 Querschnitte aus Blech	130	65 000	0,85	5,0	$i \cdot \left(\frac{\lambda}{220}\right)^2$	$i \cdot \left(\frac{\lambda}{230}\right)^2$
6b	AlMg4,5Mn F27 Rohre + Profile	150	65 000	0,85	5,0	$i \cdot \left(\frac{\lambda}{210}\right)^2$	$i \cdot \left(\frac{\lambda}{220}\right)^2$
7	AlMg2Mn0,8 F24/G24/F25 AlMg3 F24/G24/F25	170	65 000	0,85	4,5	$i \cdot \left(\frac{\lambda}{190}\right)^2$	$i \cdot \left(\frac{\lambda}{200}\right)^2$
8	AlMg2Mn0,8 F20	110	60 000	0,80	5,0	$i \cdot \frac{\lambda}{400}$	$i \cdot \frac{\lambda}{500}$
9	AlMg3 F18	80	55 000	0,75	5,0	$i \cdot \frac{\lambda}{500}$	$i \cdot \frac{\lambda}{580}$
10	AlMg2Mn0,8 F/W19, F18 AlMg3 F/W19, F18						

Tabelle 6.7 Charakteristischer Beiwert k (nach DIN 4113 T1, Tab. 9)

Querschnitt, Lastangriff	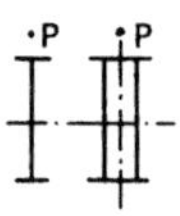	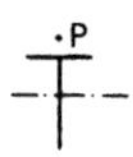		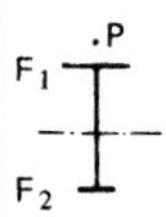 $F_2 \leqslant F_1$	 $F_2 \leqslant F_1$	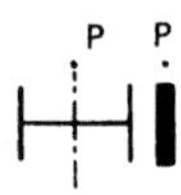	
k-Wert	1,1	0,7	1,1	$0{,}7 + 0{,}4 \frac{F_2}{F_1}$	1,1	1,25	1,2

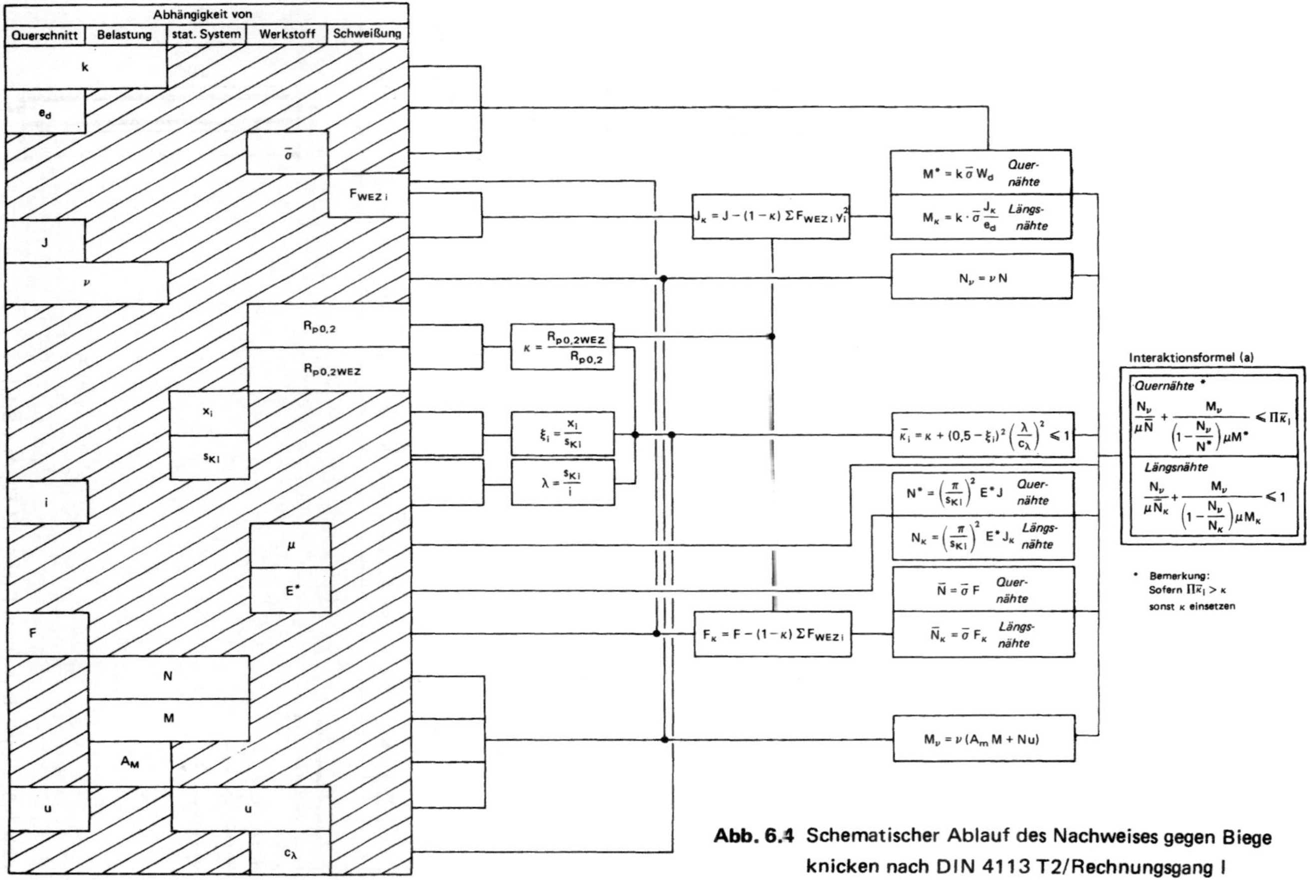

Abb. 6.4 Schematischer Ablauf des Nachweises gegen Biege knicken nach DIN 4113 T2/Rechnungsgang I

allgemeine Bemessungsformeln (Fügeteile)

wenn $\frac{n+1}{2}\,\frac{N_\nu}{N^*} > 1$ $\quad \frac{N_\nu}{\mu \bar{N}} + \frac{M_\nu}{(1 - N_\nu/N^*)\,\mu \cdot M^*} \leq 1$ (a)

sonst $\quad \psi \frac{N_\nu}{\bar{\bar{N}}} + \frac{M_\nu}{(1 - N_\nu/N^*)\,M^*} \leq 1$ (b)

mit $\psi = 1 + \frac{n-1}{2}\,(1-\mu)\,\frac{\bar{N}}{N^* - N_\nu}$ $\quad n$ = Werkstoffbeiwert (Tab. 6.6)

Bei Längsbelastung gilt

$N^* = \frac{\pi^2 E^* J}{s_{ki}^2}$ Eulerlast in M-Ebene

$M^* = M_{pl} = k \cdot \bar{\sigma} W_d$ ($\bar{\sigma}$ aus Tab. 6.6)

k charakt. Querschnittswert (Tab. 6.7)

W_d Widerstandsmom. für Druckrand

$\bar{N} = \bar{\sigma} \cdot F$

F Stabquerschnitt

$N_\nu = \nu \cdot N$ ν-facher Absolutwert der größten Stabdruckkraft

ν Sicherheitsfaktor $\nu_H = 1{,}5$; $\nu_{HZ} = 1{,}33$

$M_\nu = \nu \cdot (A_M \cdot M + N \cdot u)$

$M = |M_1|$ Absolutwert des maßgebenden Stabendmomentes $|M_2| \geq |M_1|$

u ungewollte Außermittigkeit (Tab. 6.6)

$A_M = 0{,}8 + 0{,}3\,M_1/M_2$

μ Werkstoffbeiwert (Tab. 6.6)

Bei Längs- und Querbelastung gilt

$A_M = 1{,}1$

M max. $|M_{Feld}|$ der größte Absolutwert des Feldmomentes zwischen dem 1. und 3. Viertelspunkt der Stablänge

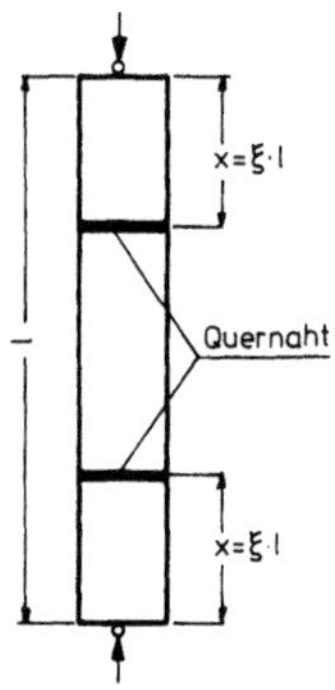

Knickstäbe mit Quernähten

$$\frac{N_\nu}{\mu \bar{N}} + \frac{M_\nu}{(1 - N_\nu/N^*)\,\mu M^*} \leq \bar{\kappa} \quad \text{(a)}$$

$$\psi \frac{N_\nu}{\bar{N}} + \frac{M_\nu}{(1 - N_\nu/N^*)\,M^*} \leq \bar{\kappa} \quad \text{(b)}$$

$$\bar{\kappa} = \kappa + (0{,}5 - \xi)^2 \left(\frac{\lambda}{c_\lambda}\right)^2 \leq 1$$

sonst Formeln wie oben

Legierung	AlZn4,5Mg1 F35/F34	AlMgSi1 F32/F31/F30	AlMgSi1 F28	AlMgSi0,5 F22	AlMg4,5Mn G31	AlMg4,5Mn, F27 Rohre, Profile	AlMg3 F/G24, 25 AlMg2Mn0,8 F/G24, 25	AlMg2Mn0,8 F20	AlMg4,5Mn F/W27 AlMg3F/W19, F/W18 AlMg2Mn0,8 F/W19, W18
c_λ	30	35	40	40	45	45	50	55	–
$\kappa = \frac{R_{p0,2\,WEZ}}{R_{p0,2}}$	0,65	0,50	0,60	0,50	0,60	0,90	0,45	0,80	1,00

Knickstäbe mit Längsnähten

Formeln wie oben jedoch mit

$\bar{\kappa} = 1$

$\bar{N} \rightarrow \bar{N}_\kappa = \bar{\sigma} \cdot F_\kappa$

$N^* \rightarrow N_\kappa^* = \left(\frac{\pi}{s_{ki}}\right)^2 E^* \cdot J_\kappa$

$M^* \rightarrow M_\kappa^* = k \cdot \bar{\sigma} \cdot \frac{J_\kappa}{e_d}$

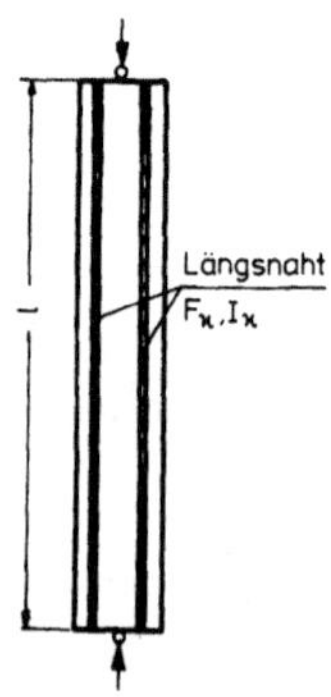

Abb. 6.5 Biegeknicken nach DIN 4113 T2, Abs. 8.1.1

Das *Biegedrillknicken* nach Rechnungsgang I erfolgt grundsätzlich nach den gleichen Interaktionsformeln wie das Knicken. Einzige Ergänzungen sind, daß jetzt im Vergrößerungsfaktor des Momentenanteils die bisherige Eulerknicklast N^* durch den kleineren Wert aus Eulerknicklast (in der Momentenebene) bzw. idealer Drillknicklast mit λ_{Vi} ersetzt wird, außerdem ist für das Grenzmoment M^* der kleinere Wert aus dem plastischen Moment bzw. dem idealen Kippmoment einzusetzen. Bei letzterem ist speziell für einfach-symmetrische Querschnitte zu beachten, daß dasjenige ideale Kippmoment M_{ki} auszuwählen ist, das den gleichen Drehsinn wie das belastende Moment M_ν hat.

Auch das *Kippen* von Biegeträgern schließt an die Biegedrillknickberechnung für gedrückte Stäbe an und läßt sich grundsätzlich ebenso mit den gleichen Interaktionsformeln behandeln. Da beim reinen Kippen die Normalkraft des gesamten Querschnitts Null ist, wurde mit einem Trick dafür gesorgt, daß in den Interaktionsausdrücken nicht der Momentenanteil allein ohne Vergrößerungsfaktor zurückbleibt; es wurde i.w. einfach die Druckkraft M/h des auskippenden Gurtes, kombiniert mit der Schlankheit λ_y, als Normalkraft angesetzt.

Eine Übersicht für die Durchführung der Nachweise gegen Biegedrillknicken und Kippen ist in der Abb. 6.6 für Stäbe mit Quernähten bzw. Längsnähten.

Der Rechnungsgang II (vgl. Abb. 6.7) hat als Grundlage für das Knicken und das Biegedrillknicken die gleichen Grundgedanken wie die bisherige DIN 4113, d.h. also wie die DIN 4114. Wegen der Vielzahl der Legierungen einerseits und wegen der Besserstellung der Rohrquerschnitte andererseits ergeben sich insgesamt 16 Tabellen für ω-Werte. Außerdem ist zu bemerken, daß theoretisch und anhand von Versuchen festgestellt wurde, daß beim Biegedrillknicken die Berechnung über λ_{vi} im gedrungenen Bereich zu unsicheren Ergebnissen führen kann. Das Kippen lehnt sich ebenso stark an die DIN 4114 an, doch konnten in dem Ausdruck für die kritische Kippspannung σ_{kr} insbesondere neuere Versuchsergebnisse berücksichtigt werden. – Der Rechnungsgang II mag im Fall des Stabilitätsnachweises von nichtgeschweißten Bauteilen (also nach DIN 4113 T1) vorteilhafter in der Anwendung sein als der Rechnungsgang I, bei dem zahlreiche Kennwerte und Faktoren festgestellt und berechnet werden müssen, bevor der eigentliche Nachweis nach den Interaktionsformeln durchgeführt werden kann. Bei geschweißten Bauteilen jedoch läuft der Rechnungsgang II nur mit Einschränkungen ab. Hier liefert der Rechnungsgang I das übersichtlichere Verfahren.

Die entsprechenden Vorschriften der DIN 4113 zum *Beulnachweis* von Blechen unter Schub- und Normalspannungen stellen momentan einen noch unfertigen Kompromiß dar. Neuere Konzepte, bei denen die Traglastberechnung und der Gebrauchsfähigkeitsnachweis im Vordergrund stehen, u.a. auch der Einbezug von Imperfektionen geometrischer und struktureller Art, lassen erwarten, daß die zur Zeit noch bestehenden Vorschläge in Richtung auf größere Wirklichkeitsnähe ver-

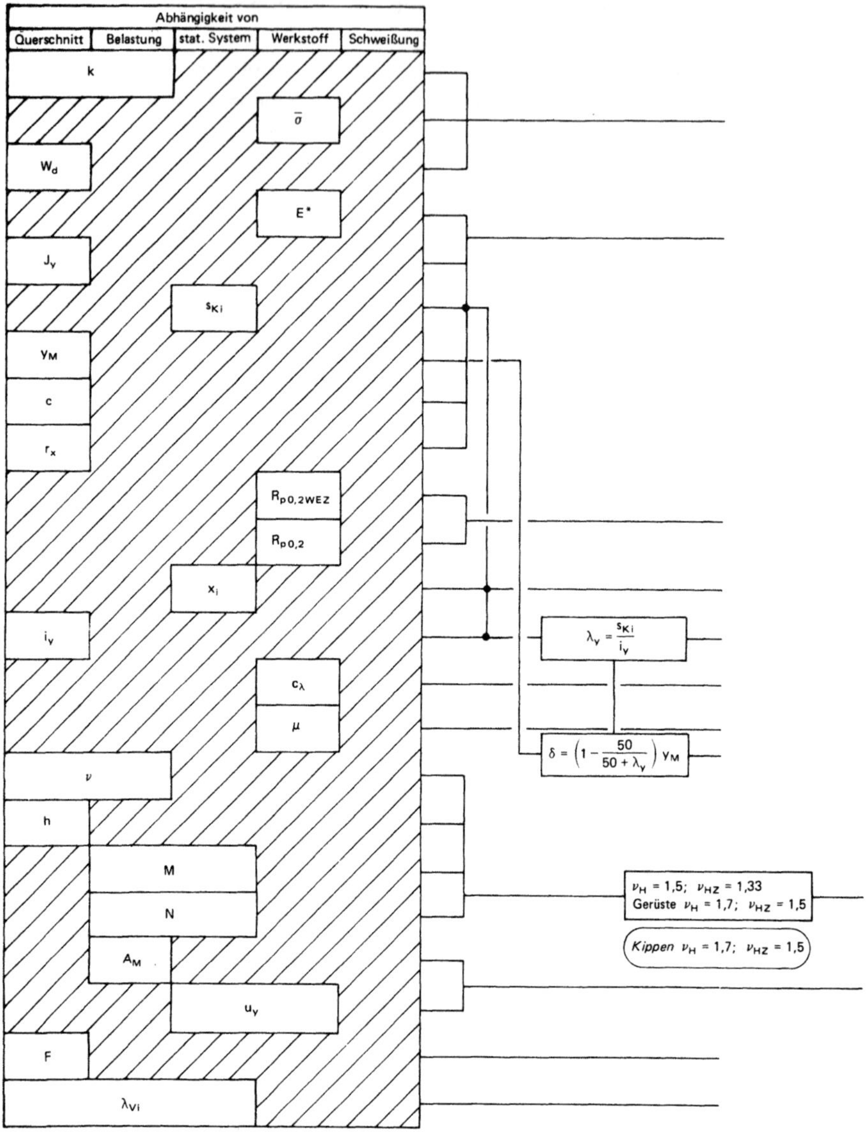

Bei Längsnähten ist die rechte Seite der Interaktionsformel gleich 1 zu setzen. Weiterhin ist mit reduzierten Querschnittswerten F_K, W_K, J_K zu rechnen bzw. zu setzen:

$\overline{N} = \overline{N}_K = \overline{\sigma} F_K$ $\quad N^* = N_K^* = \alpha_E N^*$ ermäßigte ideelle Last für Ausknicken in der M-Ebene $\quad \alpha_E = \dfrac{N_{Ky\,Euler}}{N_{y\,Euler}}$

$M^* = M_K^* = \dfrac{M_K}{\sqrt{1 + \left(\dfrac{M_K}{\alpha_E M_{Ki}}\right)^2}}$ wobei $M_K = k\,\overline{\sigma}\,W_K$ und M_{Ki} nach DIN 4113 T1, Abs. 8.2.1 mit J_{Ky}

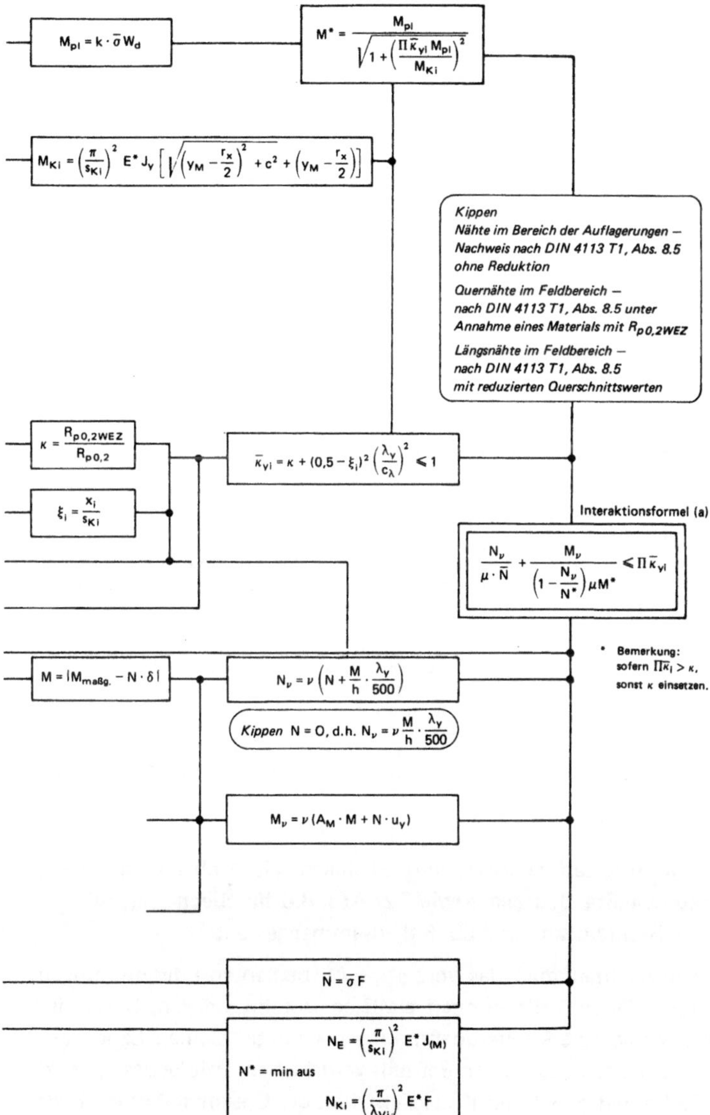

Abb. 6.6 Schematischer Ablauf der Nachweise gegen Biegedrillknicken und Kippen für Quernähte nach DIN 4113 T2/Rechnungsgang I

Biegeknicken

λ_x und $\lambda_y \geqslant \lambda_{gr}$ — λ_{gr} nach DIN 4113 T2, Tab. 6

Nachweis nach DIN 4113 T1, Abs. 8.1.2
mit Kennwerten des Grundwerkstoffs

planmäßig mittiger Druck $\quad \omega \frac{N}{F} \leqslant \text{zul}\,\sigma$

planmäßig außermittiger Druck $\quad \omega \frac{N}{F} + 0{,}9 \frac{M}{W_d} \leqslant \text{zul}\,\sigma$

zusätzlich wenn $e_z > e_d$ $\quad \omega \frac{N}{F} + \frac{300 + 2\lambda}{1000} \frac{M}{W_z} \leqslant \text{zul}\,\sigma$

ω nach DIN 4113 T1, Tab. 10a–b

Bei zweiachsiger Außermittigkeit ist nach DIN 4114 T1, 10.06 zu verfahren

λ_x oder $\lambda_y < \lambda_{gr}$

Quernähte

$$\frac{\nu N}{F} + \frac{\nu (M_{Naht} + Nu^*)}{\left(1 - \frac{\nu N}{N_E}\right) W} \leqslant R_{p0,2WEZ}$$

$\nu_H = 1{,}7; \quad \nu_{HZ} = 1{,}5$

u^* = Auslenkung an jeweiliger Nahtstelle, wobei Sinusform mit Pfeilhöhe u nach DIN 4113 T1, Tab. 8 zugrundegelegt wird

Längsnähte

Nachweis nach DIN 4113 T1, Abs. 8.1.2 mit $R_{p0,2}$ des Grundwerkstoffs, jedoch mit reduzierten Querschnittswerten F_K, W_K und J_K

Biegedrillknicken

mindestens einfach symmetrische Querschnitte werden vorausgesetzt

$\lambda_{Vi} \geqslant \lambda_{gr}$ — λ_{gr} nach DIN 4113 T2, Tab. 6

Nachweis nach DIN 4113 T1, Abs. 8.2.2

bzw. nach $\quad \frac{\omega N}{F} \leqslant \text{zul}\,\sigma$

mit ω aus Tab. 10a–b mit λ_{Vi} nach DIN 4113 T1, Abs. 8.2.2.1 oder 8.2.2.2

$\lambda_{Vi} < \lambda_{gr}$

Quernähte

Nachweis nach DIN 4113 T2, Tab. 7 bzw. Gl. (14) – s. oben – wenn Naht in äußeren Sechstel der Knicklänge, sonst Nachweis nach Rechnungsgang I

Längsnähte

Nachweis nach DIN 4113 T1, Abs. 8.2.2 mit $R_{p0,2}$ des Grundwerkstoffs, jedoch mit reduzierten Querschnittswerten F_K, W_K und J_K

Abb. 6.7 Nachweis gegen Biegeknicken und Biegedrillknicken nach DIN 4113 T2/Rechnungsgang II

bessert werden. Die wichtigsten Schritte zum Beulnachweis nach DIN 4113 T1, Abs. 8.6 für nicht-geschweißte Bauteile sowie T2, Abs. 8.6 für Bleche mit wärmebeeinflußten Zonen im Beulfeld sind in Abb. 6.8 zusammengestellt.

Als *örtliches Beulen* bezeichnet man das vorzeitige Ausbeulen von dünnwandigen Teilen von Druckstäben. Diese Teile können elastisch instabil werden, bevor der Druckstab als Ganzes versagt; sie können dann auf einer relativ kleinen Länge ausbeulen und somit ein Versagen des ganzen Bauteils verursachen. Infolgedessen wird gefordert, daß ihre Sicherheit gleich der Knicksicherheit des Gesamtstabes ist. Falls kein genauerer Nachweis erbracht wird, ist das Verhältnis h/t von freier Höhe zu Dicke des untersuchten Teils gemäß Abb. 6.9 zu bestimmen. Eine ausführlichere Behandlung des Problems des örtlichen Beuelens beinhaltet British Standord CP118: 1969 unter Abschnitt 4.5.

Nachweis der Beulsicherheit analog zu DIN 4113 T1, Abs. 8.6 bzw. DIN 4114 T1, Abs. 16, 17, 18 und T2, Ri 17, 18.

a) Stegbleche vollwandiger Träger (längsgerichtete Normalspannungen, Schubspannungen)

Spannungen σ_1, σ_2 und τ

Seitenverhältnis α; Spannungsverhältnis ψ; Beulwert k bzw. k'

ideale Beulspannung $$\sigma_{1Ki} = k \cdot \sigma_e \text{ bzw. } \tau_{Ki} = k' \cdot \sigma_e$$ wobei

Euler'sche Knickspannung $$\sigma_e = 631 \left(\frac{10}{b}\right)^2 \text{ N/mm}^2$$

ideale Vergleichsspannung $$\sigma_{VKi} = \frac{\sqrt{\sigma_1^2 + 3\tau^2}}{\frac{1+\psi}{4} \cdot \frac{\sigma_1}{\sigma_{1Ki}} + \sqrt{\left(\frac{3-\psi}{4} \cdot \frac{\sigma_1}{\sigma_{1Ki}}\right)^2 + \left(\frac{\tau}{\tau_{Ki}}\right)^2}}$$

sofern $\sigma_{VKi} \geqslant \sigma_p = R_{p0,2WEZ} - 2\sqrt{R_{p0,2WEZ}}$ mit $R_{p0,2WEZ}$ in N/mm² ist eine „abgeminderte Vergleichsspannung" σ_{VK} nach DIN 4113 T2, Tab. 12 (mit $R_{p0,2} = R_{p0,2WEZ}$) zu ermitteln

$$\text{vorh } \nu_B = \frac{\sigma_{VK}}{\sqrt{\sigma_1^2 + 3\tau^2}} \geqslant \text{zul } \nu_B = \sqrt{\frac{\left(\frac{\sigma}{\sigma_{Ki}}\right)^2 + \left(\frac{\tau}{\tau_{Ki}}\right)^2}{\left(\frac{\sigma}{\nu\,\sigma_{Ki}}\right)^2 + \left(\frac{\tau}{c \cdot \tau_{Ki}}\right)^2}}$$

Lastfall	H	HZ	b/t
ν	1,5	1,35	$\leqslant 100$
	1,7	1,5	> 100
c	1,35	1,25	

σ und τ ermitteln sich gemäß DIN 4114 T1, Abs. 16 bzw. nach KLÖPPEL/SCHEER: Beulwerte ausgesteifter Rechteckplatten bzw. KLÖPPEL/MÖLLER: Beulwerte ausgesteifter Rechteckplatten, Bd. II Verlag Ernst u. Sohn

b) Plattenartige, jedoch immer mit Beulsteifen versehene Druckgurte von Kastenträgern

Nachweis entweder nach RUBIN, H.: Das Tragverhalten längsversteifter, vorverformter Rechteckplatten unter Axialbelastung nach der nichtlinearen Beultheorie. Institut für Baustatik und Meßtechnik, Universität Karlsruhe, Heft 1, 1976 oder nach KLÖPPEL/MÖLLER bzw. DIN 4114 bei Zugrundelegung der oben festgelegten Sicherheitszahlen.

Abb. 6.8 Nachweis gegen Beulen nach DIN 4113 T2, Abs. 8.6

Nachweis wird analog zu DIN 4113 T1, Abs. 8.4 durchgeführt unter der vereinfachenden Annahme, daß an der zu untersuchenden Stelle Material mit $R_{p0,2WEZ}$ vorhanden ist.

Forderung: Die Beulsicherheit des zu untersuchenden Baugliedes darf nicht kleiner als die Knicksicherheit des Gesamtstabes sein.

Vereinfachter Nachweis:

a) Offene Profile, Rechteckrohre

t, h	Dicke und Höhe des untersuchten Teils	nach DIN 4113 T2, Bild 4 oder DIN 4114 T1, Bild 11
δ, b	Dicke und Breite der einspannenden Platte	

Kennwert $\vartheta = \dfrac{b \cdot t}{h \cdot \delta}$ bei $b \cdot t > h \cdot \delta$ oder wenn keine einspannende Platte vorhanden $\vartheta = 1$

$$\text{vorh}\,\frac{h}{t} < \text{zul}\,\frac{h}{t} = f(\lambda;\ R_{p0,2})$$

$f(\lambda;\ R_{p0,2})$ je nach Querschnittsform nach DIN 4113 T2, Tab. 11a und Tab. 11b mit $R_{p0,2} = R_{p0,2WEZ}$.

b) Rundrohre

$$\text{vorh}\,\frac{t}{r} > \frac{25\,R_{p0,2WEZ}}{E} \qquad \text{mit } r = \frac{r_i + r_a}{2}$$

für den gesamten Schlankheitsbereich

Abb. 6.9 Nachweis gegen örtliches Beulen nach DIN 4113 T2, Abs. 8.4

Abschließend ist noch zu erwähnen, daß ein Sicherheitsnachweis nach der nichtlinearen Elastizitätstheorie z.B. nach dem Verfahren der DASt-Richtlinie 008 (März 1973), bei dem ein Grenzzustand mit plastischen Gelenken als verifizierbare Gleichgewichtslage zugrundeliegt, bis auf weiteres bei Aluminiumkonstruktionen nicht angewendet werden soll. Man will überhaupt erst die Erfahrungen mit Aluminium-Tragwerken – mit nichtlinearem Werkstoffgesetz – weiter vertiefen. Der Traglastgedanke darf bei biegebeanspruchten Konstruktionen Anwendung finden, z.B. im Sinne der DIN 1050, jedoch nicht bei stabilitätsbeanspruchten Konstruktionen. Bei Rahmen kann eine Berechnung nur nach der Elastizitätstheorie II. Ordnung unter ν-fachen Lasten und als Grenzbedingung das Erreichen der 0,2-Grenze in der meistbeanspruchten Faser zugelassen werden. Sollen andere Verfahren mit höherer Ausnutzung zur Anwendung kommen, so geht das über den Normentwurf zur DIN 4113 hinaus, und es ist jeder Einzelfall gesondert zu prüfen.

6.3 Tragfähigkeit von geschweißten Bauteilen

Die Beanspruchung von Schweißnähten in Stößen und Anschlüssen bei längsbeanspruchten bzw. biegebeanspruchten Stäben wird durch die Rechenformeln des Abs. 6 der DIN 4113 T2 erfaßt und der zulässigen Beanspruchung gegenübergestellt (Tab. 6.3 und 6.5). Die Tragfähigkeit des Stoßes oder Anschlusses hängt dabei von der Form der Schweißverbindung und der Beanspruchungsart ab, wenn man zunächst von weiteren werkstoffabhängigen Kennwerten absieht.

Andererseits wird die Tragfähigkeit eines geschweißten Bauteils neben der Höhe des Festigkeitsabfalls noch von der Ausbreitung der Wärmeeinflußzone und von der Lage der Schweißnähte im Querschnitt bzw. im Bauteil bestimmt. Das wird auch von den Interaktionsformeln für den durch Normalkräfte belasteten Stab beim Stabilitätsnachweis nach Abs. 7 der DIN 4113 T2 berücksichtigt (Abb. 6.4 bis 6.6).

Im folgenden wird durch einige zusätzliche Erläuterungen und Diagramme der Einfluß dieser geometrischen Größen auf die Tragfähigkeit von Stößen oder Anschlüssen sowie von Druckstäben mit Längs- und Quernähten für charakteristische Fälle aus der Praxis gezeigt.

6.3.1 Anschlüsse und Stöße

Geschweißte Anschlüsse und Stöße können mit verschiedentlich ausgebildeten Stumpfnähten und Kehlnähten ausgeführt werden. In der Bemessungspraxis muß man die für die Aufnahme vorgegebener Kräfte erforderliche Nahtdicke und -länge bestimmen. Für vier häufig vorkommende Fälle – Stumpfnaht ohne bzw. mit nachgewiesener Nahtgüte, einfache Kehlnaht und Doppelkehlnaht – werden in den Abb. 6.10 bis 6.13 Tragfähigkeits-Bemessungsdiagramme in Abhängigkeit von der Nahtdicke für sechs Aluminiumlegierungen auf der Grundlage der zulässigen Beanspruchungen der DIN 4113 T2 gegeben.

Die rechnerische Nahtdicke a wird in DIN 4113 T2, Tab. 3, in Anlehnung an DIN 4100 angegeben und im allgemeinen gleich der Höhe des einschreibbaren gleichschenkligen Dreiecks angenommen. Die Neigung der Bruchebene braucht jedoch, wenn wir beispielsweise hier stellvertretend den Fall einer Doppelkehlnaht näher betrachten, nicht identisch mit der Neigung dieser minimalen Nahtdicke von 45° zur Kraftrichtung zu sein. Zwei Grenzfälle können angegeben werden: die Ebene der maximalen Scherbeanspruchung und die Ebene der maximalen Zugbeanspruchung. Erstere tritt in einer um den Winkel θ zur Beanspruchungsrichtung geneigten Ebene $y-y$ auf. Die zweite tritt auf einer $\theta + 45^\circ$ geneigten Ebene $x-x$ auf (Abb. 6.14).

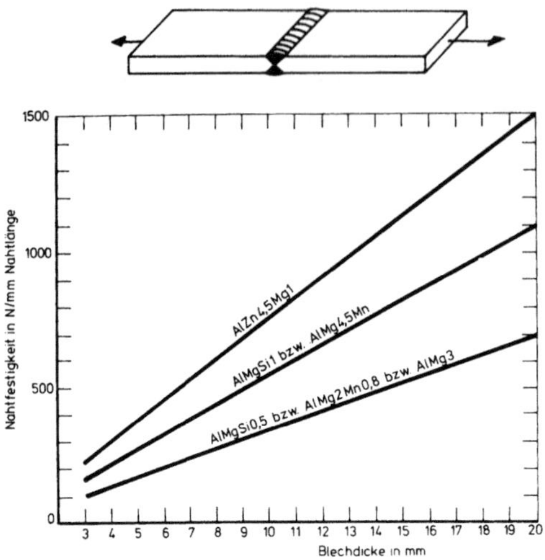

Abb. 6.10 Nahtfestigkeit für Stumpfnähte ohne Nachweis der Nahtgüte

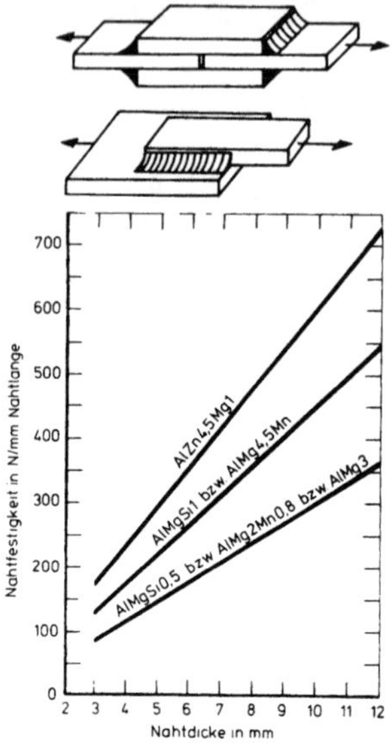

Abb. 6.12 Nahtfestigkeit für Schweißverbindungen durch Stirn- oder Flankenkehlnähte

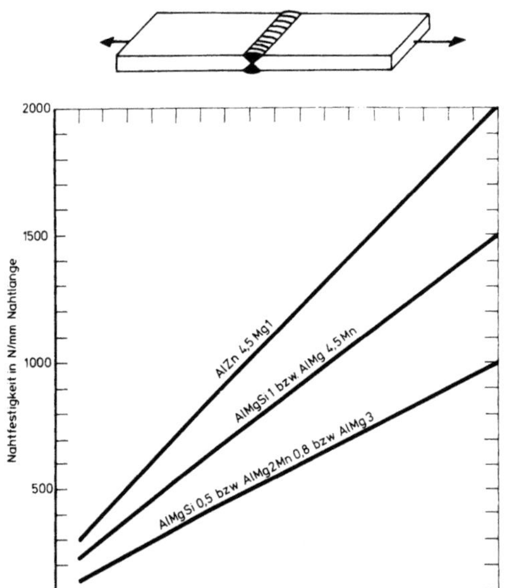

Abb. 6.11 Nahtfestigkeit für Stumpfnähte mit Nachweis der Nahtgüte

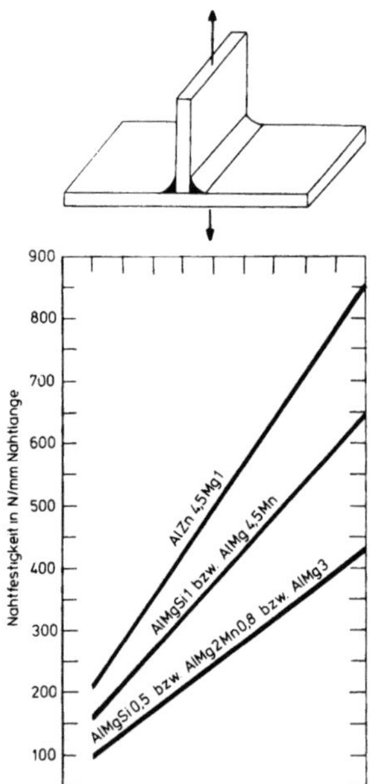

Abb. 6.13 Nahtfestigkeit für Schweißverbindungen durch symmetrische Doppelkehlnähte

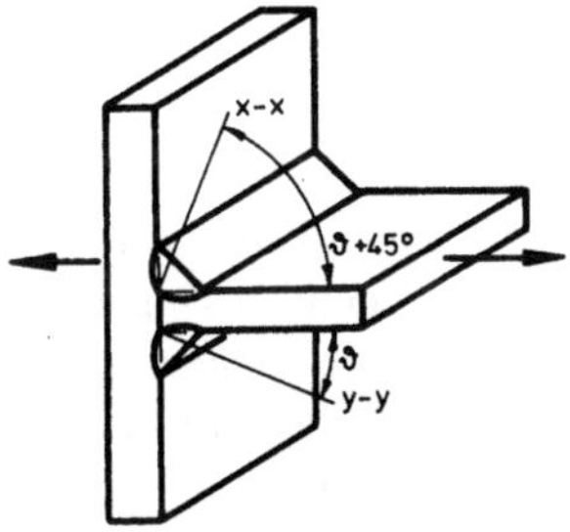

Abb. 6.14 Ebenen der maximalen Scher- (y - y) und Zugspannungen (x - x)

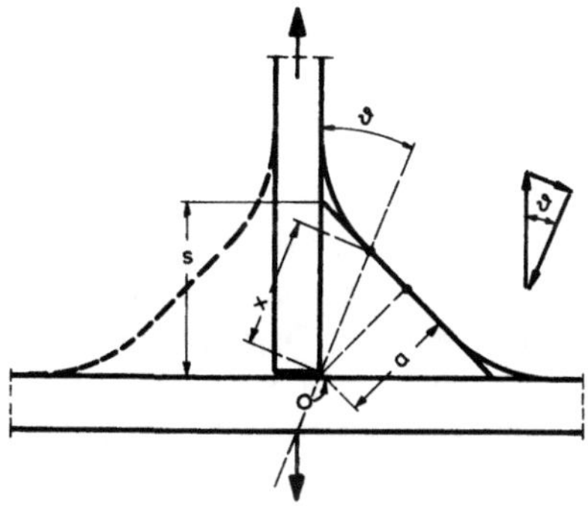

Abb. 6.15 Zur Geometrie der Schweißnaht

Der Winkel θ läßt sich folgendermaßen bestimmen (Abb. 6.15):

Normalkraft $P_n = \frac{P}{2} \sin\theta$; Scherkraft $P_s = \frac{P}{2} \cos\theta$

$x = \frac{s \cdot \sin 45^\circ}{\cos(45^\circ - \theta)}$; $a = s \cdot \sin 45^\circ$

Normalbeanspruchung $\sigma = \frac{P_n}{x}$ bzw. nach entsprechender

Transformation $\sigma = \frac{P}{2s} \sin\theta \cos\theta + \frac{P}{2s} \sin^2\theta$

Scherbeanspruchung $\tau = \frac{P}{2s} \sin\theta \cos\theta + \frac{P}{2s} \cos^2\theta$

Die Maximalwerte für σ und τ können aus

$\frac{d\sigma}{d\theta} = 0$ bzw. $\frac{d\tau}{d\theta} = 0$

$$\frac{P}{2s}(\cos^2\theta - \sin^2\theta) + \frac{P}{2s} 2\sin\theta \cos\theta = 0 \quad \text{bzw.}$$

$$\frac{P}{2s}(\cos^2\theta - \sin^2\theta) - \frac{P}{2s} 2\sin\theta \cos\theta = 0 \quad \text{und daraus}$$

$\frac{P}{2s} \cos 2\theta + \frac{P}{2s} \sin 2\theta = 0$ | $\frac{P}{2s} \cos 2\theta - \frac{P}{2s} \sin 2\theta = 0$

$\tan 2\theta = -1$ | $\tan 2\theta = 1$

für σ_{max}: $\theta = 67{,}5^\circ$ | für τ_{max}: $\theta = 22{,}5^\circ$

gewonnen werden.

Die wirklichen Verhältnisse in Abhängigkeit von der Beanspruchung und für verschiedene Kehlnahtausführungen (normale Kehlnähte, halbversenkte Nähte, K-Nähte) sind noch durch experimentelle Untersuchungen abzuklären.

In der Praxis wird oft die Forderung bestehen, bei einer Kehlnahtverbindung die Nähte so zu dimensionieren, daß nicht die Nähte sondern das Fügeteil als erstes versagen soll. Betrachtet man wieder den üblichen Fall einer Doppelkehlnaht, so sind bezogen auf die Fügeteile zwei Beanspruchungsarten zu unterscheiden: Normal- und Schubbeanspruchung (Abb. 6.16). Dabei sind drei Versagensarten für die Verbindung möglich (Abb. 6.17). Entweder versagen die Schweißnähte an oder in der Nähe der minimalen Nahtdicke a (Fall 1) oder entlang einer Bruchfläche f, etwa entlang der Übergangszone Naht – Fügeteil (Fall 2), oder schließlich das Fügeteil selbst (Fall 3), normalerweise innerhalb der Wärmeeinflußzone. Die Länge f der Bruchfläche im Fall 2 wird immer größer als die tatsächliche Länge der Übergangszone Naht – Fügeteil sein müssen; Messungen an Schweißverbindungen mit variabler Fügeteildicke ergeben $f \approx 1{,}1 \cdot s$ oder bezogen auf die rechnerische Nahtdicke a in diesem symmetrischen Fall $f \approx 1{,}1\ a/0{,}707 = 1{,}56 \cdot a$.

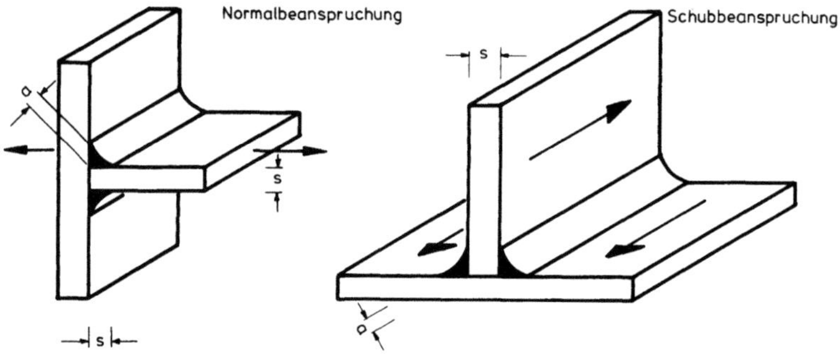

Abb. 6.16 Beanspruchungsarten einer Kehlnaht

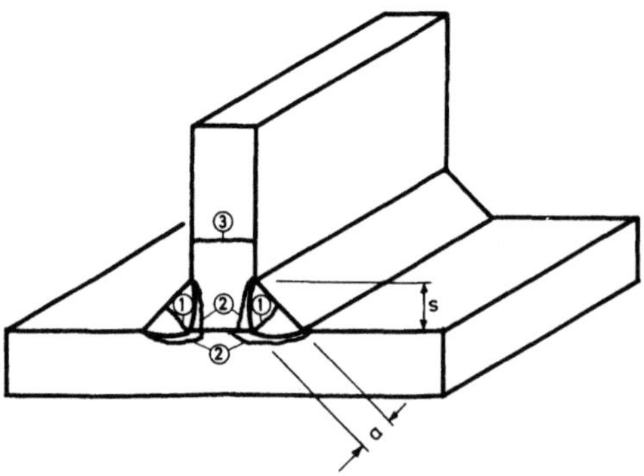

Abb. 6.17 Versagensarten
1. Bruch in der Naht
2. Bruch in der Übergangszone
3. Bruch im Fügeteil (WEZ)

Zunächst werden die minimalen Nahtabmessungen bestimmt, so daß ein Versagen nach Fall 2 durch Schubbeanspruchung im Fügeteil ausgeschlossen wird. Wird die Verbindung durch eine Normalkraft belastet, so ergibt sich pro Längeneinheit der Schweißnaht folgende Beanspruchung im Fügeteil:

$$t\,\sigma_{WEZ} = 2 \cdot f\,\tau_{WEZ}$$

$$f = \frac{t\,\sigma_{WEZ}}{2\,\tau_{WEZ}}$$

$$a = \frac{t}{3{,}12} \cdot \frac{\sigma_{WEZ}}{\tau_{WEZ}}$$

und da im allgemeinen nach DIN 4113 T1

$$\tau \approx 0{,}65\,\sigma$$

angenommen worden ist, ergibt sich

$$a = 0{,}49 \cdot t. \qquad (1)$$

Bei Belastung der Fügeteile durch Schub gilt entsprechend

$$t\,\tau_{WEZ} = 2 \cdot f\,\tau_{WEZ}$$

$$f = \frac{t}{2}$$

$$a = 0{,}32 \cdot t. \qquad (2)$$

Sodann ist auch die erforderliche Nahtdicke a zu bestimmen unter der Voraussetzung, daß Versagen nach Fall 1 in der Naht selbst nicht früher als ein Versagen im Fügeteil eintreten kann. Nach DIN 4113 T2, Abs. 6.2.1.2 wird angenommen, daß für Abscheren sowohl senkrecht als auch parallel zur Nahtrichtung dieselbe Tragfähigkeit gilt. Somit ergibt sich für die Nahtdicke a pro Längeneinheit der Schweißnaht bei *normal*beanspruchten Fügeteilen

$$t\,\sigma_{WEZ} = 2 \cdot a\,\tau_{S\perp}$$

$$a = \frac{t}{2} \cdot \frac{\sigma_{WEZ}}{\tau_{S\perp}}$$

außerdem $\tau_S = 0{,}65 \cdot 0{,}95\,\sigma_{WEZ}$ und somit

$$a = 0{,}81 \cdot t. \qquad (3)$$

Bei *schub*beanspruchten Fügeteilen

$$t\,\tau_{WEZ} = 2 \cdot a\,\tau_{S\parallel}$$

$$a = \frac{t}{2} \cdot \frac{\tau_{WEZ}}{\tau_{S\parallel}}$$

$$a = 0{,}53 \cdot t. \qquad (4)$$

Es wird bemerkt, daß nach DIN 4113 T2, Tab. 3 die Nahtdicke auf $a \leqslant 0{,}7 \cdot t$ begrenzt wird.

Dadurch wird bei den in der Norm angegebenen Tragfähigkeiten für den Werkstoff und die Naht in jedem Fall ein Versagen in der Naht vorkommen müssen – sofern man einfache Kehlnähte betrachtet; halbversenkte oder K-Nähte können die Tragfähigkeit beträchtlich steigern. Über die Begrenzung der Nahtdicke bei $0{,}7 \cdot t$ bei geschweißten Aluminiumkonstruktionen wäre u.E. noch zu überlegen. Schließlich ist jedoch zu erwähnen, daß es nach DIN 4113 T2, Abs. 6.2.4 erlaubt ist, für ausschließlich quer zur Anschlußebene beanspruchte Doppelkehlnähte um 20 % höhere Tragfähigkeit anzunehmen. Die Beziehung unter (3) wäre in diesem Fall

$$a = 0{,}67 \cdot t,$$

womit nun auch die Forderung nach einer ausreichenden Dimensionierung der Schweißnähte – so daß Bruch im Fügeteil erfolgt – erfüllt werden kann.

6.3.2 Tragfähigkeit von Druckstäben mit Längs- und Quernähten

Nach DIN 4113 T2, Abs. 8 kann man mit Hilfe der Interaktionsformeln die zulässige Tragfähigkeit von geschweißten und planmäßig mittig oder außermittig belasteten Stäben ermitteln. Zu diesem Zweck werden die Interaktionsformeln explizit nach der gesuchten Normalkraft N ausgedrückt. Für den häufigen Fall des Biegeknickens eines Stabes mit Quernähten lautet Formel (a):

$$N^2 - \left(N^* + \bar{\kappa}\,\mu\,\bar{N} + \frac{\bar{N}N^*u}{M^*}\right)\frac{1}{\nu}\,N + \left(\mu\,\bar{N}N^*\bar{\kappa} - \frac{\nu A_M M\bar{N}N^*}{M^*}\right)\frac{1}{\nu^2} = 0$$

und sofern die Momentenbeanspruchung am Stabende durch eine Exzentrizität e der Normalkraft N entsteht, d.h. $M = N \cdot e$

$$N^2 - \left[N^* + \bar{\kappa}\,\mu\,\bar{N} + \frac{\bar{N}N^*}{M^*}\,(u + A_M e)\right]\frac{1}{\nu}\,N + \bar{\kappa}\,\mu\,\bar{N}N^*\,\frac{1}{\nu^2} = 0.$$

Formel (b):

$$N^2 - \left[N^* + \left(\bar{\kappa} + \frac{(n-1)(1-\mu)}{2} \right) \bar{N} + \frac{\bar{N}N^*u}{M^*} \right] \frac{1}{\nu} N +$$

$$+ \left(\bar{\kappa}\,\bar{N}N^* - \frac{\nu A_M M \bar{N} N^*}{M^*} \right) \frac{1}{\nu^2} = 0$$

bzw. bei M = Ne

$$N^2 - \left[N^* + \left(\bar{\kappa} + \frac{(n-1)(1-\mu)}{2} \right) \bar{N} + \frac{\bar{N}M^*}{M^*} (u + A_M e) \right] \frac{1}{\nu} N + \bar{\kappa}\,\bar{N}N^* \frac{1}{\nu^2} = 0.$$

Die verschiedenen Parameter sind z.B. nach Abb. 6.5 zu berechnen. Bei Vorhandensein von Längsnähten gelten die Formeln ebenfalls, jedoch sind dann die reduzierten Querschnittswerte F_κ, J_κ einzusetzen. Bei Variation der reduzierten Querschnittswerte sowie des Parameters $\bar{\kappa}$ kann man also den Einfluß der Ausbreitung von WEZ-Bereichen innerhalb eines bestimmten Querschnitts und der Lage der Schweißnähte (Quernähte) im Bauteil auf die ertragbare Normalkraft ermitteln.

Die folgenden Diagramme geben einen Überblick über das Tragverhalten druckbeanspruchter verschiedentlich geschweißter Stäbe für praxisnahe Bedingungen. Die Berechnung der Traglast erfolgte allerdings hier auf iterativem Wege nach strenger Berücksichtigung eines wirklichkeitsnahen Spannungs-Dehnungs-Diagramms und der Momenten-Krümmungs-Beziehung mit Hilfe speziell entwickelter Rechenprogramme[1]). Bei dieser exakten Berechnung wurden Profilquerschnitte aus entsprechenden Forschungsprogrammen der European Convention for Constructional Steelwork, ECCS, Kommission 16 – Aluminium zugrundegelegt, z.B. das sog. Profil Euro 2 und Euro 3, nach Abb. 6.18 und 6.19. Nach den Empfehlungen der ECCS wurden die Spannungs-Dehnungs-Kurven mit dem Potenzgesetz nach Ramberg-Osgood analytisch formuliert

$$\epsilon = \frac{\sigma}{E} + 0{,}002 \left(\frac{\sigma}{R_{p0,2}} \right)^n ,$$

wobei vereinfachend $n = R_{p0,2}$ eingesetzt wurde.

Die Werkstoffkennwerte $R_{p0,2}/R_{p0,2WEZ}$ betragen für die betrachteten Aluminiumlegierungen AlMgSi1 F32 260/125 N/mm² und AlZn4,5Mg1 F35 280/180 N/mm². Die Ausbreitung der Wärmeeinflußzone ist hier mit 25 mm angenommen worden. In den Abb. 6.18 und 6.19[1]) ist neben den schraffierten WEZ-Bereichen

---

[1]) Die auf den Abb. 6.18 bis 6.25 zusammengestellten Ergebnisse stammen aus der Dissertation von R. Müller „Traglastberechnung von statisch unbestimmt gelagerten, geschweißten Aluminium-Druckstäben mit einfach-symmetrischen Querschnitten", Universität Karlsruhe, 1977.

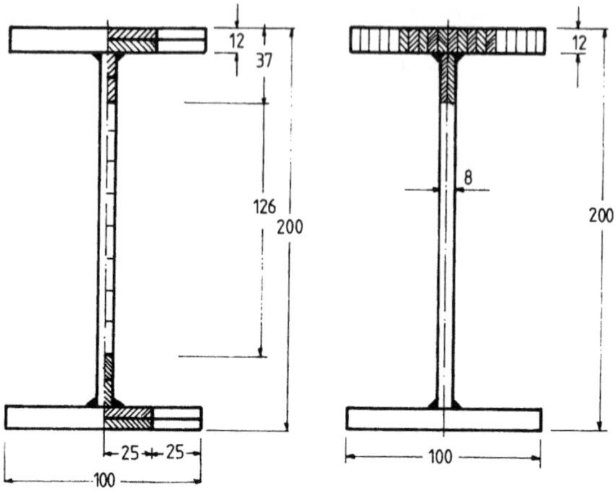

Abb. 6.18 Querschnittsunterteilung Profil Euro 2

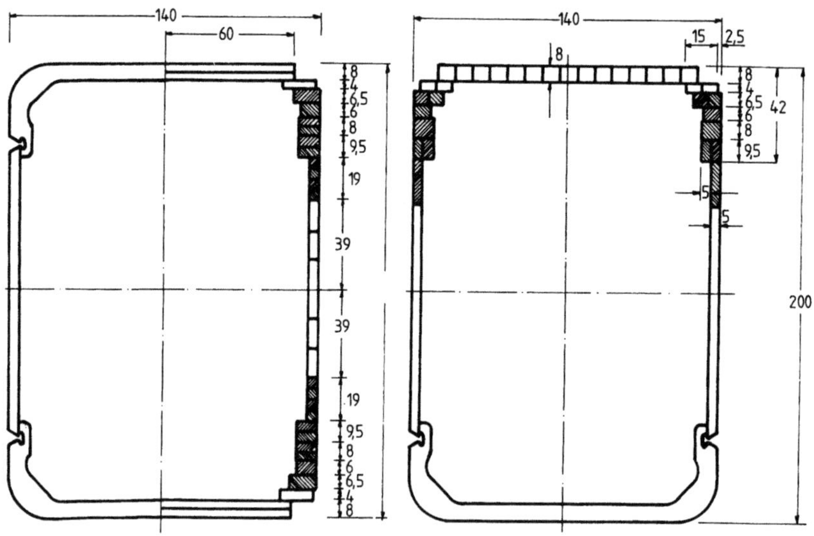

Abb. 6.19 Querschnittsunterteilung Profil Euro 3

auch die für die Berechnung notwendige Querschnittseinteilung des Ersatzquerschnitts angedeutet. Als statisches System wird ein beidseitig gelenkig gelagerter Stab mit einer ungewollten Exzentrizität von $l/1000$ eingesetzt. In den Abb. 6.20 und 6.21 werden für Stäbe aus AlMgSi F32 für die Tragfähigkeit auf der Ordinate als auch für die Schlankheit λ auf der Abszisse bezogene Größen angegeben:

$$\bar{\sigma} = \frac{\sigma_{Kr}}{R_{p0,2}} \quad \text{und} \quad \bar{\lambda} = \frac{\lambda}{\pi E/R_{p0,2}} \; .$$

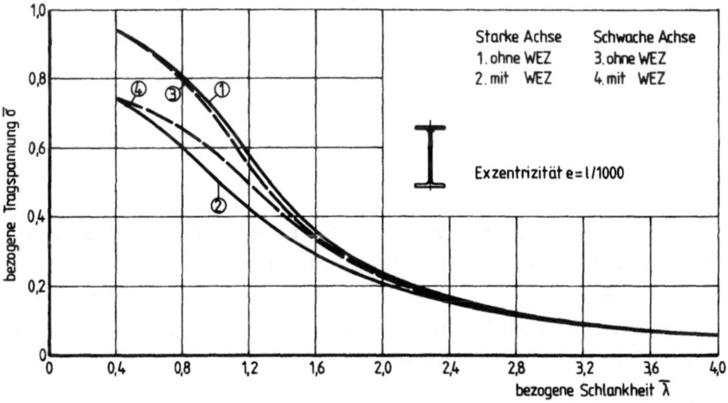

Bild 6.20 $\bar{\sigma}$-$\bar{\lambda}$-Diagramm für Profil Euro 2, knicken um starke und schwache Achse, längsgeschweißte Stäbe aus AlMgSi1 F32

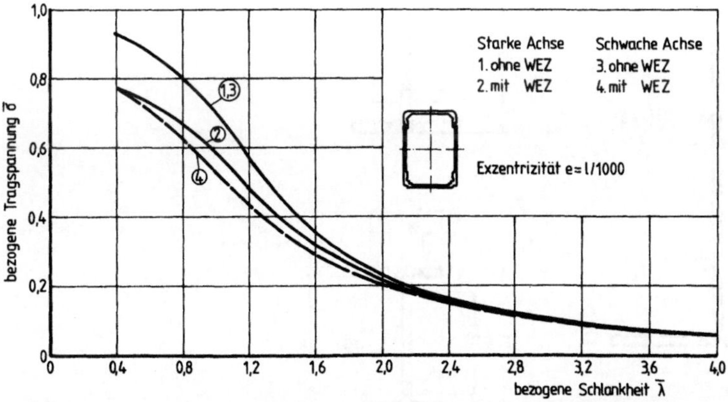

Abb. 6.21 $\bar{\sigma}$-$\bar{\lambda}$-Diagramm für Profil Euro 3, knicken um starke und schwache Achse, längsgeschweißte Stäbe aus AlMgSi1 F32

Sowohl ungeschweißte Grundmaterialstäbe als auch durch Längsnähte geschweißte Stäbe werden auf den Grundmaterial-Kennwert $R_{p0,2}$ bezogen. Es wird die Tragfähigkeit um beide Achsen angegeben, die für $\overline{\lambda}$ gegen Null gleich groß sein wird, da hier nur die Größe der WEZ im Querschnitt mit der zugehörigen Festigkeit, und nicht deren Lage, maßgebend ist. Der Einfluß der Längsnähte ist ab ca. $\overline{\lambda} = 2{,}40$ oder einer entsprechenden Schlankheit $\lambda = 120$ – fallweise sogar schon ab $\lambda = 70$ – für die Praxis bedeutungslos.

Variiert man nun noch die Lage und die Größe der Schweißnähte im Querschnitt, so ergeben sich die $\overline{\sigma}$-$\overline{\lambda}$-Diagramme für durch Längsnähte geschweißte Stäbe aus AlMgSi1 F32 nach Abb. 6.23 bzw. aus AlZn4,5 Mg1 F35 nach Abb. 6.24. Der Querschnitt entspricht dem Profil Euro 2, wobei Flanschbreite und Steghöhe variiert wurde, so daß drei verschiedene Verhältnisse F_{WEZ}/F (Abb. 6.22) miteinander verglichen werden können. Dabei sind auch zwei Grenzlagen der WEZ-Bereiche im Querschnitt zu berücksichtigen, entweder Halsnähten entsprechend möglichst weit vom Schwerpunkt oder einer Längs-Stumpfnaht in Stabmitte entsprechend, als günstigste Anordnung. Auch zwei verschiedene Werte für die Exzentrizität wurden berücksichtigt, $l/1000$ bzw. $l/1000 + k$ mit $k = W/F$. Es wird nur Biegung um die starke Achse untersucht. Die Exzentrizität übt erwartungsgemäß den größten Einfluß auf die Tragfähigkeit aus. Die Lage der Schweißnaht wird erst ab einem Verhältnis der WEZ-Flächen zur Gesamtfläche von 20 % und dann im unteren Schlankheitsbereich einen praktischen Einfluß ausüben.

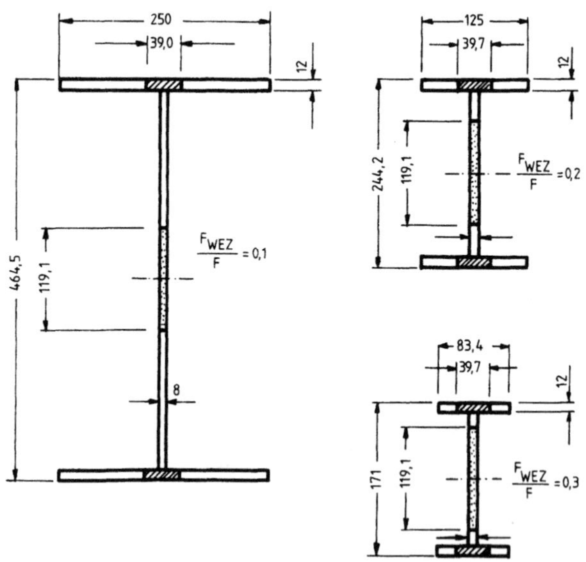

Abb. 6.22 Profil Euro 2. Geometrische Verhältnisse für verschiedene Anteile F_{WEZ}/F

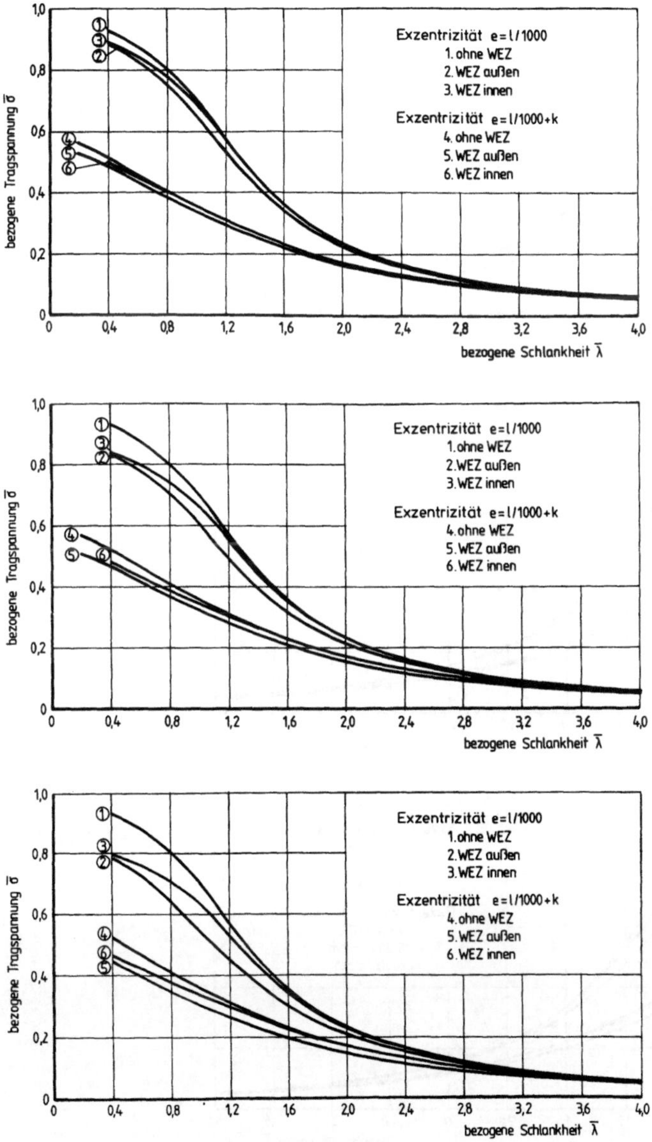

Abb. 6.23 $\bar{\sigma}$-$\bar{\lambda}$-Diagramm für Knicken um starke Achse, Profil Euro 2, längsgeschweißter Stab aus AlMgSi1 F32

a) $F_{WEZ}/F = 0{,}1$ b) $F_{WEZ}/F = 0{,}2$ c) $F_{WEZ}/F = 0{,}3$

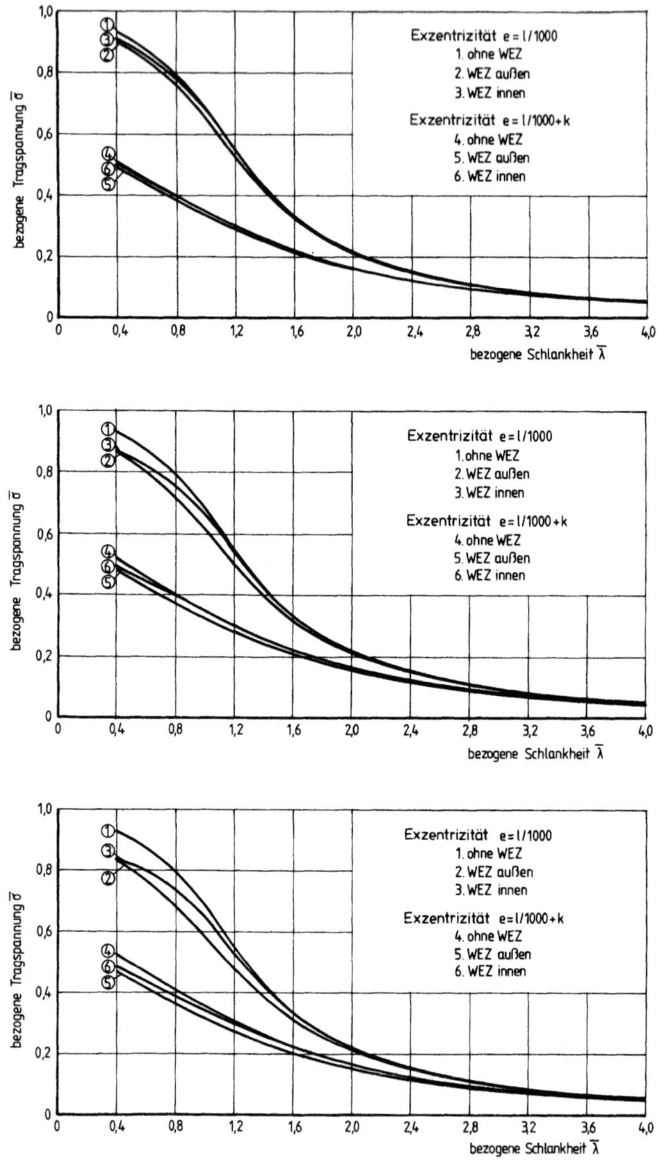

Abb. 6.24 $\overline{\sigma}$-λ-Diagramm für Knicken um starke Achse, Profil Euro 2, längsgeschweißter Stab aus AlZn4,5Mg1 F35

a) $F_{WEZ}/F = 0{,}1$ b) $F_{WEZ}/F = 0{,}2$ c) $F_{WEZ}/F = 0{,}3$

Schließlich soll der Einfluß von Quernähten am Beispiel eines gelenkig gelagerten Stabes aus AlZn4,5Mg1 F35 dargestellt werden. Der WEZ-Bereich beträgt 50 mm und es werden drei verschiedene Lagen für die Quernähte angegeben:

a) eine Quernaht in Stabmitte,

b) je eine Quernaht in $\frac{1}{4}l$ und $\frac{3}{4}l$,

c) je eine Quernaht in $\frac{1}{6}l$ und $\frac{5}{6}l$.

Der Querschnitt entspricht der Abb. 6.18 und es wird Biegung um die starke Achse für zwei verschiedene Exzentrizitäten angegeben (Abb. 6.25). Zusätzlich wird noch der fiktive Fall, als unterste Grenze, betrachtet, daß der gesamte Stab nur aus WEZ-Material besteht. Es ist deutlich, daß die Quernaht eine drastische Abminderung der Tragfähigkeit hervorruft, ihre Lage im Stab spielt dabei eine wesentlich geringere Rolle.

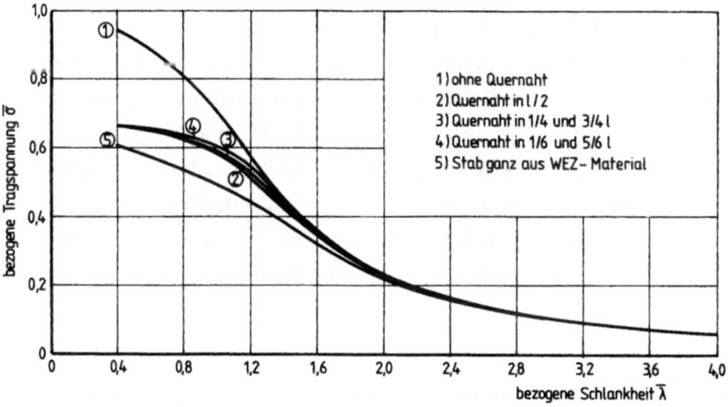

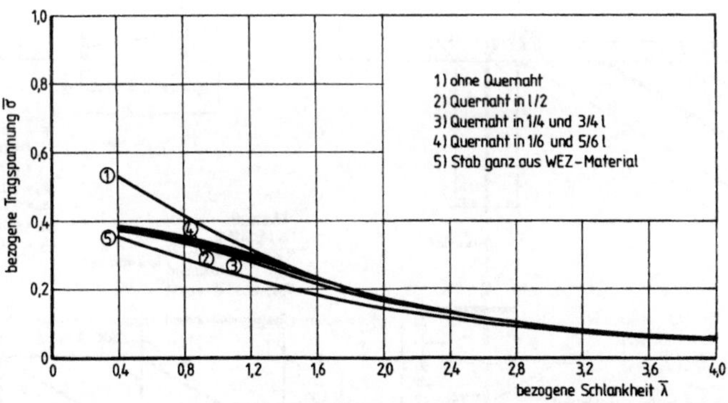

Abb. 6.25 $\bar{\sigma}$-λ-Diagramm für Knicken um starke Achse, Profil Euro 2, quergeschweißter Stab aus AlZn4,5Mg1 F35. Exzentrizität a) e = l/1000 b) e = l/1000 + K

6.4 Berechnungsbeispiele

Durch die folgenden Berechnungsbeispiele wird versucht auf Besonderheiten bei der Berechnung von geschweißten Aluminiumkonstruktionen hinzuweisen. Die Festigkeitsnachweise für einen Fachwerkknoten, eine Rohrstütze und einen biegesteifen Anschluß mit Kehlnähten, die Ermittlung der zulässigen Belastung für ein T-Profil mit Längsnaht und ein T-Profil mit Quernaht sowie schließlich die Nachweise für einen Kastenträger bei schwingender Beanspruchung erlauben durch die Variation der Legierung, der Belastung, des statischen Systems, der Querschnittsform und der Anordnung der Schweißnähte für fast sämtliche praktisch vorkommende Fälle ein Anwendungsbeispiel im Sinne der entsprechenden Vorschriften der Norm E DIN 4113 T2 anzubieten.

6.4.1 Geschweißter Fachwerkknoten

Es sind die Festigkeitsnachweise für die Stäbe eines Fachwerkes und ihre Anschlüsse durchzuführen. Das statische System, Stabkräfte, Stabquerschnitte und Querschnittswerte sind in der Abb. 6.26 angegeben. Diese wurden aus der Rechenbeispielezusammenstellung zur schwedischen Norm für Aluminiumkonstruktionen „Aluminium-KOBA-Konstruktions- och Beräkningsanvisningar" von Gränges Essen AB, 1971 entnommen. Somit wird die Möglichkeit eines unmittelbaren Vergleichs mit einer ausländischen Norm gegeben. Es wird Lastfall H angenommen. Die Nachweise werden gemäß DIN 4113 T1, 2 nach Rechnungsgang I durchgeführt.

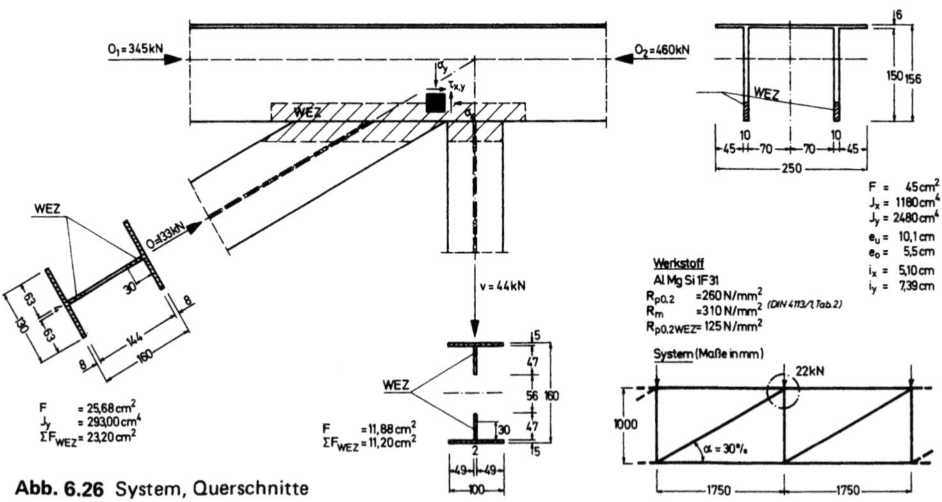

Abb. 6.26 System, Querschnitte

Festigkeitsnachweise
Diagonale

1. allgemeiner Spannungsnachweis

$$\sigma = \frac{D}{F} \leqslant \text{zul}\,\sigma$$ *(DIN 4113 T1, 5.4.2)* *(DIN 4113 T1, Tab. 4)*

$$\sigma = \frac{133\,000}{2568} = 51{,}8\,\frac{N}{mm^2} < 145\,\frac{N}{mm^2}$$

2. Stabilitätsnachweise

Diese werden im Rahmen dieses Beispiels nur für den Obergurtstab ausführlich durchgeführt (s. unten)

3. Nachweis der Schweißverbindung

a) Schweißnaht (Stumpfnaht ohne Nachweis der Nahtgüte) *(DIN 4113 T2, 6.2.1.1)*

$$\sigma = \frac{D \cdot \sin\alpha}{F_W} \leqslant \text{zul}\,\sigma$$ *(DIN 4113 T2, Tab. 4b)*

$$F_W = 2 \cdot 8{,}0 \cdot \frac{130}{0{,}5} = 4160\ mm^2$$

$$\sigma = \frac{133\,000 \cdot 0{,}5}{4160} = 16\,\frac{N}{mm^2} < 75\,\frac{N}{mm^2}$$

$$\tau = \frac{D \cdot \cos\alpha}{F_W} \leqslant \text{zul}\,\tau$$ *(DIN 4113 T2, Tab. 4b)*

$$\tau = \frac{133\,000 \cdot 0{,}866}{4160} = 27{,}7\,\frac{N}{mm^2} < 45\,\frac{N}{mm^2}$$

$$\sigma_V = \sqrt{\sigma^2 + 3\tau^2} \leqslant 0{,}95\ \text{zul}\,\sigma_{V\,WEZ}$$ *(DIN 4113 T2, Tab. 4a)*

$$\sigma_V = \sqrt{16^2 + 3 \cdot 27{,}7^2} = 50{,}5\,\frac{N}{mm^2} < 0{,}95 \cdot 100 = 95\,\frac{N}{mm^2}$$

b) Konstruktionsteile *(DIN 4113 T2, 6.1.1)*
WEZ im Obergurt (Bruchfuge durch WEZ und Grundmaterial)

$$F_\kappa = F - (1 - \kappa)\,\Sigma F_{WEZ}$$

$$F_\kappa = 4500 - \left(1 - \frac{125}{260}\right) 2 \cdot 10 \cdot 30 = 4188\ mm^2$$

mit $\kappa = R_{p0,2WEZ}/R_{p0,2}$ *(DIN 4113 T2, Tab. 5)*

$$\frac{\Sigma F_{WEZ}}{F} \leqslant 0{,}20$$

$$\frac{\Sigma F_{WEZ}}{F} = \frac{600}{4500} = 0{,}13 < 0{,}20$$ *(DIN 4113 T2, 6.1.2)*

$$\sigma_x = \frac{O_2}{F_\kappa} \leqslant \text{zul}\,\sigma$$ *(DIN 4113 T1, Tab. 4)*

$$\sigma_x = \frac{345\,000}{4188} = 82{,}4\,\frac{N}{mm^2} < 145\,\frac{N}{mm^2}$$

$$\sigma_y = \frac{D \cdot \sin\alpha}{F_\kappa} \leqslant \text{zul}\,\sigma$$ *(DIN 4113 T1, Tab. 4)*

$$\sigma_y = \frac{133\,000 \cdot 0{,}5}{4188} = 15{,}9\,\frac{N}{mm^2} < 145\,\frac{N}{mm^2}$$

$$\tau_{xy} = \frac{D \cdot \cos\alpha}{F_\kappa} \leqslant \text{zul}\,\tau$$ *(DIN 4113 T1, Tab. 4)*

$$\tau_{xy} = \frac{133\,000 \cdot 0{,}866}{4188} = 27{,}5\,\frac{N}{mm^2} < 90\,\frac{N}{mm^2}$$

$$\sigma_v = \sqrt{\sigma_x^2 + \sigma_y^2 - \sigma_x\sigma_y + 3\tau_{xy}^2} < \text{zul}\,\sigma_v = 0{,}75 \cdot R_{p0,2}$$ *(DIN 4113 T1, 6.1)*

$$\sigma_v = \sqrt{82{,}4^2 + 15{,}9^2 - 82{,}4 \cdot 15{,}9 + 3 \cdot 27{,}5^2} = 89{,}4\,\frac{N}{mm^2} < 0{,}75 \cdot 260 =$$

$$= 195\,\frac{N}{mm^2}$$

WEZ im Diagonalstab (Bruchfuge läuft durch Flansch und Steg)

$$F_\kappa = F_\kappa^{30^\circ} = \frac{F_\kappa^{90^\circ}}{\sin 30^\circ}$$

$$F_\kappa = \frac{1}{0{,}5}\left[2568 - \left(1 - \frac{125}{260}\right)(2 \cdot 8 \cdot 130 + 2 \cdot 30 \cdot 4)\right] = 2726\ mm^2$$

$$\frac{\Sigma F_{WEZ}}{F} = \frac{2 \cdot 8 \cdot 130 + 2 \cdot 30 \cdot 4}{2568} = 0{,}9 > 0{,}2,$$ jedoch symmetrisch

$$\sigma = \frac{D}{F_\kappa} \leqslant \text{zul}\,\sigma$$ *(DIN 4113 T1, Tab. 4)*

$$\sigma = \frac{133\,000}{2726} = 48{,}8\,\frac{N}{mm^2} < 145\,\frac{N}{mm^2}$$

(Bruchfuge läuft ganz in WEZ)

$$F = \frac{F_{Flansch}}{\sin 30^\circ}$$

$$F = \frac{2 \cdot 8 \cdot 130}{0{,}5} = 4160 \text{ mm}^2$$

$$\sigma = \frac{D}{F} \leqslant \text{zul } \sigma_{WEZ}$$ *(DIN 4113 T2, Tab. 4a)*

$$\sigma = \frac{133\,000}{4160} = 32 \frac{N}{mm^2} < 80 \frac{N}{mm^2}$$

Pfosten

1. allgemeiner Spannungsnachweis

$$\sigma = \frac{V}{F} \leqslant \text{zul } \sigma$$ *(DIN 4113 T1, 5.4.2)*
(DIN 4113 T1, Tab. 4)

$$\sigma = \frac{44\,000}{1188} = 37 \frac{N}{mm^2} < 145 \frac{N}{mm^2}$$

2. Nachweis der Schweißverbindung

a) Schweißnaht (Stumpfnaht)

$$F_w = \Sigma a \cdot l$$

$$F_w = 2 \cdot 100 \cdot 5 = 1000 \text{ mm}^2$$

$$\sigma = \frac{V}{F_w} \leqslant \text{zul } \sigma$$ *(DIN 4113 T2, Tab. 4b)*

$$\sigma = \frac{44\,000}{1000} = 44 \frac{N}{mm^2} < 55 \frac{N}{mm^2}$$

b) Konstruktionsteile *(DIN 4113 T2, 6.1.1)*
WEZ im Pfosten

$$\sigma = \frac{V}{F} \leqslant \text{zul } \sigma_{WEZ}$$ *(DIN 4113 T2, Tab. 4a, vereinfachter Nachweis nach 6.1.2)*

$$\sigma = \frac{44\,000}{1188} = 37 \frac{N}{mm^2} < 80 \frac{N}{mm^2}$$

WEZ im Obergurt

$F_{w,y} = 2 \cdot 100 \cdot 10 = 2000 \text{ mm}^2$

$F_{\kappa,x} = F - (1-\kappa)\, \Sigma F_{WEZ}$

$$F_{\kappa,x} = 4500 - \left(1 - \frac{125}{260}\right) 2 \cdot 10 \cdot 30 = 4188 \text{ mm}^2$$

$\kappa = R_{p0,2\,WEZ}/R_{p0,2}$

$$\frac{\Sigma F_{WEZ}}{F} = \frac{2 \cdot 10 \cdot 30}{4500} = 0{,}13 < 0{,}20$$

$$\sigma_x = \frac{O_2}{F_{\kappa,x}} \leqslant \text{zul}\, \sigma$$ *(DIN 4113 T1, Tab. 4)*

$$\sigma_x = \frac{460\,000}{4188} = 109{,}8 \frac{N}{mm^2} < 145 \frac{N}{mm^2}$$

$$\sigma_y = \frac{V_2}{F_{w,y}} \leqslant \text{zul}\, \sigma_{WEZ}$$ *(DIN 4113 T2, Tab. 4a)*

$$\sigma_y = \frac{44\,000}{2000} = 22 \frac{N}{mm^2} < 80 \frac{N}{mm^2}$$

$$\sigma_V = \sqrt{\sigma_x^2 + \sigma_y^2 - \sigma_x \sigma_y} \leqslant \text{zul}\, \sigma_{V\,WEZ}$$ *(DIN 4113 T2, Tab. 4a)*

$$\sigma_V = \sqrt{109{,}8^2 + 22^2 + 109{,}8 \cdot 22} = 122{,}3 \frac{N}{mm^2} > 100 \frac{N}{mm^2}$$

Die vorhandene Vergleichsspannung ist somit höher als der entsprechende zulässige Wert; da sie jedoch nicht höher als die 0,2-Grenze der WEZ ($R_{p0,2WEZ}$ = 125 N/mm^2) ist und diese Beanspruchung nur örtlich begrenzt auftritt, könnte man sie im Sinne der Aufführungen unter 6.2.5 noch akzeptieren.

Obergurt

1. allgemeiner Spannungsnachweis

$$\sigma = \frac{O}{F} \leqslant \text{zul}\, \sigma$$ *(DIN 4113 T1, 5.4.2)*
(DIN 4113 T1, Tab. 4)

$$\sigma = \frac{460\,000}{4500} = 102{,}2 \frac{N}{mm^2} < 145 \frac{N}{mm^2}$$

2. Stabilitätsnachweise

Der Einfluß des Schweißens tritt nur im Bereich der Stabenden auf, somit wird das Stabilitätsverhalten hiervon nicht beeinflußt. Die entsprechenden Nachweise sind nach DIN 4113 T1, Abs. 8 durchzuführen.

a) Biegeknicken *(DIN 4113 T1, 8.1.1, Tab. 8 und 9)*

$$N_\nu = \nu \cdot O = 1{,}5 \cdot 460\,000 = 690 \text{ kN}$$

$$N^* = \left(\frac{\pi}{s_k}\right)^2 E^*J = \left(\frac{\pi}{1750}\right)^2 68\,000 \cdot 1{,}18 \cdot 10^7 = 2586 \text{ kN}$$

$$n = 4{,}0$$

$$\frac{n+1}{2} \cdot \frac{N_\nu}{N^*} = \frac{4+1}{2} \cdot \frac{690}{2586} = 0{,}67 < 1$$

Demnach wird eine Berechnung der Tragfähigkeit nach der Interaktionsformel (b) günstiger sein. Der Nachweis der Tragfähigkeit hätte jedoch genausogut nach der etwas einfacheren Formel (a) durchgeführt werden können.

$$\overline{N} = \overline{\sigma} \cdot F = 270 \cdot 4500 = 1215 \text{ kN} \qquad \mu = 0{,}85$$

$$\psi = 1 + \frac{n-1}{2}(1-\mu)\frac{\overline{N}}{N^* - N_\nu} = 1 + \frac{4-1}{2}(1-0{,}85)\frac{1215}{2586-690} = 1{,}14$$

$$M_\nu = \nu \cdot N \cdot u = \nu \cdot O\, i_x \left(\frac{\lambda}{120}\right)^2 = 1{,}5 \cdot 460\,000 \cdot 51 \left(\frac{34{,}3}{120}\right)^2 = 2875 \text{ kN mm}$$

$$M^* = k \cdot \overline{\sigma} \cdot W_d = 1{,}1 \cdot 270 \cdot 116\,832 = 34\,699 \text{ kNmm}$$

(k nach *DIN 4113 T1, Tab. 9, Sp. b*)

$$\psi \frac{N_\nu}{\overline{N}} + \frac{M_\nu}{\left(1 - \frac{N_\nu}{N^*}\right)M^*} = 1{,}14 \frac{690}{1215} + \frac{2875}{\left(1 - \frac{690}{2586}\right) 34\,699} = 0{,}647 + 0{,}112 = 0{,}759 < 1$$

b) Biegedrillknicken *(DIN 4113 T1, 8.2.1 bzw. auch DIN 4114 T2, Ri 10.13 und 10.14)*

$$N_{ki} = \frac{\pi^2 E^* F}{\lambda_{vi}^2} = \frac{\pi^2\, 68\,000 \cdot 4500}{34{,}5^2} = 2537 \text{ kN} < N^* \text{ (s. oben)}$$

$$M_{ki} = \frac{\pi^2 E^* J_y}{s_k^2}\left[\sqrt{\left(y_M - \frac{r_x}{2}\right)^2 + c^2} + \left(y_M - \frac{r_x}{2}\right)\right]$$

$$= \frac{\pi^2\, 68\,000 \cdot 2{,}46 \cdot 10^7}{1750^2}\left[\sqrt{\left(140 - \frac{58{,}8}{2}\right)^2 + 86^2} + \left(140 - \frac{58{,}8}{2}\right)\right]$$

$$= 1{,}35 \cdot 10^6 \text{ kNmm} > M^* \text{ (s. oben)}$$

In die Interaktionsformel eingesetzt mit nun $N^* = N_{ki}$

$$\psi = 1 + \frac{4-1}{2}(1-0{,}85)\frac{1215}{2537-690} = 1{,}148$$

$$1{,}148\,\frac{690}{1215} + \frac{2875}{\left(1-\frac{690}{2537}\right)34\,699} = 0{,}652 + 0{,}114 = 0{,}766 < 1$$

c) Örtliches Beulen

Um ein vorzeitiges Ausbeulen von Querschnittsteilen von Druckstäben auszuschließen, muß deren Beulsicherheit größer als die Knicksicherheit des Gesamtstabes sein. Das noch sichere Verhältnis von Höhe: Dicke des betreffenden Teils wird im vereinfachten Nachweis nach DIN 4113 T1, Abs. 8.3 bestimmt.

Nachweis für den Flansch

$$\vartheta = \frac{150 \cdot 6}{140 \cdot 10} = 0{,}643 \qquad \lambda = 34{,}3 < \lambda_p = 66 \quad \textit{(DIN 4113 T1, Tab. 11b)}$$

$$\text{zul}\left(\frac{h}{t}\right) = (16 + 0{,}758 \cdot 34{,}3)\,(0{,}8 - 0{,}2 \cdot 0{,}643^2) = 30{,}1 > \text{vorh}\left(\frac{h}{t}\right) = \frac{140}{6} = 23{,}3$$

Nachweis für den Steg

$$\vartheta = \frac{140 \cdot 10}{150 \cdot 6} = 1{,}55, \text{ d.h. für die Rechnung anzunehmen } \vartheta = 1.$$

$$\text{zul}\left(\frac{h}{t}\right) = (16 + 0{,}758 \cdot 34{,}3)\left(0{,}34 - \left[0{,}14 - 0{,}2\left(\frac{150}{1750}\right)^2\right] \cdot 1^2\right) =$$

$$= 8{,}46 < \text{vorh}\left(\frac{h}{t}\right) = \frac{150}{10} = 15$$

Der Steg besitzt keine ausreichende Beulsicherheit. Eine Lösung würde hier z.B. eine Aufkantung des Stegbleches nach außen als zusätzliche Aussteifungsrippe bieten. Weitere Hinweise hierzu sind z.B. der BS CP118: 1969, 4.5 zu entnehmen.

6.4.2 T-Profil mit Längsnaht

Eine 3,0 m hohe Stütze besteht aus zwei durch eine Längs-Stumpfnaht zusammengeschweißten T-Profilen aus AlZn4,5Mg1 F35. Gesucht wird die zulässige planmäßig mittig wirkende Druckkraft N, wenn die Stütze gleichzeitig durch eine Windlast w beansprucht wird. Profilquerschnitt, Belastung sowie statisches System sind der Abb. 6.27 zu entnehmen.

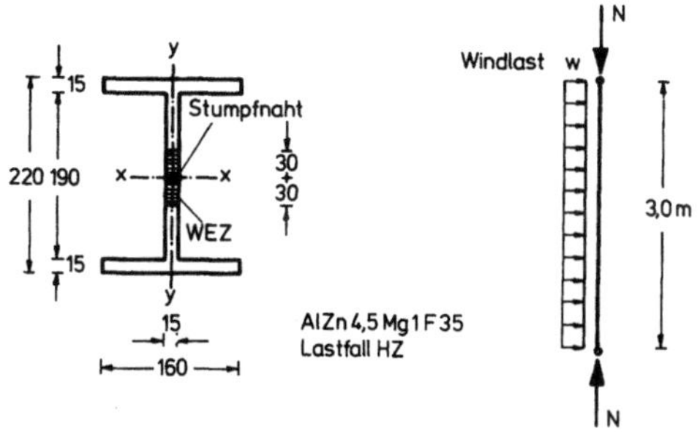

Abb. 6.27 Profilquerschnitt, Belastung und statisches System

Stützenabstand = Belastungsbreite 6,0 m
Windlast in der Ebene y – y, $w = 1{,}25 \cdot 0{,}8 \cdot 6{,}0 \cdot 500 = 3{,}0$ kN/m
Biegebeanspruchung aus Wind in Stabmitte $M_x = 337{,}5$ kNcm

$$\kappa = R_{p0,2\,WEZ}/R_{p0,2} = \frac{180}{290} = 0{,}62$$

Querschnittswerte: nicht reduziert	reduziert
$F = 77{,}9\ cm^2$	$F_{WEZ} = 9\ cm^2$
$J_x = 6005\ cm^4$	$F_\kappa = 77{,}9 - 0{,}38 \cdot 9 = 74{,}5\ cm^2$
$W_x = 546\ cm^3$	$J_{\kappa x} = 5997\ cm^4$
$i_x = 8{,}78\ cm$	$W_{\kappa x} = 545\ cm^3$
$J_y = 1029\ cm^4$	$J_{\kappa y} \approx J_y = 1029\ cm^4$
$i_y = 3{,}67\ cm$	$W_{\kappa y} \approx W_y = 129\ cm^3$
$J_D = 57{,}4\ cm^4$	
$C_M = 107\,584\ cm^6$	

1. Allgemeiner Spannungsnachweis

aus $\sigma = \frac{N}{F_\kappa} + \frac{M_x}{W_{\kappa x}} = \text{zul}\,\sigma = 180\ N/mm^2$

folgt zul N = 1295 kN. (1)

2. Stabilitätsnachweise

Biegeknicken nach den Interaktionsformeln des Rechnungsgangs I sowohl um die x-Achse als auch um die y-Achse

$$\lambda_x = \frac{300}{8{,}78} = 34{,}2; \qquad \lambda_y = \frac{300}{3{,}67} = 81{,}7$$

Kennwerte nach DIN 4113 T2, Tab. 8 und 9 für AlZn4,5Mg1 F35

$\bar{\sigma} = 290\ \text{N/mm}^2$ $\qquad k_x = 1{,}1$
$E^* = 68\,000\ \text{N/mm}^2$ $\qquad k_y = 1{,}25$
$\mu = 0{,}85$
$n = 4{,}0$ $\qquad \nu_{HZ} = 1{,}33$

ungewollte Außermittigkeiten $u_x = 0{,}49$ cm bzw. $u_y = 1{,}45$ cm

$$M_{\kappa x} = k_x\,\bar{\sigma}\,W_{\kappa x} = 17\,392\ \text{kNcm}$$
$$M_{\kappa y} = k_y\,\bar{\sigma}\,W_{\kappa y} = 4676\ \text{kNcm}$$
$$\bar{N}_\kappa = \bar{\sigma}\,F_\kappa = 2161\ \text{kN}$$
$$N_{\kappa x} = \left(\frac{\pi}{s_k}\right)^2 E^*\,J_{\kappa x} = 4472\ \text{kN}$$
$$N_{\kappa y} = \left(\frac{\pi}{s_k}\right)^2 E^*\,J_{\kappa y} = 767\ \text{kN}$$

$A_{Mx} = 1{,}1$ (Längs- und Querbelastung)
$A_{My} = 0{,}8$

nach Formel (a) (s. auch Abb. 6.4)

zul $N_x = 1196$ kN bzw. zul $N_y = 412$ kN (2)

nach Formel (b)

zul $N_x = 1225$ kN bzw. zul $N_y = 361$ kN

Biegedrillknicken
es wird Gabellagerung der Stabenden angenommen

$i_P = 9{,}52$ cm, $\quad i_M = i_P = 9{,}52$ cm, $\quad c = 17{,}33$ cm

$\frac{i_M}{c} < 1$, d.h. $\lambda_{Vi} = \lambda_y = 81{,}74$

$\delta = 0;\quad y_M = 0;\quad r_x = 0$

$$N_{ki} = \left(\frac{\pi}{\lambda_{Vi}}\right)^2 E^*\,F_\kappa = 748{,}5\ \text{kN}$$

$N^* = N_{ki}$ da $N_{ki} < N_{\kappa x}$

$$\alpha_E = \frac{N_{\kappa y}}{N_y} = \frac{J_{\kappa y}}{J_y} \approx 1$$

$$N_\kappa^* = \alpha_E\,N^* = 748{,}5\ \text{kN}$$

$$M_{ki} = \left(\frac{\pi}{s_k}\right)^2 E^* J_{Ky} \sqrt{c^2} = 13\,295 \text{ kNcm}$$

$$M_K^* = \frac{M_{Kx}}{\sqrt{1 + \left(\frac{M_{Kx}}{\alpha_E M_{ki}}\right)^2}} = 10\,556 \text{ kNcm}$$

$$N_\nu = \nu \left(N + \frac{M}{h} \cdot \frac{\lambda_y}{500}\right) = 1{,}33 \cdot N + 3{,}58 \text{ kN}$$

$$u = u_y = 1{,}45 \text{ cm}$$

$$M_\nu = \nu\,(A_M M + Nu) = 1{,}33\,(1{,}1 \cdot 337{,}5 + N \cdot 1{,}45) \text{ kNcm}$$

nach Formel (a) *(s. auch Abb. 6.5)* zul N = 436 kN (3)
nach Formel (b) zul N = 354 kN

Örtliches Beulen
Ausstehende Flanschteile

$$\vartheta = 1; \quad \lambda_y = 81{,}7 > \lambda_p \approx 63$$

$$\text{zul}\,\frac{h}{t} = 0{,}6\,\lambda_y = 49 > \text{vorh}\,\frac{h}{t} = \frac{72{,}5}{15} = 4{,}8$$

Für den Steg wird vereinfachend angenommen, daß er ganz aus Material $R_{p0,2\,WEZ} = 180\ \text{N/mm}^2$ besteht (DIN 4113 T2, Abs. 8.4)

$$\vartheta = \frac{72{,}5 \cdot 15}{190 \cdot 15} = 0{,}38; \quad \lambda_y = 81{,}7 < \lambda_p = 86$$

$$\text{zul}\,\frac{h}{t} = 0{,}6\,(A + B \cdot \lambda) = 0{,}6\,(19 + 0{,}7785 \cdot 81{,}7) =$$

$$= 49{,}6 > \text{vorh}\,\frac{h}{t} = \frac{190}{15} = 12{,}7$$

Aus den verschiedenen Nachweisen resultiert aus (2) als zulässige aufnehmbare Normalkraft zul N = 412 kN.

6.4.3 T-Profil mit Quernaht

Gesucht wird die zulässige Normalkraft N für eine Stütze aus AlZn4,5Mg1 F35. Der Querschnitt besteht aus einem T-Profil, die Stütze ist in der Mitte mit einer Quer-Stumpfnaht geschweißt. Die Normalkraft wirkt mit einer planmäßigen Außermittigkeit von e = 3 cm. Zusätzlich wirkt eine Windlast w = 1 kN/m. Einzelheiten zur Belastung, zu den geometrischen Abmessungen und zum System sind der Abb. 6.28 zu entnehmen.

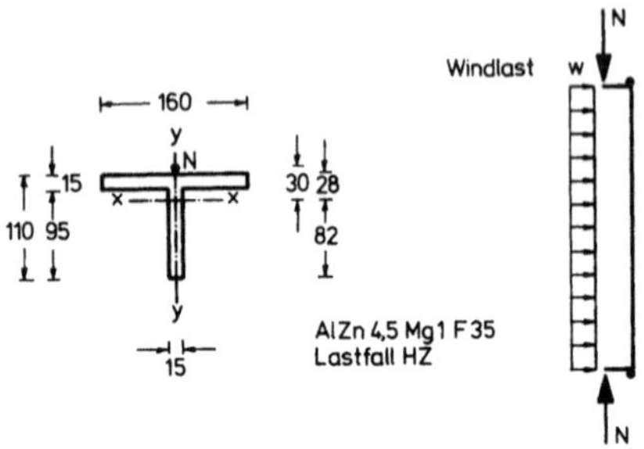

Abb. 6.28 Profilquerschnitte, Belastung und statisches System

Querschnittswerte

$F = 38{,}97\ \text{cm}^2$

$J_x = 382\ \text{cm}^4$; $W_x^o = 136{,}5\ \text{cm}^3$; $W_x^u = 46{,}6\ \text{cm}^3$; $i_x = 3{,}16\ \text{cm}$

$J_y = 514{,}7\ \text{cm}^4$; $W_y = 64{,}3\ \text{cm}^3$; $i_y = 3{,}67\ \text{cm}$

Biegebeanspruchung aus Windlast in Stützenmitte $\max M_x = 112{,}5\ \text{kNcm}$

1. allgemeiner Spannungsnachweis

aus $\sigma = \dfrac{N}{F} + \dfrac{M}{W_x^u} = \text{zul}\ \sigma_W = 115\ \text{N/mm}^2$ *(DIN 4113 T2, Tab. 4b)* – angenommen wird eine Stumpfnaht mit nachgewiesener Nahtgüte – folgt mit $M = M_x + Ne$

$$\text{zul}\ N = 224\ \text{kN} \qquad (1)$$

aus $\tau = \dfrac{Q}{F_{\text{Steg}}} = \dfrac{1{,}5 \cdot 10^3}{15 \cdot 1{,}05} = 95\ \text{N/mm}^2 \ll \tau_{\text{zul}}$

2. Stabilitätsnachweise

Biegeknicken

$s_{kx} = s_{ky} = 3{,}0\ \text{m}$; $\lambda_x = 94{,}9$; $\lambda_y = 81{,}7$

nach DIN 4113 T1, Tab. 8 und 9 gilt

$\bar{\sigma} = 290\ \text{N/mm}^2$	$k_x = 0{,}7$
$E^* = 68\,000\ \text{N/mm}^2$	$k_y \approx 1{,}25$ (angenommen)
$\mu = 0{,}85$	
$n = 4{,}0$	

$$\kappa = \frac{R_{p0,2WEZ}}{R_{p0,2}} = \frac{180}{290} = 0,62$$

$$N_x^* = \left(\frac{\pi}{s_k}\right)^2 E^* J_x = 284,9 \text{ kN}$$

$$N_y^* = \left(\frac{\pi}{s_k}\right)^2 E^* J_y = 383,8 \text{ kN}$$

$$\bar{N} = \bar{\sigma} F = 1130,1 \text{ kN}$$

$$M_x^* = k_x \bar{\sigma} W_{dx} = 0,7 \cdot 29 \cdot 136,5 = 2770,95 \text{ kNcm}$$

$$M_y^* = k_y \bar{\sigma} W_{dy} = 1,25 \cdot 29 \cdot 64,3 = 2330,88 \text{ kNcm}$$

Bei Quer- und Längsbelastung beträgt $A_M = 1,1$; für Lastfall HZ gilt $\nu = 1,33$.

Es wird nur der Fall „Knicken um die x-Achse" behandelt, da diese hier die schwächere Profilachse ist und zusätzlich zu der ungewollten Außermittigkeit noch durch Windlast und exzentrischen Kraftangriff beansprucht wird:

nach Formel (a)	zul N = 84 kN	(2)
nach Formel (b)	zul N = 80 kN	

Biegedrillknicken

$$i_P = \sqrt{i_x^2 + i_y^2} = 4,84 \text{ cm}$$

$$y_M = 2,8 - 0,75 = 2,05 \text{ cm}$$

$$i_M = \sqrt{i_P^2 + y_M^2} = 5,26 \text{ cm}$$

nach DIN 4113 T1, Abs. 8.2.2.1

$$r_x = \frac{1}{J_x}\left[y_M \cdot J_y + F_1 e^3 + \frac{t_3}{4}\left(e^4 - (h - e)^4\right)\right] = -1,12 \text{ cm}$$

$$C_M = 0$$

$$J_D = \frac{1}{3}(b_1 t_1^3 + b_3 t_3^3) = 28,7 \text{ cm}^4$$

$c = 13,99$ cm bei Annahme einer Gabellage-

$\beta = 1$ rung nach DIN 4114 T2, Ri 7.522)

nach DIN 4113 T1, Abs. 8.2.2.2

$$\lambda_{Vi} = \frac{\beta s_k}{i_y}\sqrt{\frac{i_M^2 + y_M(r_x - 2y_M)}{c^2}} = 24,52 < \lambda_y = 81,7$$

Damit wird nach DIN 4113 T1, Abs. 8.2.1

$$N_{ki} = 4350 \text{ kN} > N_x^* \quad \text{und}$$

$$M_{ki} = 6464 \text{ kNcm} > M_x^*$$

Es ist nunmehr offensichtlich, daß bei diesem Profil der Biegedrillknicknachweis nicht maßgebend werden kann, vielmehr wird dieser schon durch den Biegeknicknachweis abgedeckt.

Örtliches Beulen

nach DIN 4113 T2, Abs. 8.4, Tab. 11a und 11b
Streckgrenze $R_{p0,2} = R_{p0,2WEZ} = 180$ N/mm²

$$\lambda_P = 86 < \lambda_x = 94{,}9 \qquad \vartheta = 1$$

$$\text{vorh}\,\frac{h}{t} = \frac{102{,}5}{15} = 6{,}83 < \text{zul}\,\frac{h}{t} = 0{,}6\,\lambda = 56{,}8$$

3. *Nachweis der Durchbiegung*

$$f = \frac{\frac{1}{2}\,\text{Ne}\,l^2}{4EJ_x} + \frac{M_{wind}\,l^2}{9{,}6\,EJ_x} \leqslant \frac{l}{200}$$

$$\frac{N \cdot 30 \cdot 3^2 \cdot 10^6}{8 \cdot 70\,000 \cdot 382{,}1 \cdot 10^4} + \frac{112{,}5 \cdot 10^4 \cdot 3^2 \cdot 10^6}{9{,}6 \cdot 70\,000 \cdot 382{,}1 \cdot 10^4} \leqslant 15 \text{ mm}$$

$$\text{zul } N = 87{,}6 \text{ kN} \qquad (3)$$

Somit beträgt die maximale aufnehmbare Normalkraft nach (2): zul N = 84 kN.

6.4.4 Rohrstütze mit Quernaht an der Einspannstelle

Eine Rohrstütze aus AlZn4,5Mg1 F35 trägt ein 1,0 × 3,0 m großes Schild (Abb. 6.29). Für das in der Abbildung angegebene System sind die erforderlichen Nachweise zu führen.

Rohr D = 240 mm
d = 220 mm
t = 10 mm

Eigengewicht Schild G_1 = 3 kN
Eigengewicht Stütze g_2 = 0,195 kN/m
Winddruck w = 0,5 kN/m²

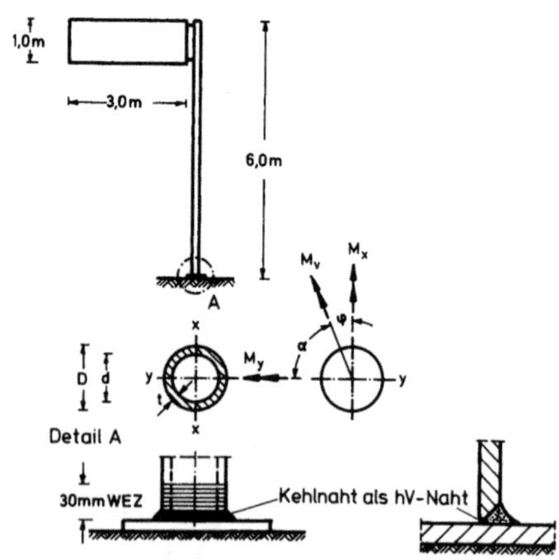

Abb. 6.29 System und Belastung

Querschnitte

$$F = \pi \left(\frac{D+d}{2}\right) t = 72{,}25 \text{ cm}^2$$

$$J = \frac{\pi}{64} (D^4 - d^4) = 4787 \text{ cm}^4$$

$$W = J \cdot \frac{2}{D} = 399 \text{ cm}^3$$

$$W_T = \frac{\pi}{16} \frac{D^4 - d^4}{D} = 798 \text{ cm}^3$$

Schnittgrößen am Fußpunkt

Biegung $M_x = G_1 \cdot 1{,}5 = 4{,}5$ kNm

$M_y = w \cdot 1{,}0 \cdot 3{,}0 \cdot 5{,}5 = 8{,}25$ kNm

$M_V = \sqrt{M_x^2 + M_y^2} = 9{,}40$ kNm

$\tan\alpha = \frac{M_x}{M_y} = 0{,}545$ bzw. $\alpha = 28{,}6°$

Schub $Q = w \cdot 1{,}0 \cdot 3{,}0 = 1{,}50$ kN

Torsion $M_T = \frac{w \cdot 1{,}0 \cdot 3{,}0^2}{2} = 2{,}25$ kNm

Normalkraft (Druck) $N = G_1 + g_2 \cdot 6{,}0 = 4{,}17$ kN

1. *allgemeiner Spannungsnachweis in der WEZ*

a) an der Stelle der maximalen Biegebeanspruchung

$$\sigma = \frac{M_V}{W} + \frac{N}{F} = \frac{9{,}40 \cdot 10^6}{399 \ \ 10^3} + \frac{4{,}17 \cdot 10^3}{72{,}25 \cdot 10^2} = 23{,}6 + 0{,}6 = 24{,}2 \text{ N/mm}^2$$

$$< \text{zul } \sigma_{WEZ} = 120 \text{ N/mm}^2$$

Der nachfolgend ermittelte Wert τ aus Torsion und Querkraft ist größer als der Effektivwert, der aus einer vektoriellen Addition der beiden Anteile resultiert.

$$\tau = \tau_T + \tau_Q = \frac{M_T}{W_T} + \frac{Q}{\pi\left(\frac{D+d}{4}\right)t} \sin(90° - \alpha)$$

$$= \frac{0{,}5 \cdot 1{,}0 \cdot 3{,}0^2 \cdot 10^5}{2 \cdot 798 \cdot 10^3} + \frac{1{,}50 \cdot 10^3}{\pi \cdot 115 \cdot 10} (\sin 90° - \alpha)$$

$$= 2{,}81 + 0{,}36 = 3{,}18 \text{ N/mm}^2$$

$$\sigma_V = \sqrt{\sigma^2 + 3\tau^2} = 24{,}8 \text{ N/mm}^2 < \text{zul } \sigma_V = 160 \text{ N/mm}^2$$

b) an der Stelle der maximalen Schubbeanspruchung ($\alpha = 0°$)

$$\sigma = \frac{M_V}{J} \cdot \frac{D}{2} \sin\alpha + \frac{N}{F} = \frac{9{,}40 \cdot 10^6}{4787 \cdot 10^4} \cdot \frac{240}{2} 0{,}4787 + \frac{4{,}17 \cdot 10^3}{72{,}25 \cdot 10^2}$$

$$= 11{,}28 + 0{,}60 = 11{,}88 \text{ N/mm}^2$$

$$\tau = \tau_T + \tau_Q = 2{,}81 + \frac{1{,}5 \cdot 10^3}{\pi \cdot 115 \cdot 10} = 2{,}81 + 0{,}42 =$$

$$= 3{,}23 \text{ N/mm}^2 < \text{zul}\, \tau_{WEZ} = 75 \text{ N/mm}^2$$

2. *allgemeiner Spannungsnachweis für die Schweißnaht*

rechnerische Nahtdicke für die gewählte hV-Naht nach DIN 4113 T2, Tab. 3, Zeile 8

$$a = t - c = t - \frac{1}{5} t = 8 \text{ mm}$$

$$F_w = a \cdot l = a \cdot \pi \left(\frac{D + d}{2} \right) = 57{,}8 \text{ cm}^2$$

$$J_w = \pi \left(\frac{D + d}{4} \right)^3 a = 3822 \text{ cm}^4$$

$$W_{Tw} = \frac{\pi D^2 a}{2} = 724 \text{ cm}^3$$

a) Nachweis an der Stelle der maximalen Biegebeanspruchung

$$\tau_{S\perp} = \frac{M_V}{J_w} \frac{D}{2} + \frac{N}{F_w} = \frac{9{,}40 \cdot 10^6}{3822 \cdot 10^4} \cdot \frac{240}{2} + \frac{4{,}17 \cdot 10^3}{57{,}8 \cdot 10^2}$$

$$= 29{,}51 + 0{,}72 = 30{,}23 \text{ N/mm}^2 < \text{zul}\, \tau_{S\perp} = 75 \text{ N/mm}^2$$

$$\tau_{S\parallel} = \tau_T + \tau_Q = \frac{M_T}{W_{TW}} + \frac{Q}{\pi \left(\frac{D + d}{4} \right) a} \sin(90° - \alpha)$$

$$= \frac{2{,}25 \cdot 10^6}{724 \cdot 10^3} + \frac{1{,}50 \cdot 10^3}{\pi \cdot 115 \cdot 8} (\sin 90° - \alpha)$$

$$= 3{,}11 + 0{,}46 = 3{,}57 \text{ N/mm}^2 < \text{zul}\, \tau_{S\parallel} = 75 \text{ N/mm}^2$$

$$\sigma_V = \sqrt{\tau_{S\perp}^2 + \tau_{S\parallel}^2} = 30{,}4 \text{ N/mm}^2 < \text{zul}\, \sigma_{Vw} = 75 \text{ N/mm}^2$$

b) Nachweis an der Stelle der maximalen Schubbeanspruchung

Nach Vergleich der Formeln mit denjenigen unter a) gilt offensichtlich

$$\tau_{S\perp} = \frac{M_V}{J_w} \cdot \frac{D}{2} \sin\alpha + \frac{N}{F_w} < \text{zul}\, \tau_{S\perp} = 75 \text{ N/mm}^2$$

$$\tau_{S\parallel} = \tau_T + \tau_Q = \frac{M_T}{W_{Tw}} + \frac{Q}{\pi\left(\frac{D+d}{4}\right)a} < \text{zul}\,\tau_{S\parallel} = 75\ \text{N/mm}^2$$

$$\sigma_{Vw} = \sqrt{\tau_{S\perp}^2 + \tau_{S\parallel}^2} < \text{zul}\,\sigma_{Vw} = 75\ \text{N/mm}^2$$

3. *Stabilitätsnachweise*

a) Biegeknicken (DIN 4113 T2, Abs. 8.1.1.1)

$n = 4{,}0;\quad N_\nu = \nu \cdot N = 1{,}33 \cdot 4{,}17 = 5{,}55\ \text{kN}$

$N^* = \left(\frac{\pi}{s_k}\right)^2 E^*J$ und mit $s_k \approx 2 \cdot 5{,}50 = 11{,}0$ m wird

$$N^* = \left(\frac{\pi}{11 \cdot 10^3}\right)^2 68\,000 \cdot 4778 \cdot 10^3 = 265\ \text{kN}$$

$\frac{n+1}{2} \cdot \frac{N_\nu}{N^*} = 0{,}05 < 1$, also Nachweis nach Interaktionsformel (b)

$M^* = k\,\bar{\sigma}\,W = 1{,}2 \cdot 290 \cdot 10^2 \cdot 398 = 13\,850\ \text{kNcm}$

$\bar{N} = \bar{\sigma} \cdot F = 290 \cdot 7225 = 2095\ \text{kN}$

$\mu = 0{,}85$

$$\psi = 1 + \frac{n-1}{2}(1-\mu)\frac{\bar{N}}{N^* - N_\nu} = 2{,}82$$

$i = \sqrt{\frac{J}{F}} = 8{,}13\ \text{cm};\quad \lambda = \frac{1100}{8{,}13} = 135{,}3$

$$u = i\left[\left(\frac{\lambda}{160}\right)^3 + \left(\frac{\lambda}{160}\right)^2\right] = 10{,}73\ \text{cm}$$

$M_\nu = \nu(A_M M + Nu) = 1{,}33(0{,}7 \cdot 9{,}40 \cdot 10^2 + 4{,}17 \cdot 10{,}73) = 1059{,}7\ \text{kNcm}$

$\bar{\kappa} = \kappa + (0{,}5 - \xi)^2\left(\frac{\lambda}{C_\lambda}\right)^2$ und da $\xi = 0{,}5$ wird $\bar{\kappa} = \kappa = 0{,}65$

$$\psi\frac{N_\nu}{\bar{N}} + \frac{M_\nu}{\left(1 - \frac{N_\nu}{N^*}\right)M^*} = 0{,}007 + 0{,}078 = 0{,}085 < \bar{\kappa} = 0{,}65$$

b) **Örtliches Beuelen (DIN 4113 T2, Abs. 8.4)**
Es gilt für die kritische Stelle $R_{p0,2\,WEZ} = 180\ \text{N/mm}^2$; der Nachweis ist dann gemäß T1, Abs. 8.4 zu führen

$$r = \frac{D+d}{4} = 115\ \text{mm}$$

$$\frac{t}{r} = \frac{10}{115} = 0{,}087 > \frac{25 \cdot R_{p0,2\,WEZ}}{E^*} = \frac{25 \cdot 180}{68\,000} = 0{,}066$$

und somit ist das Rohr nicht beulgefährdet.

4. *Kriecheinfluß* (DIN 4113 T1, Abs. 6.3)

Die Hauptlasten H aus Eigengewicht sind gleichzeitig ständig wirkende Lasten H_S. In diesem Fall ist bei dem oben aufgeführten Nachweisen ein Kriechfaktor zu berücksichtigen von

$$c_k = 1 - 0{,}4 \left(\frac{\sigma_{HS}}{\sigma_H} - 0{,}5\right) \quad \text{und da} \quad \frac{\sigma_{HS}}{\sigma_H} = 1$$

ist $c_k = 0{,}8$. Mit diesem Faktor sind die zulässigen Normalspannungen abzumindern. Die entsprechenden zulässigen Schubspannungen erfahren keine Abminderung, da Schubbeanspruchungen nur aus Windlast (Zusatzlasten) entstehen.

6.4.5 Kastenträger mit schwingender Belastung

Untersucht werden soll ein Kastenträger aus AlZn4,5Mg1 F35 in geschweißter Ausführung für eine Kranbrücke mit einer Hublast von 350 kN. Die Nachweise sind nach DIN 15018 T1,2 und DIN 4113 T1,2 zu führen.

Der Kran ist nach Hubklasse H2 (DIN 15018 T1, Tab. 23) einzustufen. Es liegt eine regelmäßige Benutzung im Dauerbetrieb vor, für den Betriebsfestigkeitsnachweis wird eine Beanspruchungsgruppe B5 angenommen.

Für den 20 m langen Kastenträger mit dem nach Abb. 6.30 angegebenen Querschnitt wird hier vereinfachend nur der Nachweis im Lastfall HZ1 ($\varphi \cdot G + P + Pu$; Eigenlastbeiwert $\varphi = 1{,}1$, Eigenlasten G, Hublast P und Pufferkräfte Pu) in Trägermitte durchgeführt.

Querschnittswerte

$F = 330{,}9\ \text{cm}^2$

$J_x = 632\,480\ \text{cm}^4$; $\quad W_x = 11\,500\ \text{cm}^3$

$J_y = 116\,050\ \text{cm}^4$; $\quad W_y = 4\,642\ \text{cm}^3$

$W_{T\,min} = 7\,631\ \text{cm}^3$; $\quad W_{T\,max} = 15\,263\ \text{cm}^3$

$F_{Steg} = 2 \cdot 106{,}8 \cdot 0{,}8 = 170{,}9\ \text{cm}^2$; $\quad F_{Gurt} = 2 \cdot 50 \cdot 1{,}6 = 160\ \text{cm}^2$

Der Kastenquerschnitt wird aus zwei Gurten und zwei Stegen durch vier Längs-Stumpfnähte im Abstand von 80 mm von den Gurten zusammengesetzt. Die Stege bestehen aus AlZn4,5Mg1 F35 Blechen 8 mm dick, die Gurte aus AlZn4,5Mg1 F35 Profilen mit einer maximalen Dicke von 16 mm. Bei der Berücksichtigung der WEZ-Bereiche im Querschnitt (neben der Längsnähte bzw. entlang der eingeschweißten

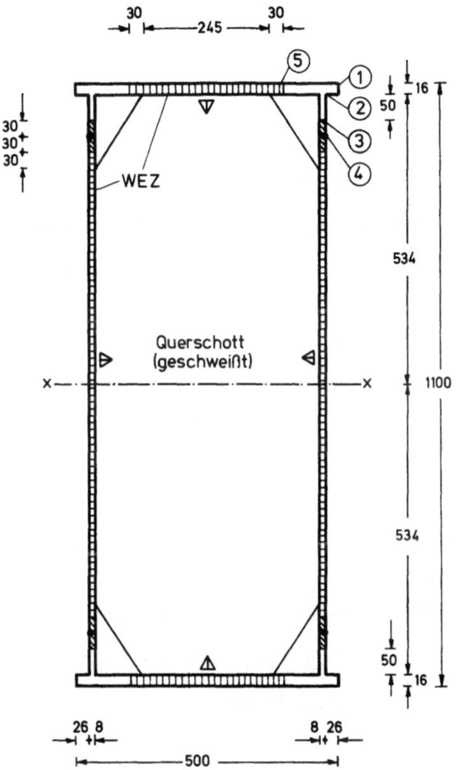

Abb. 6.30 Kastenträgerquerschnitt, Stellen 1 bis 5 für die Festigkeitsnachweise

Querschotte in Trägermitte) beträgt das Verhältnis $\kappa = R_{p0,2\,WEZ}/R_{p0,2}$ für Profile $\kappa = 180/290 = 0{,}62$ für Bleche $\kappa = 180/275 = 0{,}65$.

Gemäß $J_\kappa = J_0 - (1-\kappa)\,\Sigma(F_{WEZ,i} \cdot y_i^2)$ und der Abb. 6.30 ergibt sich

$J_{\kappa x} = 480\,574\ cm^4$; $\quad W_{\kappa x} = 8737\ cm^3 \quad W_{T\kappa max} = 9463\ cm^3$

$J_{\kappa y} = \ \ 86\,940\ cm^4$; $\quad W_{\kappa y} = 3478\ cm^3 \quad W_{T\kappa min} = 4960\ cm^3$

$F_{\kappa Steg} = 170{,}9 - (1-0{,}65)\ 154{,}9 = 116{,}7\ cm^2$

$F_{\kappa Gurt} = 160 \quad - (1-0{,}62)\ \ 48{,}8 = 122{,}3\ cm^2$

Schnittgrößen in Trägermitte

$M_x = 1237{,}75\ kNm$; $\quad Q_x = 124{,}20\ kN$

$M_y = \ \ 103{,}75\ kNm$; $\quad Q_y = \ \ 9{,}01\ kN$

$M_T = \ \ \ 31{,}03\ kNm$

1. *Allgemeiner Spannungsnachweis*

Sofern die vorhandenen maximalen Spannungen niedriger als zul σ_{WEZ} sind, kann vereinfachend mit den nichtreduzierten Querschnittswerten gerechnet werden.

Stelle 1 bzw. 2 (s. Abb. 6.30)

$$\sigma = \frac{1237{,}75 \cdot 10^3}{11\,500} + \frac{103{,}75 \cdot 10^3}{4642} = 107{,}63 + 22{,}35$$

$$= 130 \text{ N/mm}^2 > \text{zul } \sigma_{WEZ} = 120 \text{ N/mm}^2$$

Es wird noch der genaue Nachweis mit reduzierten Querschnittswerten durchgeführt

$$\sigma = \frac{1237{,}75 \cdot 10^3}{8737} + \frac{103{,}75 \cdot 10^3}{3478} = 141{,}7 + 29{,}8$$

$$= 171{,}5 \text{ N/mm}^2 < \text{zul } \sigma = 180 \text{ N/mm}^2$$

$$\tau_{Gurt} = \tau_Q + \tau_T = \frac{9{,}01 \cdot 10}{122{,}3} + \frac{31{,}03 \cdot 10^3}{9463}$$

$$= 0{,}73 + 3{,}28 = 4{,}01 \text{ N/mm}^2 < \text{zul } \tau = 110 \text{ N/mm}^2$$

$$\tau_{Steg} = \tau_Q + \tau_T = \frac{124{,}20 \cdot 10}{116{,}7} + \frac{31{,}03 \cdot 10^3}{4960}$$

$$= 10{,}64 + 6{,}26 = 16{,}90 \text{ N/mm}^2 < \text{zul } \tau = 110 \text{ N/mm}^2$$

$$\sigma_V = \sqrt{\sigma^2 + 3\tau_{Steg}^2} = \sqrt{171{,}5^2 + 3 \cdot 16{,}90^2} = 173{,}9 \text{ N/mm}^2 < 0{,}8 \cdot 290$$

$$= 232 \text{ N/mm}^2.$$

Stelle 3

$$\sigma = \frac{1237{,}75 \cdot 10^3 \cdot 48{,}40}{632\,480} + \frac{103{,}75 \cdot 10^3 \cdot 22{,}4}{116\,050}$$

$$= 94{,}72 + 20{,}03 = 114{,}75 \text{ N/mm}^2 < \text{zul } \sigma_{WEZ} = 120 \text{ N/mm}^2$$

$$\tau_{Steg} = \tau_Q + \tau_T = \frac{124{,}20 \cdot 10}{170{,}9} + \frac{31{,}03 \cdot 10^3}{7631}$$

$$= 11{,}33 \text{ N/mm}^2 < \text{zul } \tau_{WEZ} = 75 \text{ N/mm}^2$$

$$\sigma_V = \sqrt{\sigma^2 + 3\tau^2} = \sqrt{114{,}75^2 + 3 \cdot 11{,}33^2} = 116{,}4 \text{ N/mm}^2 < \text{zul } \sigma_{V\,WEZ} =$$

$$= 160 \text{ N/mm}^2$$

Stelle 4 (Stumpfnaht)

$$\sigma = \frac{1237{,}75 \cdot 10^3 \cdot 45{,}40}{632\,480} + \frac{103{,}75 \cdot 10^3 \cdot 22{,}4}{116\,050}$$

$$= 88{,}85 + 20{,}03 = 108{,}88 \text{ N/mm}^2 < \text{zul } \sigma_w = 115 \text{ N/mm}^2$$

$$\tau = 11{,}33 \text{ N/mm}^2 < \text{zul } \tau_w = 70 \text{ N/mm}^2$$

$$\sigma_V = \sqrt{108{,}88^2 + 3 \cdot 11{,}33^2} = 110{,}63 \text{ N/mm}^2 < \text{zul}\,\sigma_{Vw} = 0{,}95 \text{ zul}\,\sigma_{V\,WEZ}$$
$$= 152 \text{ N/mm}^2$$

Stelle 5

$$\sigma = \frac{1237{,}75 \cdot 10^3 \cdot 55}{632\,480} + \frac{103{,}75 \cdot 10^3 \cdot 15{,}15}{116\,050}$$
$$= 107{,}63 + 13{,}63 = 121{,}27 \text{ N/mm}^2,$$

d.h. der Wert zul σ_{WEZ} = 120 N/mm² wird nur geringfügig überschritten. Mit reduzierten Querschnittswerten würde man bekommen

$$\sigma = \frac{1237{,}75 \cdot 10^3 \cdot 55}{480\,574} + \frac{103{,}75 \cdot 10^3 \cdot 15{,}15}{86\,940}$$
$$= 141{,}66 + 18{,}20 = 159{,}85 \text{ N/mm}^2 < \text{zul}\,\sigma = 180 \text{ N/mm}^2.$$

2. *Stabilitätsnachweis – Beulnachweis*

Gurte und Stege werden durch Querschotte jeweils in Abständen von 2 m ausgesteift. Vereinfachend wird angenommen, daß der gesamte Querschnitt aus Material mit $R_{p0{,}2\,WEZ}$ = 180 N/mm² besteht und der Nachweis der Beulsicherheit nach DIN 4113 T1, Abs. 8.6 durchgeführt.

a) Beulung der Stegbleche (DIN 4113 T1, Abs. 8.6.1)
   Die Beuluntersuchung ist gemäß DIN 4114 T1, Abs. 17 bzw. T2, Ri 18 durchzuführen. Der Fall geradlinig verteilter Normalspannungen entgegengesetzten Vorzeichens und verschiedener Randwerte wird dort jedoch nicht direkt behandelt. Im vorliegenden Fall wird vereinfachend eine gleichmäßig über das ganze Feld wirkende Druckbeanspruchung mit σ_2 angenommen. Der Wert σ_2 läßt sich ermitteln, indem man für das obere schraffierte Teilfeld (Abb. 6.31) gleiche Beulsicherheit fordert.

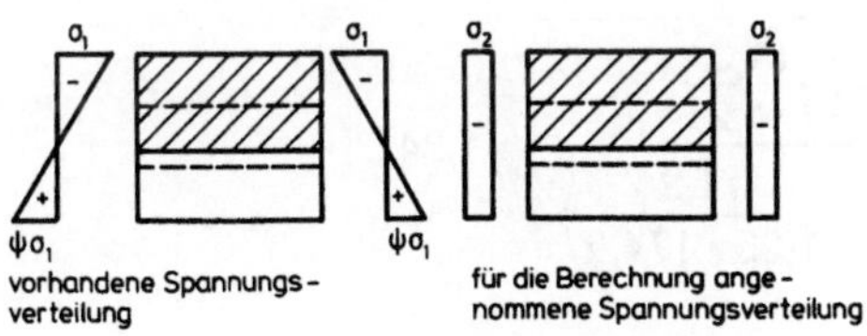

Abb. 6.31 Zum Beulnachweis des Stegbleches

vorhandene Spannungsverteilung

$\alpha > 1$
$\psi = 0$
$k = 8{,}4/1{,}1 = 7{,}64$
$\sigma_{Ki} = 7{,}64 \cdot \sigma_e$
$\nu_B = 7{,}64 \cdot \sigma_e/\sigma_1$

daraus folgt $\sigma_2 \approx 0{,}6\ \sigma_1$

angenommene Spannungsverteilung

$\alpha > 1$
$\psi = 1$
$k = 8{,}4/(1+1{,}1) = 4{,}00$
$\sigma_{Ki} = 4 \cdot \sigma_e$
$\nu_B = 4 \cdot \sigma_e/\sigma_1$

In den Drittelspunkten der Stege werden Längssteifen angeschweißt.

a) Nachweis des oberen Teilfeldes

$\alpha = a/b = 200/35{,}6 = 5{,}62$

$t = 0{,}8$ cm

$$\sigma_e = 631 \left(\frac{10 \cdot 0{,}8}{35{,}6}\right)^2 = 31{,}9 \text{ N/mm}^2$$

für den Lastfall HZ 1 gilt

$\sigma_2 = 0{,}6 \cdot 130 = 78$ N/mm^2; $\quad \tau = 11{,}3$ N/mm^2

$\psi = 1; \quad k_\sigma = 4; \quad k = 5{,}47$

$\sigma_{1Ki} = 127{,}5$ N/mm^2; $\quad \tau_{Ki} = 174{,}2$ N/mm^2

$$\sigma_{VKi} = \frac{\sqrt{78^2 + 3 \cdot 11{,}3^2}}{\frac{1+1}{4} \cdot \frac{78}{127{,}5} + \sqrt{\left(\frac{3-1}{4} \cdot \frac{78}{127{,}5}\right)^2 + \left(\frac{11{,}3}{174{,}2}\right)^2}}$$

$$= 131{,}4 \text{ N/mm}^2 < \sigma_p = 153{,}2 \text{ N/mm}^2$$

$$\text{vorh}\ \nu_B = \frac{\sigma_{VKi}}{\sqrt{\sigma_1^2 + 3\tau^2}} = 1{,}63$$

$$\text{erf}\ \nu_B = \sqrt{\frac{\left(\frac{78}{127{,}5}\right)^2 + \left(\frac{11{,}3}{174{,}2}\right)^2}{\left(\frac{78}{1{,}35 \cdot 127{,}5}\right)^2 + \left(\frac{11{,}3}{1{,}25 \cdot 174{,}2}\right)^2}} = 1{,}34$$

Nachweis der gewählten Beulsteifen
Steifen ⌀ 80 × 8 mit F = 6,4 cm^2

$\alpha = a/b = 200/106{,}8 = 1{,}873$

$t = 0{,}8$ cm

nach DIN 4114 T2, Ri 18.17

$$\gamma^* = \gamma_1^* \frac{\overline{\nu}_{B1}}{\nu_{B1}} + \gamma_2^* \frac{\overline{\nu}_{B2}}{\nu_{B2}}$$

$$\delta = \frac{F}{b \cdot t} = \frac{6,4}{106,8 + 0,8} = 0,075$$

$$\alpha_{vorh} = 1,873 < \sqrt{18(1+3\delta) - 1} = 4,587$$

aus DIN 4114 T2, Ri 18.1, Tafel 9, Zeile 2 folgt

$$\gamma_1^* = \frac{1,873^2}{3}[36(1+3 \cdot 0,075) - 2] - \frac{1,873^2}{3} + (1+3 \cdot 0,075)\frac{1}{3} = 45,54$$

aus DIN 4114 T2, Ri 18.1, Tafel 9, Zeile 11 (statt Zeile 10 da $\alpha > 1$, dabei Rechnung auf der sicheren Seite)

$$\gamma_2^* = 7,2 \cdot 1,873^2 (1 - 3,3 \cdot 1,873 + 3,9 \cdot 1,873^2) = 32,15$$

$\overline{\nu}_{B1} = \overline{\nu}_{B2} = 1,63$ aus der Berechnung für das obere Teilfeld

$\sigma_{VKi} = \sigma_{1Ki} = 127,5\ N/mm^2 < \sigma_p = 153,2\ N/mm^2$

$$\nu_{B1} = \frac{\sigma_{VKi}}{\sigma_2} = \frac{127,5}{78} = 1,63$$

andererseits mit $\sigma_{VKi} = \tau_{Ki}\sqrt{3} = 174,2 \cdot \sqrt{3} = 301\ N/mm^2 > \sigma_p$ ermittelt man aus DIN 4113 T2, Tab. 12 für $R_{p0,2WEZ} = 180\ N/mm^2$ die abgeminderte Vergleichsspannung $\sigma_{VK} = 154\ N/mm^2$ und somit

$$\nu_{B2} = \frac{\sigma_{VK}}{\tau\sqrt{3}} = \frac{154}{11,3 \cdot \sqrt{3}} = 7,84$$

Hieraus berechnet man

$$\gamma^* = 45,54\frac{1,63}{1,63} + 32,15\frac{1,63}{7,84} = 52,22$$

und schließlich den Mindestwert des Querschnittsträgheitsmomentes

$$J^* = 0,092\,\gamma^*\,bt^3 = 0,092 \cdot 52,22 \cdot 106,8 \cdot 0,8^3 = 262\ cm^4$$

Die angenommenen Beulsteifen weisen ein Trägheitsmoment auf von

$$J = \frac{0,8 \cdot 8^3}{12} + 6,4\left(8,4\,\frac{0,8}{2}\right)^2 = 444\ cm^4$$

und reichen somit aus.

b) Beulung des Obergurtbleches

Der Nachweis wird gemäß DIN 4113 T2, Abs. 8.6 bei Annahme von Material mit $R_{p0,2WEZ}$ entsprechend DIN 4113 T1, Abs. 8.6.2 bzw. nach Klöppel/Scheer durchgeführt.

Die erforderliche Beulsicherheit kann durch Anbringen einer Beullängssteife in Feldmitte erreicht werden, Abb. 6.32.

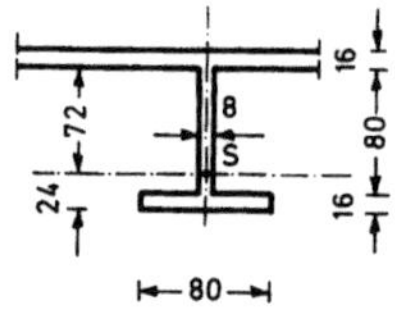

Abb. 6.32 Beulsteifenquerschnitt

$\alpha = a/b = 200/43{,}2 = 4{,}63$

$t = 1{,}6$ cm

Beulsteifenfläche $F = 1{,}6 \cdot 8 + 0{,}8 \cdot 8 = 19{,}2 \text{ cm}^2$

Trägheitsmoment der Beulsteife $J = J_{St} + F\left(\frac{h+t}{2}\right)^2 = 1361{,}2 \text{ cm}^4$

$$\delta = \frac{F}{b \cdot t} = \frac{19{,}2}{43{,}2 \cdot 1{,}6} = 0{,}28$$

$$\sigma_e = 631\left(\frac{10 \cdot t}{b}\right)^2 = 631\left(\frac{10 \cdot 16}{432}\right)^2 = 86{,}6 \text{ N/mm}^2$$

$\sigma_1 = 130 \text{ N/mm}^2$, $\qquad \sigma_2 = 107{,}63 - 22{,}35 = 85{,}3 \text{ N/mm}^2$

$\psi = 85{,}3/130 = 0{,}65$

$\tau = 2{,}6 \text{ N/mm}^2$

$\tau/\sigma_1 = 0{,}02$

$$Z_1 = \sqrt{1 + 3\left(\frac{\tau}{\sigma}\right)^2} \approx 1{,}0$$

Plattensteifigkeit $N = \dfrac{Et^2}{12(1-\mu)^2} = 2{,}63 \cdot 10^7 \text{ Nmm}$

Steifigkeit der Längssteife $\gamma = \dfrac{EJ}{Nb} = \dfrac{7 \cdot 10^4 \cdot 1{,}36 \cdot 10^7}{2{,}63 \cdot 10^7 \cdot 432} = 83{,}8$

Aus Klöpper/Scheer, Tafel II/5.2 folgt für

$\delta = 0{,}15 < 0{,}28, \qquad \alpha = 3{,}8 < 4{,}63, \qquad \gamma = 25 < 83{,}8$

der Wert $k_\sigma = 18$ bzw. aus Tafel II/5.4 für

$\alpha = 3{,}8 < 4{,}63, \qquad \gamma = 83{,}8$

der Wert k_τ = 13,5 und schließlich aus Tafel II/5.5 für

$$\frac{\tau}{\sigma_1} \cdot \frac{k_\sigma}{k_\tau} = 0{,}027$$

der Wert $s^* = 1{,}0$.

Damit wird

$$\sigma_{VKi} = k_\sigma s^* Z_1 \sigma_e = 18{,}2 \cdot 1{,}0 \cdot 1{,}0 \cdot 86{,}6 = 1575 \text{ N/mm}^2$$

nach DIN 4113 T1, Tab. 12 folgt für $R_{p0,2WEZ}$ = 180 N/mm² die abgeminderte Vergleichsspannung

$$\sigma_{VK} = 175 \text{ N/mm}^2$$

und somit die Beulsicherheit

$$\text{vorh } \nu_B = \frac{\sigma_{VK}}{Z_1 \sigma_1} = \frac{175}{1{,}0 \cdot 130} = 1{,}35 = \text{zul } \nu_B$$

3. *Betriebsfestigkeitskeitsnachweis*

Nach DIN 15018 T1, Tab. 14 wird für die Lebensdauer der Kranbrücke der Spannungsspielbereich N3 $(6 \cdot 10^5 < N \leqslant 2 \cdot 10^6)$ bei einem mittelschweren Spannungskollektiv S_2 entsprechend der Beanspruchungsgruppe B5 ermittelt.

Aus einer Gegenüberstellung der Werte max σ und min σ, die aus den Beanspruchungen aus Eigengewicht und Hublasten und entgegengerichteten Beanspruchungen aus dem Fahrvorgang resultieren, ergibt sich ein Verhältnis $R = +0{,}04 \approx 0$. Dabei beträgt max σ = 119,7 N/mm². Im Sinne der DIN 15018, Bl. 1, Tab. 15 können wir mit $\sigma_m = 0$ und $\hat{\sigma} = \max \sigma$ und $\hat{N} = 6 \cdot 10^5$ aus dem idealisierten bezogenen Spannungskollektiv das in Abb. 6.33 angegebene Kollektiv für den Betriebsfestigkeitsnachweis ermitteln. Als maßgebender Kerbfall wirkt hier das konstruktive Detail

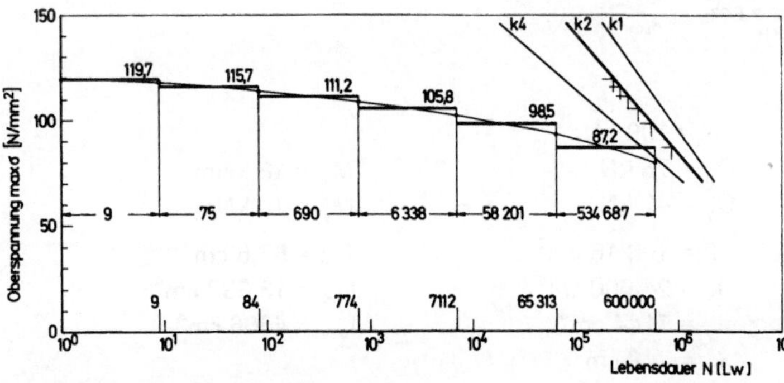

Abb. 6.33 Spannungskollektiv und Wöhlerlinie für den Betriebsfestigkeitsnachweis

der quer zur Kraftrichtung an die Gurt- und Stegbleche Doppelkehlnaht-Sondergüte angeschweißten Querschotte mit abgeschnittenen Ecken, entsprechend Kerbfall K2 nach DIN 15018 T1, Tab. 30, Nr. 233. Die entsprechende Wöhlerlinie wird näherungsweise aus zwei bekannten Wöhlerlinien für die Kerbfälle K1 (Stumpfnaht – quer zur Kraftrichtung entsprechend den ertragbaren Beanspruchungen nach Abb. 4.11) und K4 (Kreuzstoß mit Doppelkehlnaht, ebenfalls nach den Unterlagen der Abb. 4.11) bestimmt.

Bei Anwendung der linearen Schadensakkumulationshypothese ermittelt man aus Abb. 6.33 und bei einer Einteilung des Kollektiv in sechs Stufen für die Schädigung

$$S = \sum_{i=1}^{6} \frac{n_i}{N_i} = \frac{9}{231\,000} + \frac{75}{368\,000} + \frac{690}{343\,500} + \frac{6338}{409\,000} + \frac{58\,201}{549\,500} + \frac{534\,687}{839\,500} =$$

$$= 0{,}76 < 1.$$

Es ist also wahrscheinlich, daß diese Belastung nicht zum Ermüdungsbruch führt.

6.4.6 Biegesteifer Anschluß mit Kehlnähten

Ein Kragträger wird durch Momente und Querkräfte in x- und y-Richtung sowie durch eine Druckkraft N beansprucht (Abb. 6.34). Es handelt sich um ein Strangpreßhohlprofil aus AlMg4,5Mn F27, daß durch Kehlnähte an eine Stirnplatte angeschweißt wird. Für die angegebenen Schnittgrößen sind die auftretenden Beanspruchungen zu ermitteln.

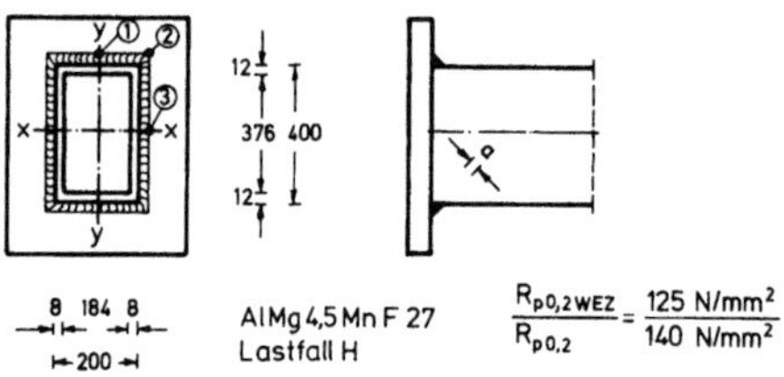

Abb. 6.34 Trägerquerschnitt

Schnittgrößen	$N = 100$ kN	
	$Q_x = 76$ kN	$M_x = 18$ kNm
	$Q_y = 42$ kN	$M_y = 10$ kNm
Querschnittswerte	$F = 108{,}16\ cm^2$	$F_w = 57{,}6\ cm^2$
	$J_x = 24\,600\ cm^4$	$J_{xw} = 13\,333\ cm^4$
	$J_y = 7144\ cm^4$	$J_{yw} = 4666\ cm^4$
	$S_x = 748\ cm^3$	
	$S_y = 409\ cm^3$	

Normalerweise sind nach DIN 4113 T2 bei einer geschweißten Verbindung die erforderlichen Nachweise sowohl in der WEZ als auch in der Schweißnaht zu führen. Es werden jedoch nur die Beanspruchungen bei der Schweißnaht betrachtet, da aus den Querschnittswerten zu erkennen ist, daß hier die maßgebende Stelle vorliegt.

Nach DIN 4113 T2, Abs. 6.2.2.2 und Tab. 4b ergeben sich folgende Spannungen an den Stellen maximaler Beanspruchung

Stelle 1:

$$\tau_{S\perp} = \frac{M_x}{J_{xw}} y + \frac{N}{F_w} = \frac{18 \cdot 10^6}{246 \cdot 10^6} 205 + \frac{100 \cdot 10^3}{5760} = 15{,}00 + 17{,}36 =$$

$$= 32{,}36 \text{ N/mm}^2 < \text{zul } \tau_{S\perp} = 50 \text{ N/mm}^2$$

$$\tau_{S\parallel} = \frac{Q_y S_y}{J_{yw} \Sigma a} = \frac{42 \cdot 10^3 \cdot 409 \cdot 10^3}{4666 \cdot 10^4 \cdot 2 \cdot 5} = 36{,}81 \text{ N/mm}^2 < \text{zul } \tau_{S\parallel} = 50 \text{ N/mm}^2$$

$$\sigma_{Vw} = \sqrt{\tau_{S\perp}^2 + \tau_{S\parallel}^2} = \sqrt{32{,}36^2 + 36{,}81^2} = 49 \text{ N/mm}^2 < \text{zul } \sigma_{Vw} = 50 \text{ N/mm}^2$$

Stelle 2:

$$\tau_{S\perp} = \frac{M_x}{J_{xw}} y + \frac{M_y}{J_{yw}} x + \frac{N}{F_w} = 15{,}00 + \frac{10 \cdot 10^6}{7144 \cdot 10^4} 105 + 17{,}36 =$$

$$= 47{,}06 \text{ N/mm}^2 < \text{zul } \tau_{S\perp}$$

Stelle 3:

$$\tau_{S\perp} = \frac{M_y}{J_{yw}} x + \frac{N}{F_w} = 14{,}70 + 17{,}36 = 32{,}06 \text{ N/mm}^2 < \text{zul } \tau_{S\perp}$$

$$\tau_{S\parallel} = \frac{Q_x S_x}{J_{xw} \Sigma a} = \frac{76 \cdot 10^3 \cdot 748 \cdot 10^3}{24\,600 \cdot 10^4 \cdot 2 \cdot 5} = 23{,}11 \text{ N/mm}^2 < \text{zul } \tau_{S\parallel}$$

$$\sigma_{Vw} = \sqrt{32{,}06^2 + 23{,}11^2} = 39{,}52 \text{ N/mm}^2 < \text{zul } \sigma_{Vw}$$

6.5 Berechnung bei wiederholter Belastung

Bei zunehmender Anwendung von Aluminiumkonstruktionen im Bereich des Kran- und Brückenbaus, aber auch in manchen Fällen des Hochbaus sind Kenntnisse über das Schwingfestigkeitsverhalten geschweißter Verbindungen unerläßlich. DIN 4113 behandelt zunächst die Aluminiumkonstruktionen des Hochbaus unter vorwiegend ruhender Belastung und sieht keinen Nachweis gegen Zeit- bzw. Dauerfestigkeit vor. Nach den „Lastannahmen und Sicherheiten für Schienenfahrzeuge" aufgestellt von der Studiengesellschaft „Leichtbau der Verkehrsfahrzeuge" e.V., Auflage 1970, ist eine Berechnung von stumpfgeschweißten Verbindungen für einige Aluminiumlegierungen möglich.

Unter den ausländischen Vorschriften für Aluminiumkonstruktionen wird das Problem der Ermüdungsfestigkeit bei den amerikanischen Richtlinien „Suggested Specifications for Structures of Aluminum Alloys 6061-T6 and 6062-T6" ASCE Proceedings 3341, Dec. 1962 und der TGL 21-12500 etwa ausführlich betrachtet (der belgische Normentwurf NBN 674 sieht für Nietverbindungen in Anlehnung an die amerikanischen Richtlinien zulässige Schwingfestigkeiten vor). Nach TGL 21-12500 werden Dauerfestigkeitsschaubilder nach Moore-Kommers-Jasper und zusätzlich die daraus zu ermittelnden zulässigen Werte der Dauerfestigkeit in Abhängigkeit vom Beanspruchungsverhältnis R in Tabellen angegeben. Die Einstufung in die Dauerfestigkeitslinien entspricht der DV 848. Die englischen Richtlinien CP 118 : 1969 „The Structural Use of Aluminum" sehen eine umfangreiche Klassifizierung von verschiedenen Schweißverbindungstypen (Kerbfällen) bei mehreren Lebensdauerwerten vor. Auch eine Betriebsfestigkeitsberechnung mit Hilfe der linearen Schadensakkumulationshypothese wird hier berücksichtigt. Entsprechende Angaben finden sich auch in der norwegischen Norm NS 3471 „Prosjektering av aluminiumkonstruksjoner – Beregning og dimensjonering". Moore-Kommers-Jasper-Diagramme beinhalten Angaben zur Schwingfestigkeit für verschiedene Lebensdauerwerte, wobei als Kurvenparameter hier ein „Kerbfaktor" in Abhängigkeit von der Naht- bzw. Konstruktionsdetailform, Beanspruchungsart und Nahtqualität definiert wird. Schließlich berücksichtigt auch die schwedische Norm „Aluminiumkonstruktioner – 1966" in ähnlicher Form die Berechnung auf Schwingfestigkeit und macht in Form eines zusätzlichen Kommentars noch weitere Angaben zur Betriebsfestigkeitsberechnung sowie bei zusammengesetzten Beanspruchungen. Eine vergleichende Durchsicht der verschiedenen Bemessungsrichtlinien ergibt kein einheitliches Bild. Verschiedene Grundwerkstoffe und verschiedene Ausbildung von Schweißverbindungen, unterschiedliche Ermittlung von Kurven der ertragbaren Schwingfestigkeitsbeanspruchungen und Definition von Sicherheitsfaktoren zur Ermittlung von zulässigen Beanspruchungen, schließlich noch keine ausreichende Erfahrungen bei der Betriebsfestigkeit vor allem bei größeren Bauteilen erschweren die universelle Anwendung dieser Vorschriften. Nur nach einer vergleichenden Analyse möglichst vieler Ergebnisse aus der internationalen Forschung, zusätzlicher evtl. erforderlicher experimenteller Untersuchungen und einheitlich definierter Lebensdauerlinien und Versagenswahrscheinlichkeiten bzw. Sicherheitsfaktoren können so stufenweise für typische Legierungen und Verbindungsformen des konstruktiven Ingenieurbaus Bemessungsrichtlinien aufgestellt werden. Als Bemessungshilfe für die Übergangszeit werden in den nachfolgenden Abschnitten die wesentlichen Ausführungen und Schwingfestigkeitswerte aus den „Lastannahmen und Sicherheiten für Schienenfahrzeuge", der einzigen deutschen Richtlinie, die eine Bemessung auf Schwingfestigkeit vorsieht, und stellvertretend für die in ausländischen Richtlinien angegebenen Verfahren die entsprechenden Angaben aus der amerikanischen und englischen Vorschrift wiedergegeben.

6.5.1 Lastannahmen und Sicherheiten für Schienenfahrzeuge

In den Diagrammen der Abb. 6.35 sind für die wichtigsten Konstruktionswerkstoffe AlZn4,5Mg1, AlMg4,5Mn, AlMgSi1, AlMg3 und AlMgMn Grenzwerte der Dauerfestigkeit für $N \geqslant 10^7$ Lastspiele über den gesamten Wechsel- und Schwellbereich für ungeschweißten Werkstoff (Oberfläche unbearbeitet, Walzhaut) und für Stumpfnaht-Schweißverbindungen (MIG oder WIG mit belassener Schweißraupe) wiedergegeben. Die Kurven gelten für Zug-Druck-Axialbeanspruchung. Bei Biegebeanspruchung von Vollquerschnitten können die Kurven des Grundmaterials mit 1,2 multipliziert werden; bei Schubbeanspruchung sind sie entsprechend mit 0,65 zu multiplizieren.

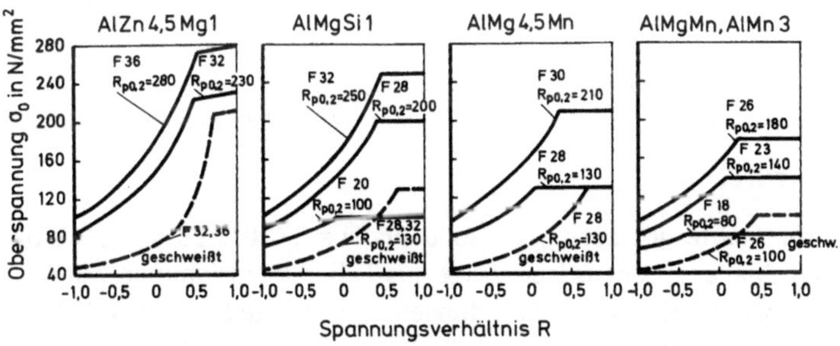

Abb. 6.35 Werkstoffgrenzwerte für den Wechsel- und Schwellbereich bis zur statischen Last geschweißt (MIG oder WIG, Naht unbearbeitet) und Vollmaterial, gültig für: Knethalbzeug DIN 1745–1749, Oberfläche unbearbeitet, Dicke $d \leqslant 10$ mm, $N \geqslant 10^7$

Nach einem Vergleich mit neueren Untersuchungsergebnissen mußte die eine oder andere Kurve modifiziert bzw. weitere Angaben zu Kehlnähten gemacht werden. Es muß bemerkt werden, daß diese Grenzwerte aus Versuchen mit Rundproben ermittelt wurden, die bekanntlich (insbesondere beim Grundmaterial) höhere Schwingfestigkeitswerte als prismatische Probekörper ergeben. Die Werte gelten schließlich bis zu einer Blechdicke (Durchmesser) von 10 mm. Bei größeren Blechdicken sind Abminderungsfaktoren vorgeschrieben – z.B. 0,94 für Blechdicken bis 20 mm und 0,89 für Blechdicken bis 30 mm. Gegen Dauer-, Zeit- und Betriebsfestigkeit schreiben die Richtlinien einen Sicherheitsfaktor von 1,5 vor.

6.5.2 ASCE Proceedings 3341

Eine Berücksichtigung sowohl der Zeit- als auch der Dauerfestigkeit fand in den amerikanischen Richtlinien zunächst für die Aluminiumlegierung 6061-T6 (entspricht der Legierung AlMgSi1) statt. Angegeben wird die zulässige Oberspannung zul σ_{max} bei Schwingbeanspruchung in Abhängigkeit von der zulässigen Spannung

Tabelle 6.8 Faktoren k_N zur Bestimmung der zulässigen Oberspannung bei Schwingbeanspruchung nach der amerikanischen Richtlinie ASCE Proc. 3341

Lebensdauer N	Zug, längs oder quer zu Stumpfnähten und Zug im Bereich von Längs-Kehlnähten	Zug im Bereich von Quer-Kehlnähten oder am Nahtende von Längs-Kehlnähten und Scheren in Kehlnähten
$2 \cdot 10^4$	1	1
10^5	1	0,68
$5 \cdot 10^5$	0,73	0,40
10^6	0,67	0,34
$2 \cdot 10^6$	0,65	0,29
10^7	0,64	0,23

bei statischer Belastung zul σ und der Unterspannung der Schwingbeanspruchung σ_{min}. Es gilt also allgemein und insbesondere auch bei Schweißverbindungen

$$\text{zul}\,\sigma_{max} = k_N \cdot \text{zul}\,\sigma + c \cdot \sigma_{min}.$$

Für Stumpf- und Kehlnähte gilt zul σ_{max} = zul σ bis $N = 2 \cdot 10^4$. Es gilt $c = 0{,}67$ und k_N kann für verschiedene Lebensdauerwerte aus Tab. 6.8 entnommen werden. Die Werte gelten zunächst für die Verbindungen von Bauteilen aus 6061-T6 (AlMgSi1), jedoch wird auf die Möglichkeit ihrer Anwendung auch bei anderen Legierungen hingewiesen. Für AlMgSi1 sind nach der amerikanischen Richtlinie die entsprechenden Werte der zulässigen Spannung bei statischer Beanspruchung von Brückenbauwerken für Stumpfnähte (bzw. WEZ) zul $\sigma = 70$ N/mm^2 und für Kehlnähte zul $\sigma = 52{,}7$ N/mm^2 (Schweißdraht 5556 entspricht in etwa S-AlMg5) oder 45,6 N/mm^2 (5356/S-AlMg5) oder 31,6 N/mm^2 (4043/S-AlSi5). Bei Hochbauten wird für Stumpfnähte (bzw. WEZ) zul $\sigma = 77$ N/mm^2 und für Kehlnähte zul $\sigma = 59{,}7$ N/mm^2 (5556) oder 49,2 N/mm^2 (5356) oder 35 N/mm^2 (4043) eingesetzt.

6.5.3 British Standard CP118 : 1969

Die englischen Vorschriften weisen auf die Notwendigkeit der Erfassung sämtlicher Lastkombinationen sowie Beanspruchungen aus Imperfektionen der Schweißnaht hin. Für die Bemessung auf Schwingfestigkeit ist auch die Angabe über das Beanspruchungsverhältnis, die maximale Beanspruchung und eine möglichst genaue Ermittlung der entsprechenden Lastspielzahl erforderlich.

Die Diagramme enthalten Angaben über die zulässige Oberspannung zul σ_{max} in Abhängigkeit vom Spannungsverhältnis $\sigma_{min}/\sigma_{max}$ für die Lebensdauerwerte ab 10^5 Lastspielen. Zwischen den Lebensdauerkurven wird logarithmisch interpoliert.

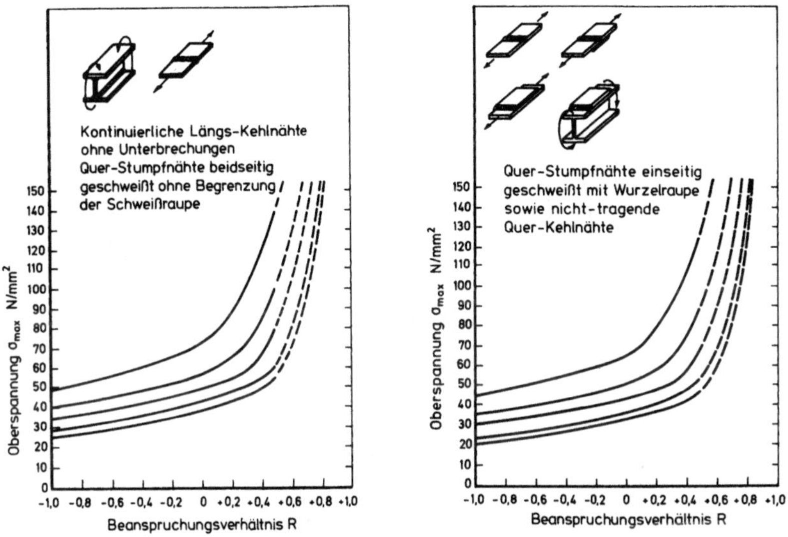

Abb. 6.36 Zulässige Schwingfestigkeiten für verschiedentlich geschweißte Aluminium-Verbindungen nach British Standard CP118; 1969

Wird ein Bauteil einem Beanspruchungskollektiv mit verschiedenen Beanspruchungshöhen und Beanspruchungsverhältnissen ausgesetzt, so ist ein Betriebsfestigkeitsnachweis auf der Grundlage der linearen Schadensakkumulationshypothese durchzuführen. Liegt kein eindeutig definiertes Kollektiv vor, so ist der Bereich zwischen der höchsten und der niedrigsten Beanspruchung in ein mindestens fünfstufiges Kollektiv, bei gleichmäßigen Stufen, einzuteilen.

Für acht verschiedene geschweißte Verbindungstypen – in Abhängigkeit von der Nahtform, Beanspruchungsrichtung und weiterer konstruktiv bedingter Kerben – werden entsprechende Diagramme angeboten. Diese werden als Klasse 2 bis 9 definiert. Grundmaterial bzw. Vollstäbe werden durch Klasse 1 erfaßt. Diese gelten gleichzeitig für sieben verschiedene Legierungstypen in sämtlichen Lieferzuständen. Es handelt sich um die Legierungen H30 (entspricht AlMgSi1), H20 (AlMgSi0,8), H9 (AlMgSi0,5), N8 (AlMg4,5Mn), N4 (AlMg2), N5 (AlMg3) und N6 (AlMg5).

In der Abb. 6.36 erscheinen die Diagramme der zulässigen Schwingfestigkeiten für die Verbindungsklasse 4: Kontinuierliche Längs-Kehlnähte ohne Unterbrechungen der Schweißnaht sowie Quer-Stumpfnähte beidseitig geschweißt mit beliebiger Schweißraupe), Klasse 5: Quer-Stumpfnähte einseitig geschweißt mit Wurzelraupe sowie nicht-tragende Quer-Kehlnähte, Klasse 6: tragende Quer-Kehlnähte oder Kreuzstöße und Klasse 9: nicht-kontinuierlich ausgeführte tragende Längs-Kehlnähte, z.B. Flankenkehlnähte bei Stoßlaschen und Stumpfnähte.

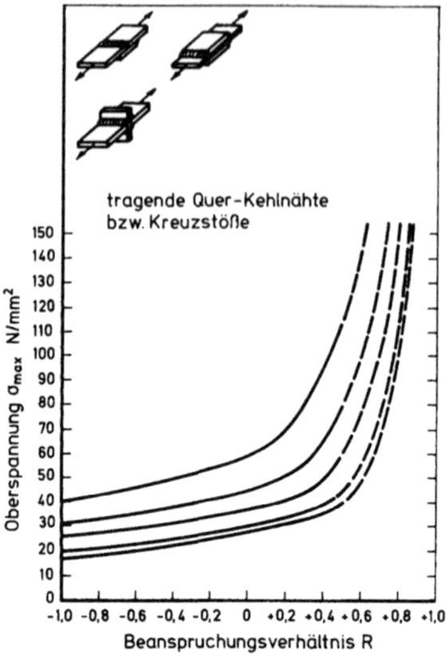

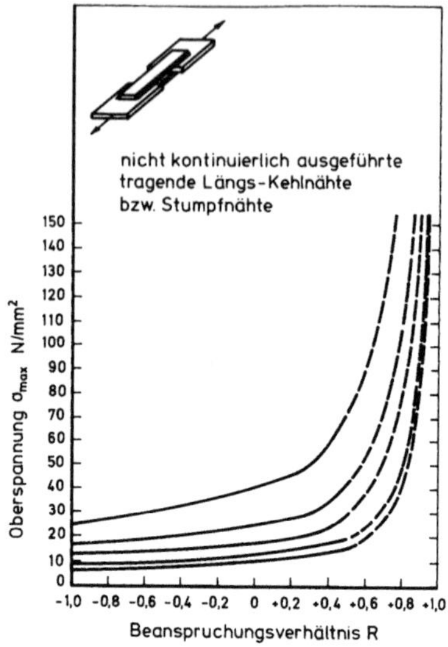

Abb. 6.36 Zulässige Schwingfestigkeiten für verschiedentlich geschweißte Aluminium-Verbindungen nach British Standard CP 118; 1969

6.6 Grundsätze der Gestaltung

Zunächst gelten auch bei geschweißten Aluminiumkonstruktionen die allgemeinen Grundsätze schweißtechnischer Gestaltung. Infolge jedoch einiger werkstoffspezifischer physikalischer Eigenschaften und der Beeinflussung der Legierungsfestigkeit durch das Schweißen sind einige besonderen Regeln zu beachten. Andererseits bietet das Strangpreßverfahren durch die Gestaltung von Sonderprofilen interessante Möglichkeiten zur Optimierung der Konstruktion und Senkung von Herstellungskosten.

Durch vernünftigen Entwurf einer Konstruktion wird man versuchen, die Anzahl der geschweißten Verbindungen auf die unbedingt erforderlichen zu beschränken. Die Reduktion der Zahl der Schweißnähte wird den Einfluß der Schweißwärme und die Möglichkeit eines Verzuges klein halten und im allgemeinen das Aussehen und die Funktion eines Bauteils verbessern. Durch die Verwendung von Strangpreßprofilen, speziellen Walzprofilen oder in manchen Fällen auch von Gußteilen kann man Schweißarbeiten an komplizierten Bauteilen umgehen und das Fügen der Teile miteinander erleichtern. Typische Beispiele zeigt Abb. 6.37 Durch Schweißen zusammengesetzte Profil-Blech-Bauteile, wie aus dem Stahlbau bekannt, können hier durch Integration mehrerer Elemente in ein einziges Bauteil kombiniert werden, zusätzliche Teile, z.B. Knotenbleche, können entfallen, Schweißnähte können dann übersichtlicher an gut erreichbaren Positionen angeordnet werden. Oft ist es somit

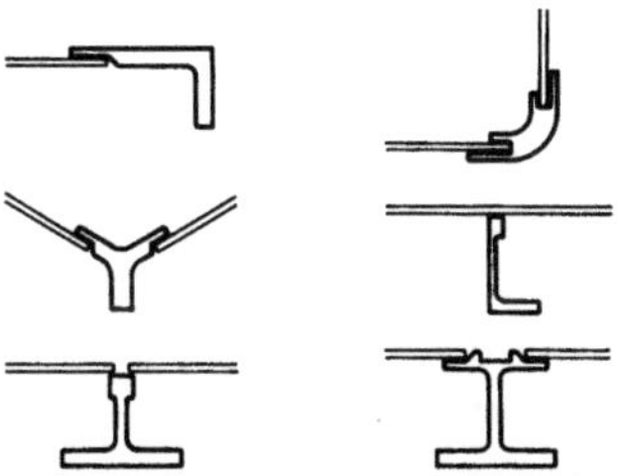

Abb. 6.37 Typische Formen von Strangpreßprofilen zur Erleichterung des Schweißens

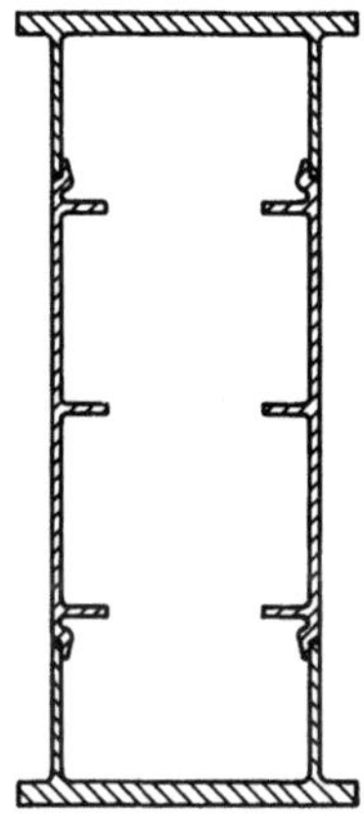

Abb. 6.38 Beispiel eines sinnvoll konzipierten, zusammengesetzten Querschnittes

auch möglich, anfälligere Kehlnähte durch Stumpfnähte zu ersetzen. Kostspielige Kantenvorbereitung sowie Schweißbadsicherung können durch geeignete Profilierung bei stranggepreßten Profilen gespart werden. Wanddickenvergrößerungen können Entfestigungen durch die Schweißwärme kompensieren. Durch die Kombination von Strangpreßprofilen als Gurte, mit Blechen als Stege, – manchmal auch aus verschiedenen Aluminiumlegierungen, so daß hochfeste Legierungen in die Bereiche höchster Beanspruchung vorkommen – können Kastenquerschnitte z.B. für Biegeträger besonders vorteilhaft entstehen. Somit rücken die nun als Längs-Stumpfstöße auszuführenden Schweißnähte näher zur neutralen Faser in Bereiche geringerer Beanspruchung, was im Hinblick auf die relativ niedrigen ertragbaren Festigkeitswerte in der Schweißnaht oder in der WEZ sich sofort bei der Bemessung bemerkbar macht. Insbesondere auch bei Schwingbeanspruchung sind solche Maßnahmen zu empfehlen. Abb. 6.38 stellt eine weitere sinnvolle Maßnahme dar. Die zur Beulsicherung erforderlichen Stegsteifen werden durch mitgepreßte Rippen hergestellt.

Sollen durch eine Stumpfnaht zwei Teile verschiedener Dicke miteinander verbunden werden, so empfiehlt es sich, zumindest für größere Dickenunterschiede den Übergang durch Brechen der Kanten der dickeren Platte – im Verhältnis 1 : 1 oder im Hinblick auf eine mögliche Schwingbeanspruchung 1 : 3 bis 1 : 6 – kontinuierlich zu gestalten. Auch diese Schwierigkeit kann oft durch geeignete Profilierung des dickeren Bauteils umgangen werden.

Stumpfnähte bieten eine Reihe von Vorteilen und sind allgemein zu bevorzugen. Sie sind leicht zu bemessen, beeinflussen ein Minimum an Fügeteil-Grundmaterial und besitzen besonders gutes Verhalten bei Schwingbeanspruchung. Sie verlangen andererseits eine genaue Kantenvorbereitung und oft, vor allem bei größeren Abmessungen, Aushobeln und Gegenschweißen der Wurzel, um ein vollständiges Durchschweißen zu erreichen. Durch dichte Fügestellen werden Ansätze für Spaltkorrosion vermieden. Dementsprechend sollten auch möglichst umfalufend geschlossene Kehlnähte ausgeführt werden. Sofern Kehlnähte ausgeführt werden müssen, sind beidseitige den einseitigen vorzuziehen. Bei dünneren Blechen ist es wegen der Verzugs- oder Einbrandkerbengefahr angebracht, unterbrochene Nähte durchzuführen. Bei dickeren Blechen können beidseitige dünne Nähte zur Anwendung kommen. Eine Kantenvorbereitung mit dem Ziel, einen möglichst ungestörten Kraftfluß zu erreichen (hv-Naht mit Kehlnaht oder K-Naht), ist eine weitere mögliche Verbesserungsmaßnahme.

Ein wichtiger Planungspunkt ist die Zugänglichkeit sämtlicher Schweißnähte. Dies ist besonders wichtig bei den oft relativ hohen Schweißgeschwindigkeiten, so daß plötzliche Richtungswechsel vermieden werden.

Schweißkosten ändern sich in etwa mit dem Quadrat der Blechdicke, so daß man beachten sollte, daß ein dünneres Blech einer hochfesten Legierung unter Umständen eine größere Ersparnis bedeuten kann, als zunächst ein Vergleich aufgrund der Gewichtsabnahme vermuten läßt.

Bekanntlich besitzt Aluminium — verglichen mit Stahl — einen hohen Wärmeausdehnungskoeffizienten. Schwierigkeiten können während des Schweißens auftreten, wenn ungleichmäßige Ausdehnungen oder Kontraktionen Verzug hervorrufen. Flüssiges Aluminium zeigt eine dreifach so große Volumenänderung bei der Erstarrung als Stahl. Der Verzug kann weitgehend herabgesetzt werden durch sorgfältigen Entwurf, Vorbereitung und Fixierung der Fügeteile, richtige Wahl des Schweißverfahrens und sinnvolle Schweißfolge. Vermeiden unnötiger Schweißarbeiten und Anbringen von Nähten in relativ steifen Querschnittsbereichen sind weitere Maßnahmen. Vorsicht ist geboten bei Schweißnähten in der Nähe von stark kaltverformten Querschnittsteilen, da durch das Schweißen Eigenspannungen freigemacht werden können.

7 Anhang

Zusammenstellung der wichtigsten Normen

Zusammensetzung

DIN 1712 T1	Aluminium; Reinstaluminium und Hüttenaluminium
T3	Aluminium; Reinstaluminium und Reinaluminium in Halbzeug
DIN 1725 T1	Aluminiumlegierungen; Knetlegierungen
T2	Aluminiumlegierungen; Gußlegierungen, Sandguß, Kokillenguß, Druckguß
DIN 1732 T1	Schweißzusatzwerkstoffe für Aluminium; Zusammensetzung, Verwendung und Technische Lieferbedingungen

Festigkeitseigenschaften

DIN 1745 T1	Bleche und Bänder aus Aluminium und Aluminium-Knetlegierungen mit Dicken über 0,35 mm; Festigkeitseigenschaften
DIN 1746 T1	Rohre aus Aluminium; (Reinstaluminium, Reinaluminium und Aluminium-Knetlegierungen) Festigkeitseigenschaften
DIN 1747 T1	Stangen und Drähte aus Aluminium; (Reinstaluminium, Reinaluminium, Aluminium-Knetlegierungen) Festigkeitseigenschaften
DIN 1748 T1	Strangpreßprofile aus Aluminium; (Reinstaluminium, Reinaluminium und Aluminium-Knetlegierungen) Festigkeitseigenschaften
DIN 1788	Bleche und Bänder aus Aluminium und Aluminium-Knetlegierungen mit Dicken von 0,021 bis 0,350 mm; Festigkeitseigenschaften

Maße und zulässige Abweichungen

DIN 1748 T3	Strangpreßprofile aus Aluminium; Gestaltung
DIN 1769	Flachstangen; scharfkantig, gezogen; Maße
DIN 1770	Flachstangen; gepreßt; Maße

DIN 1771	Winkelprofile; gepreßt; Maße, statische Werte
DIN 1783	Bleche und Blechstreifen aus Aluminium; 0,4 bis 15 mm kaltgewalzt; Maße
DIN 1784 T1	Bänder als Aluminium; Bänder und Bandstreifen 0,4 bis 3 mm kaltgewalzt; Maße
DIN 1795 T1	Rohre aus Aluminium; nahtlosgezogen; Meßbereiche und Toleranzzuordnungen
T2	Rohre aus Aluminium; nahtlosgezogen; Vorzugsmaße und allgemeine Verwendung
DIN 1796	Vierkantstangen aus Aluminium; Maße
DIN 1797	Sechskantstangen aus Aluminium; Maße
DIN 1798	Rundstangen aus Aluminium; gezogen; Maße
DIN 1799	Rundstangen aus Aluminium; gepreßt; Maße
DIN 9107	Rohre aus Aluminium; gepreßt; Maße
DIN 9712	Doppel-T-Profile aus Aluminium und Magnesium; gepreßt; Maße, Statische Werte
DIN 9713	U-Profile aus Aluminium und Magnesium; gepreßt; Maße, Statische Werte
DIN 9714	T-Profile aus Aluminium und Magnesium; gepreßt; Maße, Statische Werte
DIN 59600	Bleche und Ronden aus Aluminium; 5 bis 40 mm; warmgewalzt; Maße
DIN 59605	Bleche mit eingewalzten Mustern aus Aluminium
DIN 80291	Wulstflach-Profile aus Aluminium-Knetlegierungen; gepreßt; Maße, Statische Werte
DIN 80292	Wulstflach-Profile mit Schweißflansch aus Aluminium-Knetlegierungen; gepreßt; Maße, Statische Werte
DIN 80293	Wulstwinkel-Profile aus Aluminium-Knetlegierungen; gepreßt; Maße, Statische Werte

Konstruktion und Gestaltung

DIN 1050	Stahl im Hochbau; Berechnung und bauliche Durchbildung
DIN 4112	Fliegende Bauten
DIN 4113 T1	Aluminiumkonstruktion unter vorwiegend ruhender Belastung; Berechnung und bauliche Durchbildung
T2	Aluminiumkonstruktion unter vorwiegend ruhender Belastung; geschweißte Konstruktion; Berechnung und bauliche Durchführung

DIN 4114	T1	Stahlbau; Stabilitätsfälle; Berechnungsgrundlagen, Vorschriften
	T2	Stahlbau; Stabilitätsfälle; Berechnungsgrundlagen, Richtlinien
DIN 15 018	T1	Krane; Grundsätze für Stahltragwerke, Berechnung
	T2	Krane; Grundsätze für die bauliche Durchbildung

Fertigung, Schweißen, Sicherung der Güte

DIN 1910	T1	Schweißen; Begriffe, Einteilung der Schweißverfahren
	T2	Schweißen; Schweißen von Metallen, Verfahren
	T4	Schweißen; Schutzgasschweißen, Verfahren
	T5	Schweißen; Widerstandsschweißen, Verfahren
DIN 2310	T1	Thermisches Schneiden; Begriffe und Benennungen
DIN 8518		Fehler an Brennschnitten und Plasmaschnitten; Einteilung, Benennungen, Erklärungen
DIN 8524	T1	Fehler an Schmelzschweißverbindungen aus metallischen Werkstoffen; Einteilung, Benennungen, Erklärungen
	T2	Fehler an Schweißverbindungen aus metallischen Werkstoffen; Widerstands-Punktschweißverbindungen, Einteilung, Benennungen, Erklärungen
	T3	Fehler an Schweißverbindungen aus metallischen Werkstoffen; Risse, Einteilung, Benennungen, Erklärungen
DIN 8552	T1	Schweißnahtvorbereitung; Richtlinien für Fugenformen, Metall- und Wolfram-Schutzgasschweißen von Aluminium
	T2	Schweißnahtvorbereitung; Richtlinien für Fugenformen, Gasschweißen an Aluminium, Kupfer und Messing
DIN 8562		Schweißen im Behälterbau; Behälter aus metallischen Werkstoffen, Schweißtechnische Grundsätze
DIN 8563	T1	Sicherung der Güte von Schweißarbeiten; Allgemeine Grundsätze
	T2	Sicherung der Güte von Schweißarbeiten; Anforderungen an den Betrieb

DIN 8570 T1	Freimaßtoleranzen für Schweißkonstruktionen; Längenmaße und Winkel
T3	Freimaßtoleranzen für Schweißkonstruktionen; Form und Länge
T4	Freimaßtoleranzen für Schweißkonstruktionen; Stumpf- und Kehlnähte bei Aluminium-Bauteilen
DIN 32526	Schutzgase zum Schweißen
LN 29595 T1	Schmelzgeschweißte, metallische Bauteile für Luft- und Raumfahrtgerät; Technische Lieferbedingungen
T2	Schmelzgeschweißte, metallische Bauteile für Luft- und Raumfahrtgerät; Technische Lieferbedingungen, zulässige Fehler
LN 29878	Widerstandspreßgeschweißte, metallische Bauteile für die Luft- und Raumfahrt; Technische Lieferbedingungen

Prüfung der Schweißer und Schweißverbindungen

IfB-Ri.	Richtlinien für den Nachweis der Befähigung zum Schweißen von tragenden Aluminiumbauteilen und die Austellung des Befähigungsausweises
DIN 8561	Prüfung von NE-Metallschweißern
DIN 50121 T1	Prüfung metallischer Werkstoffe; Technologischer Biegeversuch an Schweißverbindungen und Schweißplattierungen, Schmelzschweißverbindungen und Schmelzschweißplattierungen
Merkblatt DVS 1142	Prüfung der Schweißer im deutschen Vorschriftenwerk
DIN 50123	Prüfung von Nichteisenmetallen; Zugversuch an Schweißverbindungen, schmelzgeschweißte Stumpfnähte
DIN 50124	Prüfung metallischer Werkstoffe; Scherzugversuch an Widerstandspunkt-, Widerstandsbuckel- und Schmelzpunktschweißverbindungen
DIN 54109 T1	Zerstörungsfreie Prüfung; Bildgüte von Durchstrahlungsaufnahmen an metallischen Werkstoffen; Begriffe, Bildgüteprüfkörper, Ermittlung der Bildgütezahl

DIN 54 111 T1	Zerstörungsfreie Prüfverfahren; Prüfung von Schweißverbindungen metallischer Werkstoffe mit Röntgen- oder Gammastrahlen; Aufnahme von Durchstrahlungsbildern
DIN 54 152 T1	Zerstörungsfreie Prüfung; Eindringverfahren, Durchführung
LN 29 591	Schweißerprüfung für das Schweißen von metallischen Bauteilen für Luft- und Raumfahrtgeräte

Verordnungen, technische Vorschriften und Regeln, Richtlinien und Merkblätter

AD-Merkblätter der Reihe HP	Herstellung und Prüfung
AD-Merkblätter der Reihe B	Berechnung
AD-Merkblatt W 6/1	Aluminium und Aluminiumlegierungen, Knetwerkstoffe
TRG 240	Allgemeine Anforderungen an Druckgasbehälter – Herstellen und betriebsfertiges Herrichten
TRG 241	Allgemeine Anforderungen an Druckgasbehälter – Herstellen, Schweißen und andere Fügeverfahren
Aluminium-Merkblatt V 1	Autogenschweißen von Aluminium
Aluminium-Merkblatt V 2	Lichtbogenschweißen von Aluminium
Aluminium-Merkblatt V 3	Widerstandsschweißen von Aluminium
Aluminium-Merkblatt V 4	Löten von Aluminium
Aluminium-Merkblatt F 4	Punktschweißen von Aluminium-Konstruktionen im Fahrzeugbau
Aluminium-Merkblatt F 5	Schutzgas-Lichtbogenschweißen an tragenden Konstruktionen für den Fahrzeugbau
Merkblatt DVS 1604	Widerstandspunktschweißen von Aluminium und dessen Legierungen im Schienenfahrzeugbau
Merkblatt DVS 1608	Schmelzschweißen von Aluminium und dessen Legierungen im Schienenfahrzeugbau
Merkblatt DVS 1610	Allgemeine Richtlinien für die Planung der schweißtechnischen Fertigung

Verordnung über den Schutz vor Schäden durch Röntgenstrahlen (RöV)

Richtlinie VDI 2084	Lüftung von Schweißräumen und Schweißplätzen
Merkblatt DVS 0404	Schweißen mit zwei Lichtbögen an einem Werkstück
DVS-Fachbuch 29	Arbeitsschutz beim Schweißen
Vorschriften der Studiengesellschaft „Leichtbau der Verkehrsfahrzeuge Forschungskreis 1	Lastannahmen und Sicherheiten für Schienenfahrzeuge

Ausländische Richtlinien und Normen

Suggested Specifications for Structures of Aluminium Alloys 6061-T6 and 6062-T6. Journal of the Structural Division, Proceedings ASCE, Vol. 88, No. ST6, December, 1962 (Amerikanische Richtlinien).

Aluminium Construction Manual, Specifications of Aluminium Structures. The Aluminium-Association, New York, 1967.

British Standard Code of Practice – CP 118: 1969. The Structural Use of Aluminium (Britische Richtlinien).

TGL 21-12500, Leichtmetalltragwerke. Berechnung und bauliche Durchbildung (DDR-Richtlinien).

TGL 21-12501, Leichtmetalltragwerke. Stabilitätsfälle. Vorschriften und Richtlinien (DDR-Richtlinien).

European Convention for Constructional Steelwork, Komm. 16. Aluminium Alloy Structures (Europäische Richtlinien, in Vorbereitung).

Régles de conception et de calcul des charpentes en alliages d'aluminium. DTU 1973 (Französische Norm).

Aluminium et Alliages d'Aluminium-Soudage, Classification et Contrôle de joints soude. Projekt de Norme, Association Francaise de Normalisation (Französische Norm).

Project de reglement pour le calcul statique des joints soudes en aluminium et ses Soudages. UNI – Ente Nazionale Italiano di Unificatione (Italienische Richtlinien).

NS 3471. Prosjektering av aluminium-konstruksjoner, Beregnin og dimensjonering. Norges Standarsiseringforbund, 1973 (Norwegische Richtlinien).

Richtlinien für die Verwendung von Aluminiumlegierungen für tragende Konstruktionen im Ingenieurbau, herausgegeben vom Österreichischen Stahlbauverband (Österreichische Richtlinien).

Aluminiumkonstruktioner. Försörksnorm och kommentarer utarbetade av SVR: s Aluminiumnormkommitte, Stockholm, 1966 (Schwedische Richtlinien).

Literaturverzeichnis

Das zu jedem Abschnitt gesondert zusammengestellte Literaturverzeichnis stellt eine Auswahl dar, die dem Leser ein vertieftes Studium erleichtern und als Ausgangspunkt für weitere Literatur dienen soll. In diesem Zusammenhang weisen wir insbesondere auf die umfangreichen Literatur-Zusammenstellungen hin in den verschiedenen Aluminium-Handbüchern, den Aluminium-Merkblättern und der Zeitschrift *Aluminium* der Aluminium-Zentrale Düsseldorf sowie den in- und ausländischen Fachzeitschriften über Schweißen (z.B. *Schweißen und Schneiden, Welding Journal, Soudage et Techniques connexes, Welding in the World* etc.).

Zu Kapitel 1

Aluminium. Vol. I, Properties, Physical Metallurgy and Phase Diagrams. Vol. II, Design and Application. Vol. III, Fabrication and Finishing. Ed. K. R. van Horn. American Society for Metals, Ohio, 1967.

Aluminium-Handbuch. Hrsg. H. Göner und S. Marx. VEB Verlag Technik, Berlin, 1971.

Aluminium. Lehrheft 1: Herstellung, Werkstoffkunde und Werkstoffprüfung; Lehrheft 2: Verarbeitung und Lehrheft 3: Konstruktionsbeispiele, Hrsg. Aluminium-Zentrale, Düsseldorf.

Aluminium-Merkblätter (insbesondere über Konstruktion, Verbinden und Werkstoff), Hrsg. Aluminium-Zentrale, Düsseldorf.

Aluminium-Taschenbuch, Hrsg. Aluminium-Zentrale, Düsseldorf, 1974.

6. Internationale Leichtmetalltagung, Leoben-Wien 1975, Aluminium-Verlag, Düsseldorf.

Altenpohl, D.: Aluminium von innen betrachtet. 2. Auflage, Aluminium-Verlag, Düsseldorf, 1970.

Zu Kapitel 2

Aluminium-Handbuch, Hrsg. H. Göner und S. Marx, VEB-Verlag Technik, Berlin, 1971.

Aluminium-Merkblätter, W1 bis W15, Hrsg. Aluminium-Zentrale, Düsseldorf.

Aluminium-Taschenbuch, Aluminium-Verlag, Düsseldorf, 1974.

Das chemische Verhalten von Aluminium, Aluminium-Verlag, Düsseldorf, 1955.

Altenpohl, D.: Aluminium von innen betrachtet, Aluminium-Verlag, Düsseldorf, 1970.

Klock, H. und *H. Schoer:* Schweißen und Löten von Aluminiumwerkstoffen, DVS-Verlag, Düsseldorf, 1977.

Zu Kapitel 3

Aluminium-Merkblätter, Hrsg. Aluminium-Zentrale, Düsseldorf.

Aluminium-Taschenbuch, Hrsg. Aluminium-Zentrale, Aluminium-Verlag, Düsseldorf, 1974.

Schutzgasschweißen, DVS-Berichte, Bd. 18/1970.

Schutzgasschweißen von Aluminium, Alusuisse-Merkblatt, Ausgabe Januar 1971.

Schweißen von hochfesten Stählen und Aluminium, DVS-Berichte, Bd. 22/1971.

Aichele, G.: Schutzgasschweißen – Verfahren, Anwendung, Wirtschaftlichkeit –, Messer-Griesheim GmbH, Schweißtechnik, 1977.

Aichele, G. und *A. A. Smith:* MAG-Schweißen, Deutscher Verlag für Schweißtechnik GmbH, Düsseldorf, 1975.

Dick, G.: Aus der Praxis des Schutzgasschweißens von Aluminium und Aluminiumlegierungen, Vortrag beim DVS-Bezirksverband Mannheim-Ludwigshafen, 12/1975.

Fiehn, H.: Halbmaschinelles und maschinelles Schweißen, Deutscher Verband für Schweißtechnik e.V., Düsseldorf, 1965.

Fischer, H. und *L. Baum:* Der Schutzgasschweißer Teil 1: WIG-Schweißen, Deutscher Verlag für Schweißtechnik, Düsseldorf, Die Schweißtechnische Praxis 11, 1976.

Gönner, P.: Linde-Schweißtechnik, Hinweise für die Praxis, H. 1/1968.

Herrnkind, W.: Werkstoffliche Grundlagen zum Schweißen von Aluminium und Aluminiumlegierungen, Messer-Griesheim GmbH, Schweißtechnik, 11/1971.

Munske, H.: Handbuch des Schutzgasschweißens Teil II, Deutscher Verlag für Schweißtechnik, Düsseldorf, 1970.

Schultz, H.: Schweißen von Sondermetallen, Deutscher Verlag für Schweißtechnik GmbH, Düsseldorf, 1971.

Wesche, K.: Baustoffe für tragende Bauteile, Bd. 3, Stahl/Aluminium, Bauverlag GmbH, Wiesbaden/Berlin, 1973.

Zu Kapitel 4

Aluminum and Related Metals – Weldability and Distortion Control. Abstracts of Papers presented at 1976 AWS Convention, St. Louis, Missouri.

Alcan, Strength of Aluminum. Aluminum Company of Canada, Ltd. Second Edition, June, 1965.

Aluminium-Handbuch. Hrsg. H. Göner und S. Marx, VEB Verlag Technik, Berlin, 1971.

Aluminium-Merkblätter (insbesondere über Konstruktion, Verbinden und Werkstoff). Hrsg. Aluminium-Zentrale Düsseldorf.

Aluminium-Taschenbuch. Hrsg. Aluminium-Zentrale, Aluminium-Verlag, Düsseldorf, 1974.

Schweißen von hochfesten Stählen und Aluminium. Fortschritte in den Grundlagen und in der Anwendung. DVS-Berichte Nr. 22, Düsseldorf, 1971.

Welding Alcoa Aluminum. Aluminum Company of America, Pittsburgh, Pennsylvania, 1967.

Welding Kaiser Aluminum. Kaiser Aluminum and Chemical Sales, Inc., California, 1967.

Welding Handbook. Section 4, Metals and their Weldability. American Welding Society, 1972.

Andrew, R. C. and *J. Waring:* Effect of Porosity on Transverse Weld Fatique Behavior. Welding Research Supplement, February 1974, pp. 85–90.

Baker, R. G.: Al: Zn: Mg Light strong weldable alloys for Industry. Metal Construction and British Welding Journal, February 1970, p. 65–68.

Brungraber, R. J. and *F. G. Nelson:* Effect of Welding Variables on Aluminum Alloy Weldments. Welding Research Supplement, March 1973, pp. 97–103.

Burk, J. D. and *F. V. Lawrence, Jr.:* Effects of Lack-of-Penetration and Lack-of-Fusion on the Fatique Properties of 5083 Aluminium Alloy Welds. WRC Bulletin 234, January 1978.

Drewnowski, S.: Bruch- und Schadensformen der Stahl- und Aluminiumbauteile. Bauingenieur-Praxis, Heft 37, Verlag Wilhelm Ernst & Sohn, 1971.

Judy, R. W., Jr., R. J. Goode and *C. N. Freed:* Fracture Toughness Characterization Procedures and Interpretations to Fracture-Safe Design for Structural Aluminum Alloys. WRC Bulletin 140, May 1969.

Klock, H. and *H. Schoer:* Schweißen und Löten von Aluminiumwerkstoffen. DVS-Verlag, Düsseldorf, 1977.

Kosteas, D. und *O. Steinhardt:* Die Schwingfestigkeit geschweißter Aluminiumverbindungen – Optimierung erweiterter Lebensdauerfunktionen mit Berücksichtigung der Überlebenswahrscheinlichkeit. Berichte der Versuchsanstalt für Stahl, Holz und Steine der Universität Karlsruhe, 3. Folge, Heft 5, Karlsruhe, 1971.

Kosteas, D.: Beitrag zum Ermüdungsfestigkeitsproblem geschweißter Aluminiumverbindungen. Aluminium, 48 (1972) 2, S. 147–154 und 7, S. 490–496.

Kosteas, D.: Spannungsrißkorrosion bei Aluminiumlegierungen. Beitrag in „Theorie und Berechnung von Tragwerken", Springer-Verlag, 1974.

Kosteas, D.: Voraussage des Ermüdungsverhaltens von Metallkonstruktionen. Habilitationsschrift, Universität Karlsruhe, 1975.

Kosteas, D. und *O. Steinhardt:* Neues Konzept zur Erfassung des Ermüdungsverhaltens von Schweißverbindungen des konstruktiven Ingenieurbaus. Vortragsband zum IX. Schweißtechnischen Hochschulkolloquium am 12. und 13.3.1975.

Kosteas, D. und *O. Steinhardt:* Zum Werkstoffverhalten geschweißter Aluminium-Verbindungen im konstruktiven Ingenieurbau. Vortragsband zum X. Schweißtechnischen Hochschulkolloquium am 24.3.1977.

Lawrence, F. V., Jr. and *W. H. Munse:* Effects of Porosity on the Tensile Properties of 5083 and 6061 Aluminum Alloy Weldments. WRC Bulletin 181, Feb. 1973.

Pense, A. W. and *R. D. Stout:* Influence of Weld Defects on the Mechanical Properties of Aluminum Alloy Weldments. WRC Bulletin 152, July 1970.

Sanders, W. G., Jr.: Fatique Behaviour of Aluminum Alloy Weldments. WRC Bulletin 171, April 1972.

Schütz, W. und *K. Winkler:* Betriebsfestigkeit geschweißter Schiffsaufbauten aus AlMg4,5 Mn. Schiff und Hafen 21 (1969) 9, S. 804–813.

Steinhardt, O.: Aluminium im konstruktiven Ingenieurbau. Aluminium 47 (1971) 2 und 4, S. 131 bzw. 254.

Zu Kapitel 5

Aluminium-Handbuch. Hrsg. H. Göner und S. Marx, VEB-Verlag Technik, Berlin, 1971.

Aluminium-Merkblätter, W1 bis W15, Hrsg. Aluminium-Zentrale, Düsseldorf.

Aluminium-Taschenbuch, Aluminium-Verlag, Düsseldorf, 1974.

Das chemische Verhalten von Aluminium, Aluminium-Verlag, Düsseldorf, 1955.

Altenpohl, D.: Aluminium von innen betrachtet, Aluminium-Verlag, Düsseldorf, 1970.

Klock, H. und *H. Schoer:* Schweißen und Löten von Aluminiumwerkstoffen, DVS-Verlag, Düsseldorf, 1977.

Zu Kapitel 6

Aluminium-Handbuch. Hrsg. H. Göner und S. Marx, VEB Verlag Technik, Berlin, 1971.

Alcan. Handbook of Aluminum. Aluminum Company of Canada, Ltd. Second Edition (Revised), Montreal, 1961.

Alcoa Handbook of Design Stresses for Aluminum. Aluminum Company of America. Pittsburgh, Pennsylvania, 1966.

Alcoa Structural Handbook. Aluminum Company of America. Pittsburgh, Pennsylvania, 1960.

Aluminum Construction Manual. Specifications for Aluminum Structures. The Aluminum Association, New York, 1967.

Aluminium. Lehrheft 1: Herstellung, Werkstoffkunde und Werkstoffprüfung; Lehrheft 2: Verarbeitung und Lehrheft 3: Konstruktionsbeispiele. Herausgegeben von der Aluminium-Zentrale, Düsseldorf.

Aluminum in Structural Engineering. The Institution of Structural Engineers Aluminum Federation. Proceedings of a Symposium. London, June 11 and 12, 1963.

Aluminium-Taschenbuch. Hrsg. Aluminium-Zentrale, Aluminium Verlag, Düsseldorf, 1974.

Aluminium-Tragwerke. Aluminium-Verlag, Düsseldorf, 1972.

Handbook of Design Stresses for Aluminum. ALCOA Pennsylvania, 1966.

Structural Aluminum Design. Reynolds Metal Company Virginia, 1966.

Welding Kaiser Aluminum. Kaiser Aluminum and Chemical Sales, Inc. California, 1967.

Baehre, R.: Bemessungsgrundlagen für Aluminiumkonstruktionen nach der schwedischen Norm. ZIS Mitteilungen, Halle, 9/1966.

Baehre, R., I. Bröchner und *J. Sjölund:* Untersuchungen zur Anwendung der plastischen Tragwerksbemessung bei Aluminiumkonstruktionen. Tekn. Dr. A. Johnson, Ingenjörsbyra, tekn. medd. nr. 15, Stockholm, 1965.

Koser, J.: Handbuch über das Konstruieren mit Aluminium. Mit Anhang „Richtlinien für die Verwendung von Aluminiumlegierungen für tragende Konstruktionen im Ingenieurbau". Österr. Stahlbauverband, Wien, o.J.

Kosteas, D.: Beitrag zum Ermüdungsfestigkeitsproblem geschweißter Aluminiumverbindungen. Aluminium, 48 (1972) 2, S. 147–154 und 7, S. 490–496.

Kosteas, D.: Beitrag zum Zeit- und Dauerfestigkeitsverhalten von AlZnMg1 und AlMg4,5Mn. Schweißen und Schneiden, 26 (1974), 6, S. 213–216.

Kosteas, D.: Voraussage des Ermüdungsverhaltens von Metallkonstruktionen. Habilitationsschrift, Universität Karlsruhe, 1975.

Kosteas, D.: Research Work on Fatigue of Aluminum Alloys Considering Especially Application to Engineering Design Codes. Vortragsband zur Internationalen Konferenz der Society of Environmental Engineers SEECO 76 "Fatique Testing and Design", London, 1976.

Kosteas, D. und *R. Riman:* Zum Tragverhalten von Druckstäben aus Aluminiumprofilen nach DIN 4113 T1. Aluminium, in Vorbereitung.

Labib, F.: Knicken und Biegedrillknicken von Druckstäben mit einfachsymmetrischen Querschnitt und nichtlinearem Werkstoffgesetz. Dissertation Universität Karlsruhe, 1975.

Müller, R.: Traglastberechnung von statisch unbestimmt gelagerten, geschweißten Aluminium-Druckstäben mit einfach-symmetrischen Querschnitten. Dissertation Universität Karlsruhe, 1977.

Neumann, A.: Aluminium-Schweißkonstruktionen. VEB-Verlag Technik, Berlin, 1967.

Richtlinien: DIN 4113 T1 – Aluminiumkonstruktionen unter vorwiegend ruhender Belastung. Berechnung und bauliche Durchbildung. DIN 4113 T2 (Entwurf) – Aluminiumkonstruktionen unter vorwiegend ruhender Belastung. Geschweißte Konstruktionen. Berechnung und bauliche Durchbildung.

TGL 21–12500 Leichtmetallragwerke. Berechnung und bauliche Durchbildung (DDR-Richtlinien).

TGL 21–12501 Leichtmetalltragwerke. Stabilitätsfälle. Vorschriften und Richtlinien (DDR-Richtlinien).

Suggested Specifications for Structures of Aluminum Alloys 6061-T6 and 6062-T6. Journal of the Structural Division, Proceedings ASCE, Vol. 88, No. ST6, December, 1962 (Amerikanische Richtlinien).

British Standard Code of Practice – CP 118: 1969. The Structural Use of Aluminum (Englische Richtlinien).

Aluminiumkonstruktioner. Försörksnorm och kommentarer utarbetade av SVR: s Aluminiumnormkommitté, Stockholm, 1966 (Schwedische Richtlinien).

Aluminium. KOBA – konstruktions – och beräkningsanvisningar. Gränges Essem AB, Västerås, 1971.

NS 3471. Prosjektering av aluminium-konstruksjoner. Beregning og dimensjonering. Norges Standardiseringsforbund, 1973 (Norwegische Richtlinien).

European Convention for Constructional Steelwork, Komm. 16: Aluminum Alloy Structures (in Vorbereitung).

Schütz, W. und *K. Winkler:* Zur Bemessung schwingbeanspruchter Aluminium-Schweißverbindungen. Aluminium 46 (1970) 4, S. 311–321.

Steinhardt, O.: Aluminium im konstruktiven Ingenieurbau. Aluminium 47 (1971) 2, S. 131–139 und 4, S. 254–261.

Sachwortverzeichnis

Absaugung 42
Aluminium
–, Herstellung 28
Anschlüsse
Tragfähigkeit 157 ff.
Arbeitsschutz 39, 42
Argon 57, 68
–, Verbrauch 60, 71
Außermittigkeit, ungewollte 146, 148

Beulen 151
–, schemat. Ablauf 155
–, örtliches 154, 156
Befähigungsnachweis 132
Beizen 78
Berechnung, Beispiele 171 ff.
–, wiederholte Belastung 196
Berechnungsgrundlagen 133
DIN 4113 T1, 2 133 ff.
Leichtbau der Verkehrsfahrzeuge 133, 198
AD-Merkblätter, Druckbehälter 133
ASCE Proc. 3341 198
BS CP118: 1969 199, 200
Biegedrillknicken 151
–, schemat. Ablauf 152, 153, 154
Bindefehler 96, 127, 129
Bleche 31
Bruchdehnung 111 f.
Brucheinschnürung 112
Bruchverhalten
–, Rißzähigkeit 106
–, Rißfortschrittsenergie 107
–, Kerbzähigkeit 106

Chemische Zusammensetzung 29

Dehngrenze 111
Dichte 36
Drahtförderanlage 64 ff.
Druckstäbe, Tragfähigkeit 163 ff.
Durchbiegung, zulässige Werte 140
Durchschweißen, mangelhaft 95
Durchstrahlung 126 ff.

Einschlüsse 98
Elastizitätsmodul 36, 113, 139
Eloxieren 38
Exzentrizität 100

Faltversuch 115
Farbeindringverfahren 129
Fehler, s. Imperfektionen 92
Festigkeit
Beanspruchung, ruhend 81 ff.
–, schwingend 85 ff.
Halbzeug 31
Legierungen, aushärtbar 82
–, nicht-aushärtbar 81
Korrosion 102
Regellegierungen 29
Strangpreßprofile 32
Temperatur 103
Wärmebehandlung 82
Werte 83, 84, 87 ff.
Festigkeitsprüfung 109 ff.
Flußmittel 45
Fugenformen
–, MIG 69, 70
–, WIG 56, 59
–, Gasschweißen 47
–, Lichtbogenschweißen 51

Gasschweißen 44 ff.
–, Flußmittel 45
–, Nachbehandlung 49
–, Schweißgeräte 45
–, Vorbehandlung 46
Gefügeaufbau 22
Gestaltung, Grundsätze 201
Gitteraufbau
–, unlegiert 20 f.
–, legiert 21 f.
Glühen 21
Grenzlastspielzahl 86
Gütesicherung 131, 137
GV- und GVP-Verbindungen 144

Härteprüfung 130, 116 ff.
Brinell 117
Halbzeuge, gewalzte 31
Helium 57, 68
Hochfrequenzschweißen 54 ff.
HV-Schrauben 144

IfB-Richtlinie 132
Imperfektionen 92 ff.
Bindefehler 96, 127, 129
Einschlüsse 98

Exzentrizität 100
mangelhaftes Durchschweißen 95
metallurgisch bedingt 101
Nahtüberwölbung 98, 99
Porosität 97
Risse 93
Impulslichtbogenschweißen 63
Interaktionsformel 146, 163, 164
–, Festwerte 148

Kaltverformung 21
Kehlnaht
–, Ausbildung 56, 69
–, ruhende Beanspruchung 85
–, schwingende Beanspruchung 89–92
Keimbildung 23 ff.
Kerben, s. Imperfektionen 92
Kerbschlagzähigkeit 104
– biegeversuch 116
Kerbzähigkeit 106
Kippen 151
– –, schemat. Ablauf 152, 153
Knicken, Biege- 146
– –, schemat. Ablauf 149, 150, 154
Kondensatorentladungsschweißen 76
Korrosion 35 ff., 102 ff.
–, Ermüdung- 119
–, interkristalline- 37
–, Kontakt- 38
–, Lochfraß- 37
–, Schicht- 38, 103
–, Spannungsriß- 38, 102
Korrosionsprüfung 119 ff.
–, Naturversuche 120
–, chem. nach DIN 50905 120
–, chem. nach DIN 50908 121
Kriechfaktor 134, 139

Legierungen
Auswahlkriterien 26
–, aushärtbare 28
–, nicht-aushärtbare 27
–, Regel-, nach DIN 4113 26 ff., 137
Werkstoffkennwerte 138
Lichtbogenschweißen 50 ff.
Nachbehandlung 52
Stromquellen 50
Vorbereitung 51
Zusatz 50
Lochfraß 37

Metall-Inert-Schweißen (MIG) 61 ff.
MIG-Schweißen 61 ff.
Anlage 61 ff.
Nachbehandlung 72
Schutzgas 68
Vorbereitung 68 ff.

Nachbehandlung (Werkstück)
Gasschweißen 49
Lichtbogenschweißen 52
MIG 72
Schweißnaht allgemein 79
WIG 72
Nachweise
–, allgemeine Spannungs- 141
–, Bemessungs- 140 ff.
Beulen 155
Biegedrillknicken 152, 153
Kippen 152, 153
Knicken, Biege- 149, 150
örtliches Beulen 156
–, Stabilitäts-, Übersicht 145
–, Übersicht der 142
Nahtformen, s. Fugenformen 47, 51, 56, 59, 69, 70
Nahtüberwölbung 98, 99
Nahtvorbereitung 40, 46, 51, 57, 68, 78
Nicht-lineare Elastizitätstheorie 156

Plasmaschneiden 40
plastisches Verformungsvermögen 115
Porosität 97
Preßschweißen 73 ff.
–, Abbrennstumpf- 75
Bolzenschweißen 76
–, Punkt- 74
–, Rollennaht- 75
–, Widerstands- 73
Prüfverfahren 109 ff.
–, metallographische 121 ff.
–, zerstörungsfreie 125 ff.
Punktschweißen 74

Querdehnungszahl 36, 139

Rechnungsgang I bzw. II 146
Regellegierungen 26 ff., 137
Werkstoffkennwerte 138
Rekristallisation 24, 84
Reinigungsmittel 78
Risse,
in Schweißverbindungen 93
Röntgenkatalog 128
Röntgenprüfung 126
Rollennahtschweißen 75

Schichtkorrosion 103
Schliffe 122 ff.
Schneiden
–, mechanisch 41
–, Plasma- 40
Schubmodul 36, 139
Schutzgas 57, 68
Schutzgasschweißen 52 ff.

Schweißanlage
Gasschweißen 45
Lichtbogen 50
MIG 64 ff.
WIG 55
Schweißaufsicht 132
Schweißerprüfung 132
Schweißfachingenieur 132
Schweißfachmann 132
Schweißfehler, s. Imperfektionen 92
Schweißgase
Gasschweißen 45
Schweißverbindungen
Festigkeit, ruhend 80 ff.
Imperfektionen 92 ff.
Kehlnaht 85
Schwingfestigkeit 85 ff.
Stumpfnaht 81
Wärmenachbehandlung 82
Schweißverfahren 43 ff.
Bewertung 43 ff.
Gasschweißen 44 ff.
Lichtbogenschweißen 50 ff.
Schweißverfahren
MIG 61 ff.
Preßschweißen 73 ff.
WIG 52 ff.
Schweißwerkstatt 41 f.
Schweißzusätze
allgemein 77
Gasschweißen 46
Lichtbogenschweißen 50
WIG 57, 58
Schwingbeanspruchung
Berechnung 196 ff.
ASCE Proc. 3341 198, 199
BS CP118: 1969 199, 200
Leichtbau der Verkehrsfahrzeuge 198
Schwingfestigkeit
Imperfektionen 95, 96, 98, 100, 101
tiefe Temperaturen 87, 88
Werte 87–92
Sicherheitsfaktor 135
ruhende Beanspruchung 135
schwingende Beanspruchung 136
Spannungen, zulässige 143 ff.
Spannungsrißkorrosion 102, 109
Sprühlichtbogen 62
Stöße
Tragfähigkeit 157 ff.
Strangpressen 32 ff.
Eignung 34
Stumpfnaht
Ausbildung 47, 59, 70
Festigkeit 83, 84
ruhende Beanspruchung 81 ff.
schwingende Beanspruchung 85, 88 ff.

Temperatur
–, höhere 104
– -Kerbschlagzähigkeit 105
–, tiefe 104
Terrassenbruch 32
Traglastgedanke nach DIN 1050 156

Ultraschallprüfung 128

Vorbehandlung
Gasschweißen 46
Lichtbogen 51
MIG 68
Werkzeug 40
Werkstück allgemein 78
WIG 57
Verwechslungsprüfung 130

Wärmeausdehnungskoeffizient 36, 139
Wärmeeinflußzone, WEZ 81, 101, 140
Festigkeit 28
Härte 30
Wärmeleitfähigkeit 36
Warmaushärten 24, 82
Werkstatteinrichtung 39 ff.
WIG-Schweißen 52 ff.
Anlage 52 ff.
Nachbehandlung 61
Schutzgas 57
Vorbereitungen 57
Wolfram-Inert-Schweißen (WIG) 52 ff.

zerstörende Prüfung 109 ff.
zerstörungsfreie Prüfung 125 ff.
Zugfestigkeit 111
Zugversuch 109 ff.
Zulassung 131
zulässige Beanspruchungen
Bauteile 143
Schweißnähte 143
Wärmeeinflußzone 144
Zusatzwerkstoffe 138
Zustandsschaubilder 23 ff.

GPSR Compliance

The European Union's (EU) General Product Safety Regulation (GPSR) is a set of rules that requires consumer products to be safe and our obligations to ensure this.

If you have any concerns about our products, you can contact us on ProductSafety@springernature.com

In case Publisher is established outside the EU, the EU authorized representative is:

Springer Nature Customer Service Center GmbH
Europaplatz 3
69115 Heidelberg, Germany

Batch number: 10577919

Printed by Printforce, the Netherlands